面向21世纪课程教材
普通高等院校机械类“十二五”规划

液压技术原理与基本结构

张　伟　王绍军　叶振东　编著
吴书锋　主审

西南交通大学出版社
·成　都·

图书在版编目（CIP）数据

液压技术原理与基本结构/张伟，王绍军，叶振东编著. —成都：西南交通大学出版社，2014.6
面向21世纪课程教材. 普通高等院校机械类“十二五”规划教材
ISBN 978-7-5643-3058-3

Ⅰ. ①液… Ⅱ. ①张… ②王… ③叶… Ⅲ. ① 液压技术－高等学校－教材 Ⅳ. ①TH137

中国版本图书馆 CIP 数据核字（2014）第 103896 号

面向21世纪课程教材
普通高等院校机械类“十二五”规划教材

液压技术原理与基本结构

张 伟 王绍军 叶振东 编著

责任编辑	李芳芳
助理编辑	罗在伟
特邀编辑	赵雄亮
封面设计	墨创文化
出版发行	西南交通大学出版社 （四川省成都市金牛区交大路146号）
发行部电话	028-87600564 028-87600533
邮政编码	610031
网 址	http：//press.swjtu.edu.cn
印 刷	四川森林印务有限责任公司
成品尺寸	185 mm×260 mm
印 张	14
字 数	350千字
版 次	2014年6月第1版
印 次	2014年6月第1次
书 号	ISBN 978-7-5643-3058-3
定 价	32.00元

前　言

为了适应目前高等职业教育的不断发展，适应行动导向教学的需要，本书打破传统的教材编写格式，采用全新的编写体系，每个学习领域提出若干个学习任务，围绕学习任务的内容展开，每个学习任务包括任务案例、任务分析、任务处理、知识导航、巩固拓展、问题探究、学习评价等内容，每个学习领域后面包含了知识归纳与达标检测，知识归纳便于学生对知识的系统梳理与思考，达标检测是为了让学生加深对关键知识和技能的理解，从而提高学习效果。

本书适合普通高等职业教育机械类学生学习，也适合机电类、轨道交通类等专业学生学习，还可用于成人教育或职工培训参考。全书以液压技术原理与基本结构为主，共分 11 个学习领域。内容包括：学习领域一——液压传动的组成、工作原理及特点；学习领域二——液压油；学习领域三——流体力学基本知识；学习领域四——液压泵；学习领域五——液压马达与液压缸；学习领域六——液压控制阀；学习领域七——液压辅助元件；学习领域八——液压基本回路；学习领域九——液压设备的维护保养及常见故障排除；学习领域十——液压伺服系统；学习领域十一——液压新技术简介。

本书由山东职业学院张伟、王绍军和济南铁路学校叶振东编著，由山东职业学院吴书锋主审。编写工作的具体分工是：山东职业学院张伟编著学习领域一、学习领域二、学习领域三、学习领域四、学习领域五、学习领域六，济南铁路学校叶振东编著学习领域七、学习领域八、学习领域九，山东职业学院王绍军编著学习领域十、学习领域十一。全书由山东职业学院张伟负责编写体例设计，由张伟、叶振东负责统稿。教材在编著过程中得到了许多机械类行业专家和西南交通大学出版社各同仁的大力支持和帮助，在此表示衷心的感谢！

本书在编著过程中参考了机械类相关专业书籍、文献、技术标准等资料，这些优秀的相关专业书籍、文献及技术标准给了我们很多启发，在此，谨向这些作品的作者表示诚挚的感谢！

由于高等职业教育发展迅速，本书在编写体例上进行了创新，以适应高等职业教育发展对人才培养的要求。在内容上力求与液压技术发展相适应，但资料也很难全部收齐，再加上作者水平和编著时间有限，书中难免存在不妥之处，敬请读者批评指正，我们会十分感激。

编　者

2014 年 2 月

目 录

学习领域 1　液压传动的组成、工作原理及特点

在日常生产中，人们会经常使用各种机器、机械设备来代替人们进行生产劳动。每一部机器都有传动机构，以达到对动力和运动传递的目的。按传动装置或传动工作介质的不同，传动形式可分为机械传动、电气传动、气压传动和液压传动等。以液体作为工作介质来进行能量传递和控制的传动形式，称为液压传动。在很多机器、机械设备中都有液压传动，那么液压传动是如何应用的呢？液压传动系统是由哪些部分组成的呢？本学习领域将为我们解答以上问题。本学习领域的任务是：观察和认识机床工作台的液压系统。

任务　观察和认识机床工作台的液压系统

观察图 1.1 所示液压千斤顶的工作过程，回答以下问题：

（1）液压千斤顶是如何把重物升起的？

（2）液压千斤顶是由哪些部件组成的？

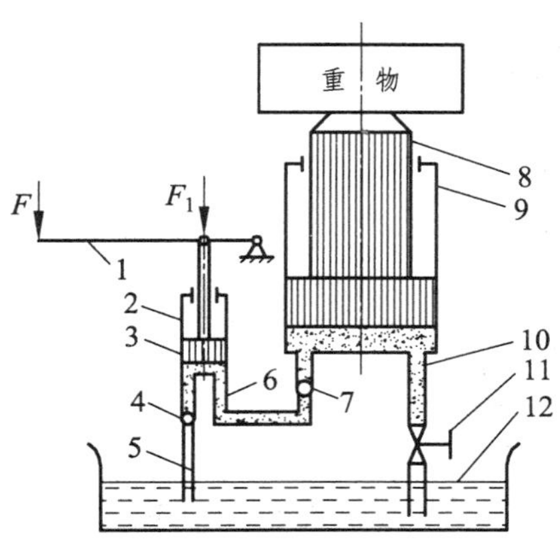

图 1.1　液压千斤顶工作过程图

1—杠杆手柄；2—小油缸；3—小活塞；4，7—单向阀；5—吸油管；6，10—管道；8—大活塞；9—大油缸；11—截止阀；12—油箱

任务分析

本任务涉及以下内容：

（1）液压传动系统的组成及各部分的作用。

（2）液压传动的工作原理。

任务处理

（1）绘出图 1.1 所示液压千斤顶的工作过程示意图。

（2）归纳液压千斤顶的工作原理。

知识导航

一、液压传动的组成及工作原理

1. 液压传动系统的组成

从图 1.2 所示机床工作台往复运动的过程可以看出，一个完整的液压传动系统主要由以下四个部分组成：

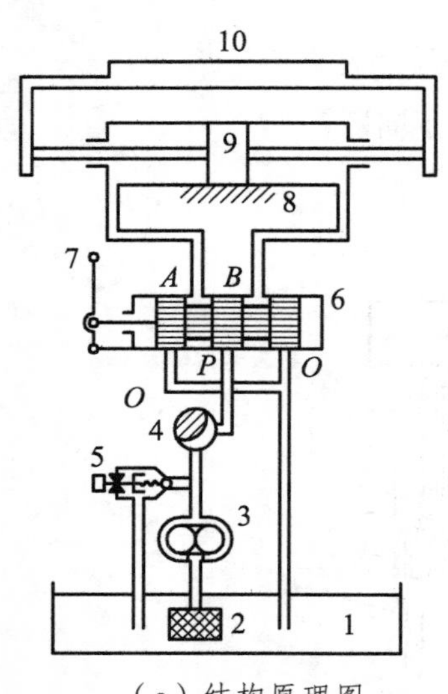

（a）结构原理图

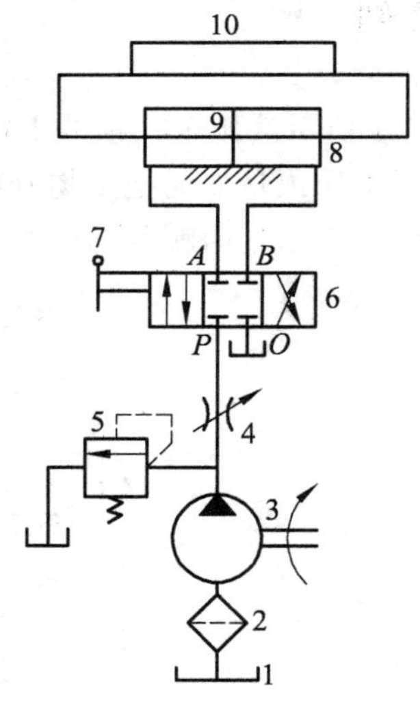

（b）用图形符号表示的液压原理图

图 1.2　液压传动原理图

1—油箱；2—过滤器；3—液压泵；4—节流阀；5—溢流阀；6—换向阀；7—手柄；8—液压缸；9—活塞；10—工作台；*P*，*A*，*B*，*O*—油口

（1）动力装置：把机械能转换成液体压力能的装置，又称为动力元件。常见的是液压泵，它供给液压系统压力油。

（2）执行装置：把液体的压力能转换成机械能输出的装置，又称为执行元件。它可以是作直线运动的液压缸，也可以是作回转运动的液压马达。

（3）控制装置：对系统中液体的压力、流量和流动方向进行控制的装置，又称为控制元件，如溢流阀、节流阀和换向阀等。

（4）辅助装置：保证系统正常工作所需的、上述三部分以外的其他装置，又称辅助元器件，如各种管接头、油管、油箱、过滤器、蓄能器和压力计等。它们分别起着连接、储油、过滤、储存压力能和测量液体压力等辅助作用。

2. 液压传动的工作原理

通过分析图 1.2（a）所示液压系统的工作过程，来概括说明液压传动的工作原理。

由图可知，液压泵 3 的转子由电动机带动旋转，从油箱 1 中吸油，油液经过滤器 2 通过油管进入液压泵后，将具有压力能的油液输入管路。在图 1.2（a）所示的状态下，油液通过节流阀 4 流至换向阀 6，由于换向阀阀芯处于中间位置，油口 P 与 A、B 均不相通，液压缸 8 左、右腔不通压力油，所以活塞 9 及工作台 10 停止不动。向右扳动手柄 7，使换向阀阀芯处于最右端位置，此时油口 P 与 A 相通，油口 B 与 O 相通，这样就使压力油液流入液压缸的左腔，液压缸右腔的油液经油口 B 和 O 流回油箱，于是活塞带动工作台向右运动；向左扳动手柄，使换向阀阀芯处于最左端位置，此时压力油经油口 P 和 B 进入液压缸的右腔，液压缸左腔的油液经油口 A 和 O 流回油箱，于是活塞带动工作台向左运动。因此，改变换向阀的工作位置，就能不断改变压力油的通路，使活塞及工作台不断换向，以实现工作所需要的往复运动。

工作台移动的速度是由节流阀来调节的。当节流阀开大时，单位时间内流入液压缸的压力油液增多，工作台的移动速度增大；反之，当节流阀关小时，单位时间内流入液压缸的压力油液减少，工作台的移动速度减小。工作台移动时，要克服切削力和导轨的摩擦力等各种阻力，液压缸则必须有足够大的推力，此推力是由液压缸内的油液压力产生的。克服的阻力越大，油液的压力就越高；反之，压力就越低。输入液压缸的油液是由液压泵输出的，其流量由节流阀调节，泵输出的多余的油液经溢流阀 5 流回油箱，系统的压力由溢流阀调节。当系统中的油压升高到略超过溢流阀的调定压力时，溢流阀上的钢球被顶开，油液经溢流阀流回油箱，这时系统油液的压力不再升高，维持定值。液压系统中过滤器的作用是将油液中的污物杂质滤去，保持油液的清洁，使系统正常工作。

综上所述，液压传动是以液体作为工作介质、利用液体的压力能来传递动力和运动的。在液压系统工作时，必须对油液的方向、流量和压力进行控制与调节，以适应工作部件对方向、速度和力的要求。

3. 液压传动系统的图形符号

图 1.2（a）所示的液压传动原理图是一种结构式的工作原理图。这种结构原理图直观性强，容易理解，但图形复杂，绘制较麻烦，系统中元（辅）件数量较多时更是如此。为简化图形，我国已制定了液压元（辅）件图形符号标准 GB/T 786.1—2009。图 1.2（b）就是按 GB/T786.1—1993 绘制的液压传动原理图。

二、液压传动的优缺点

（1）液压传动与机械传动和电力传动相比，具有以下优点：

① 比功率大。在输出同样功率的情况下，液压装置的体积小、质量轻、结构紧凑。例如，液压马达的体积和质量只有同等功率电动机的 12%左右。

② 传动平稳。在液压传动装置中，由于油液几乎不可压缩，依靠油液的连续流动进行传动，且油液有吸振能力，在油路中还可以设置液压缓冲装置，故传动十分平稳，易于实现快速启动、制动和频繁地换向。

③ 易实现无级调速。在液压传动中，通过调节液体的流量，可以实现大范围的无级调速，最大速比可达 2 000：1。

④ 易实现自动化。液压系统中，对液体的流量、压力和流动方向易于进行调节和控制，再加上电气控制、电子控制或气动控制的配合，整个传动装置很容易实现复杂的自动工作循环。

⑤ 易实现过载保护。液压缸和液压马达都能长期在失速状态下工作而不会过热，这是电气传动和机械传动无法做到的；而且液压系统中还采取了很多安全保护措施，能自动防止过载。液压件能自行润滑，使用寿命较长。

⑥ 能传递较大的力或转矩。传递较大的力或转矩是液压传动的突出优点。因此，液压传动广泛应用于金刚石制造、压制机、隧道掘进机和万吨水压机等。

⑦ 便于实现“三化”。液压元件属机械工业的基础件，标准化、系列化和通用化程度较高，故便于推广使用。液压元件的排列布置也具有较大的机动性。

（2）液压传动的主要缺点：

① 获得定比传动困难。由于工作介质（主要是油液）的可压缩性、泄漏以及元件的弹性变形等因素的影响，液压传动不能严格保证定比传动，因此，不宜应用在传动比要求严格的场合，例如，螺纹和齿轮加工机床的传动系统。

② 传动效率低。液压系统由于在传动过程中存在两次能量转换以及存在着机械摩擦损失、压力损失和泄漏损失，从而使传动效率不高，远距离传动时更是如此，故不宜作远距离传动。

③ 对温度变化较敏感。液压传动对温度的变化比较敏感，因为温度的变化会影响工作介质的黏度，从而影响传动的稳定性，故不宜在高温或低温条件下工作。

④ 对元件制造精度要求高。液压传动对元件的制造精度要求高，加工和装配比较困难，造价较贵，使用维护要求比较严格。

⑤ 排除故障较困难。由于液压系统出现故障时不易找出原因，因而排除故障较困难。

根据图 1.1 以及对本学习领域有关知识的理解，填写表 1.1。

表 1.1

部件名称	属于液压系统什么部分	作　用
杠杆手柄、小油缸、小活塞		
大活塞、大油缸		
单向阀		
油箱、管道		

学习评价

检查自己所取得的成绩，在下表中的☆中画√，看看你能得多少个☆。

项　目	任务完成	交流效果	行为养成
个人评价	☆☆☆☆☆	☆☆☆☆☆	☆☆☆☆☆
小组评价	☆☆☆☆☆	☆☆☆☆☆	☆☆☆☆☆
老师评价	☆☆☆☆☆	☆☆☆☆☆	☆☆☆☆☆
存在问题			
改进措施			

阅读材料

液压技术的发展

自 18 世纪末英国制成世界上第一台水压机算起，液压传动技术已有二百多年的历史。但直到 20 世纪 30 年代它才较普遍地应用于起重机、机床及工程机械。在第二次世界大战期间，由于战争需要，出现了由响应迅速、精度高的液压控制机构所装备的各种军事武器。第二次世界大战结束后，战后液压技术迅速转向民用工业，液压技术不断应用于各种自动机及自动生产线。

20 世纪 60 年代以后，液压技术随着原子能、空间技术、计算机技术的发展而迅速发展。因此，液压传动真正的发展也只是近四五十年的事。当前液压技术正向迅速、高压、大功率、高效、低噪声、经久耐用、高度集成化的方向发展。同时，新型液压元件和液压系统的计算机辅助设计（CAD）、计算机辅助测试（CAT）、计算机直接控制（CDC）、机电一体化技术、可靠性技术等方面也是当前液压传动及控制技术发展和研究的方向。

我国的液压技术最初应用于机床和锻压设备上，后来又用于拖拉机和工程机械。现在，我国的液压元件通过从国外引进一些液压元件、生产技术以及进行自行设计，现已形成了系列，并在各种机械设备上得到了广泛的使用。

学习领域 1 知识归纳

- 液压传动
  - 组成
    - 动力装置
    - 执行装置
    - 控制装置
    - 装置辅助
  - 工作原理：以液体作为工作介质，利用液体的压力能来传递动力和运动
  - 优点
    - 比功率大
    - 传动平稳
    - 易实现无级调速
    - 易实现自动化
    - 易实现过载保护
    - 能传递较大的力或转矩
    - 便于实现“三化”
  - 缺点
    - 获得定比传动困难
    - 传动效率低
    - 对温度变化较敏感
    - 对元件制造精度要求高
    - 排除故障较困难

学习领域 1 达标检测

1. 结合图 1.1 所示液压千斤顶工作原理图，分析液压千斤顶的工作过程。

2. 指出图 1.2 所示液压传动原理图中的液压泵、液压缸、换向阀、油箱分别属于液压传动系统的什么部分？分别具有什么作用？

学习领域 2　液压油

在液压传动系统中，作为工作介质传递能量的流体即为液压油。液压系统能否正常工作，很大程度上取决于液压系统所用的液压油，正确选用液压油对于液压系统具有重要意义。本学习领域是让学生通过观察液压油，了解液压油的有关知识，掌握液压油的质量要求和性能指标，学会正确地选用和使用液压油。本学习领域的任务是：正确选用和使用液压油。

任务　正确选用和使用液压油

任务案例

观察液压油，回答以下问题：

（1）液压系统中液压油具有什么作用？

（2）如何正确地选用液压油？

（3）如何正确地使用液压油？

任务分析

本任务涉及以下内容：

（1）液压油的类型。

（2）液压油的质量要求及性能指标。

（3）液压油的选用。

（4）液压油的使用。

任务处理

（1）观察液压油，了解液压油的基本类型。

（2）掌握液压油的质量要求及性能指标。

（3）正确地选用和使用液压油。

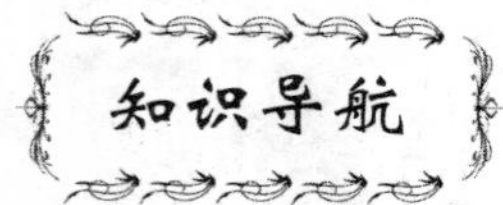

液压油是液压传动系统实现能量转换、传递、控制和应用的工作介质，可以是石油型的，亦可以是水型或其他有机物组成的。液压油同时还具有润滑、冷却、防锈、减震等作用。液压油在工作过程中将承受不同的压力、温度及剪切等作用，还受到环境条件的影响，因而，不同的液压传动系统对液压油的要求也各有侧重。

一、液压油的类型

目前液压传动系统中采用的液压油主要有矿物油、乳化型液压油、合成型液压油和高水基型液压油四大类。常用工业液压油的种类如下：

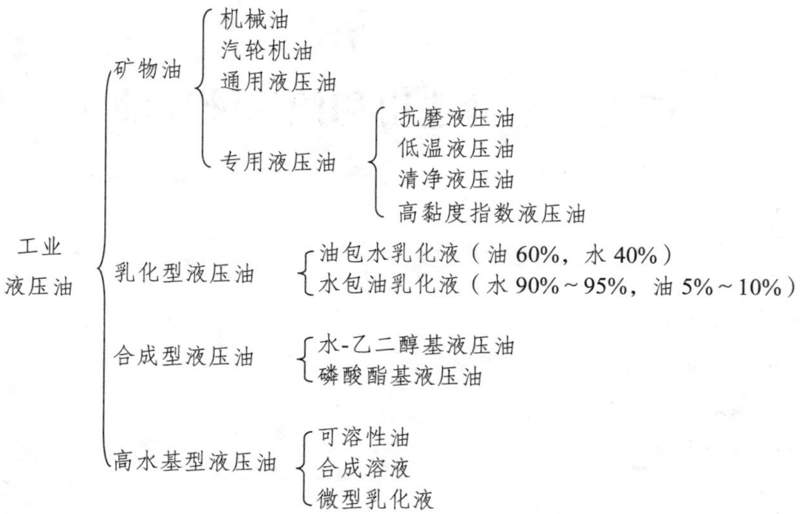

1. 矿物油

矿物油是由提炼后的石油制品加入各种添加剂精制而成。这种油液的润滑性好，腐蚀性小，化学稳定性较好，但抗燃性差，广泛应用于液压传动系统中。

2. 乳化型液压油

乳化型液压油有两类：一类是少量油分散在大量的水中，称为水包油乳化液；另一类是水分散在大量的油中，称为油包水乳化液。乳化型液压油具有价格便宜、抗燃等优点，但它的润滑性差、腐蚀性大、适用温度范围窄，一般用于水压机、矿山机械和液压支架等场合。

3. 合成型液压油

合成型液压油是由多种磷酸酯和添加剂用化学方法合成的，具有抗燃性好、润滑性好和凝固点低等优点，但价格较贵，有毒性。一般用于防火要求较高的场合，如钢铁厂、火力发电厂和飞机等的液压设备中。

4. 高水基型液压油

高水基型液压油是一种以水为主要成分的液压油，它是国外20世纪70年代初发展起来的，现已演变到第三代。第一代是可溶性油，由5%的可溶性油和95%的水制成，即原始的水包油乳化液。第二代是合成溶液，不含油，由五色透明的合成溶液和水按5：95的比例配制而成。第三代是微型乳化液，它既不是乳化液，也不是溶液，而是一种在95%的水中均匀地扩散着水溶性抗磨添加剂的胶状悬浮液。高水基液压油的优点是价格便宜，抗燃性好，工作温度低，黏度变化小，运输保存方便（因95%的水是在使用时加进的）；缺点是润滑性差，黏度低，腐蚀性大，应用于大型液压机以及环境温度较高的液压系统中，特别适用于防火要求较高的场合。

二、对液压油的质量要求

液压油质量的优劣将在很大程度上影响液压系统的工作可靠性和使用寿命。通常对液压油的质量有如下要求：

（1）适宜的黏度及良好的黏温性能，以确保在工作温度发生变化的条件下能准确、灵敏地传递动力，并能保证液压元件的正常润滑。

（2）具有良好的防锈性及抗氧化安定性，在高温高压条件下不易氧化变质，使用寿命长。

（3）具有良好的抗泡沫性，使油品在受机械不断搅拌的工作条件下，产生的泡沫易于消失促使动力传递稳定，避免液压油的加速氧化。

（4）良好的抗乳化性，能与混入油中的水迅速分离，以免形成乳化液而导致液压系统金属材质的锈蚀和降低使用效果。

（5）良好的极压抗磨性，以保证液压油泵、液压马达、控制阀和油缸中的摩擦副在高压、高速的苛刻条件下得到正常的润滑，减少磨损。

除上述基本质量要求外，对于一些特殊性能要求的液压油尚有特殊的要求。例如，低温液压油要求具有良好的低温使用性能，抗燃液压油要求具有良好的抗燃性能，抗银液压油可用于有银部件的液压系统。

三、液压油的性能

1. 良好的流体状态

液压油流动性的优劣直接影响其传递能量的效果，它与液压油的黏度、倾点及黏温性等指标有关。液压油的倾点和低温黏度，应能适应油泵预计的最低操作温度。温度变化范围较宽的液压系统，其液压油应具有良好的黏温性能（即液压油应具有较高的黏度指数）。否则，温度降低时，黏度增加太大，摩擦损失增加，泵送速度受影响；温度升高时，黏度变得过小，影响使用性能。液压油的黏温性能可以通过在液压油里加入黏度指数改进剂来改善。

2. 良好的不可压缩性及抗泡沫性

液体在外力作用下体积不易发生变化，但液体中混入空气后就会使其压缩性受到影响。保持液压油的不可压缩性，对于液压油作为工作介质可靠地传递能量、确保操纵机构灵敏动作是至关重要的。目前使用的液压油多为石油型的，空气能溶解于油中，其溶解度主要取决于空气压力及温度。当空气在油液中保持溶解状态时，液压系统并不出现问题，但当液压油通过油缸、阀门或其他液压元件时，压力有时会突然降低，加之温度变化的影响，使得空气易从油液中释放出来并形成许多气泡，这将使液压油的不可压缩性受到影响。此外，液压系统的元件在运转中，液压油与空气在机械的翻搅下易于产生泡沫，如泡沫不能迅速消失，也会使液压油的工作性能下降。因此，为使液压油具有良好的不可压缩性及抗泡性，一方面要采取措施，防止空气混入液压系统；另一方面要在液压油中加入抗泡剂，增强液压油的抗泡性能。

3. 良好的剪切安定性

为了改善液压油的黏温性，常加入黏度指数改进剂。黏度指数改进剂是一种高分子聚合物，它在剪力作用下，若分子链断开，将使液压油的黏温性变差。因此，加有黏度指数改进剂的液压油，还应具备良好的剪切安定性。它通过规定的剪切试验，测定其运动黏度在某一温度条件下下降的百分率来表示。

4. 良好的极压抗磨性

液压泵的发展趋势是小型化和高压力，这就要求液压油具有良好的极压抗磨性。所谓极压抗磨性是指油品通过保持在运动部件表面间的油膜，防止金属相对直接接触而磨损的能力。

5. 良好的氧化安定性

液压油氧化后生成的胶质和沉积物会影响液压元件的正常工作，特别是一些控制机构。此外，生成的酸性氧化物还会使液压元件受到腐蚀，因此，要求液压油具有良好的氧化安定性。

6. 良好的密封适应性

液压传动装置在工作过程中，常伴有内泄外漏的问题，外泄漏会引起液压油漏失，污染环境；内泄漏导致传动装置工作不稳和工况恶化。因此，要求液压油与所用的密封材料相适应，尽量减少内泄外漏现象。

7. 良好的过滤性

一方面，液压设备正向小型化、高压、高速、大流量及自动化方向发展，对液压元件要求更苛刻，精度要求更高，这就增加了装置对杂质的敏感性，只要有微小的杂质颗粒都会引起设备的磨损和失灵；另一方面，液压油在使用中被水污染后，水分促使油中添加剂分解，分解产物沉积于过滤器表面，具有使过滤器堵塞趋势增大的可能，所以要求液压油具有良好的过滤性。

8. 良好的破乳化性与水解安定性

油品和水形成乳化液的能力称为乳化性；将油品与水形成的乳化液分为油、水两层的能力是破乳化性；油品与水接触时抗水反应的能力是水解安定性。这两个性能对在潮湿环境下工作的液压机械和水可能进入液压油中的液压机械具有重要意义。

9. 防锈性

防锈性是指油品阻止与其接触的金属生锈的能力。

以上是液压油的性能，对于特殊性质的液压油，还有特殊的性能要求，在具体液压油的质量要求中会涉及。

四、液压油的选用

液压系统的很多运行故障是由液压油引起的，因此，正确、合理地选用液压油对于提高液压设备的工作可靠性，延长系统及元件的寿命，保证机械设备的安全、正常运行，具有十分重要的意义。

液压油的选用应当是在全面了解液压油性质并结合考虑经济性的基础上，根据液压系统的工作环境及其使用条件选择合适的品种，确定适宜的黏度，因为黏度既影响系统的泄漏，又影响功率损失。当黏度大时，油液流动产生的阻力较大，克服阻力所消耗的功率就大，而此功率损耗又将转换成热量使油温上升；当黏度太小时，会使油液的泄漏量加大，系统的容积效率下降。因此，在选择液压油时应根据系统的要求和具体情况来选用合适的黏度。通常按以下几方面进行选用。

1. 按液压泵的类型选用

液压泵是液压系统的重要元件，它对油液的性能最为敏感，因为泵内零件的运动速度高，承受压力大，温升较高，润滑要求严格。因此，常根据液压泵的类型和要求来选择液压油的黏度。

各类液压泵适用液压油的黏度范围见表 2.1 所示。

表 2.1　各类液压泵适用液压油的黏度范围

液压泵类型		环境温度 5 ~ 40 °C ν，mm²/s（40 °C）	环境温度 40 ~ 80 °C ν，mm²/s（40 °C）
叶片泵	p<7 MPa	30 ~ 50	40 ~ 75
	p≥7 MPa	50 ~ 70	55 ~ 90
齿轮泵		30 ~ 70	95 ~ 165
轴向柱塞泵		40 ~ 75	70 ~ 150
径向柱塞泵		30 ~ 80	65 ~ 240

2. 按液压系统的工作压力选用

通常，当工作压力较高时，宜选用黏度较大的液压油，以减少系统泄漏；当工作压力较低时，宜选用黏度较小的液压油，以减少压力损失。

3. 依据液压系统的环境温度选用

环境温度较高时宜选用黏度较大的液压油；反之，可选用黏度较小的液压油。

4. 考虑液压系统的运动速度选用

液压系统中执行元件运动速度较高时，为减少液流的压力损失，宜选用黏度较小的液压油；反之，当执行元件的运动速度较低时，每分钟所需的油量很小，系统泄漏相对较大，对执行元件的运动速度影响也较大，因此宜选用黏度较大的液压油。

五、液压油的使用管理

正确选择液压油仅是保证液压设备正常工作的一个方面，在液压设备工作过程中，液压油的维护管理也很重要。在多数情况下，液压油如未被污染和老化，可以使用较长时间，但如混入其他油品、尘粒、磨屑、锈蚀粒子和水杂等，将会大大降低液压油的使用寿命。

1. 液压油的污染与过滤

液压油的污染主要来自外界及工作过程两个途径。

污染杂质对液压油的影响如下：

（1）黏着或堵塞滤清器孔眼，使液压泵运转困难，产生噪声。

（2）堵塞元件的节流孔、节流间隙，影响工作机构动作的准确性。

（3）加速液压油的老化。

（4）加速液压元件的腐蚀及磨损。

（5）在吸油管吸不到油时，容易造成气蚀。

根据液压油的污染原因，为确保液压油的清洁，应切实做好液压油的防污染工作，以提高液压油及液压元件的使用寿命，这就要求根据液压系统的不同选用不同过滤精度的滤清器和合适的过滤元件，以保证液压油的清洁度。

2. 液压油固体污染度等级及测量方法

固体污染等级是液压油至关重要的质量指标，它对液压系统的工作可靠性及使用寿命有重大影响。液压油固体污染杂质的测定方法有计数法、质量法与污染指数法。污染粒子的分级，国际标准化组织制定了标准，即 ISO/DIS 4406。我国国家标准（GB/T 14039—2002）等效采用 ISO/DIS 4406 污染度等级标准，它采用两个数码代表油液的污染等级，前面的数码代表 1 mL 油液中尺寸大于 5 μm 的颗粒等级，后面的数码代表 1 mL 油液中大于 15 μm 的颗粒数等级，两个数码间用一斜线分隔。如污染度等级 18/13，表示油液中大于 5 μm 的颗粒数等级的数码为 18，每毫升颗粒数在 1 300 ~ 2 500；大于 15 μm 的颗粒数等级的数码为 13，每毫升颗粒数在 40 ~ 80。目前，ISO/DIS 4406 污染度等级标准已为世界各国所普遍采用。

3. 液压油的更换

应按液压油的换油指标换油。为此，应对在用液压油定期进行取样化验，正常使用条件下，每两个月取样一次；工作频繁、环境恶劣时，每月取样一次。不具备分析条件时，应按设备说明书的规定周期定期换油。

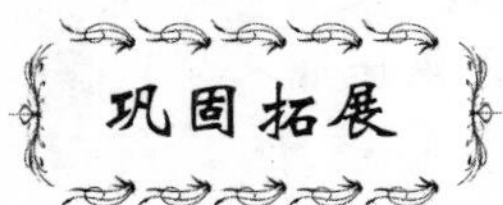

根据对本学习领域有关知识的理解，填写表 2.2。

表 2.2

液压油类型	特　点	应用场合
矿物油		
乳化型液压油		
合成型液压油		
高水基型液压油		

问题探究

（1）液压油的黏度对其性能有什么影响？

（2）怎样降低或减少液压油引起的故障？

学习评价

检查自己所取得的成绩，在下表中的☆中画√，看看你能得多少个☆。

项　目	任务完成	交流效果	行为养成
个人评价	☆☆☆☆☆	☆☆☆☆☆	☆☆☆☆☆
小组评价	☆☆☆☆☆	☆☆☆☆☆	☆☆☆☆☆
老师评价	☆☆☆☆☆	☆☆☆☆☆	☆☆☆☆☆
存在问题			
改进措施			

阅读材料

液压油的污染问题

随着液压传动技术的发展，机械对油液清洁度提出了更高的要求。液压油对环境的污染已引起人们的高度关注。

一、液压污染物质的种类

液压污染有固体污染、液体污染和气体污染三种。（1）固体污染物质包括金属粉末、粉尘、沙粒、纤维物、氧化生成物等。（2）液体污染物质括水分、新旧油及异种油的交叉污染。（3）气体污染就是指空气。但在众多污染之中，系统残留的金属颗粒（如铁屑、铁锈、焊渣以及金属磨损粉末等固体颗粒），是液压系统及油液的主要污染物。油液使用时间越长，油液污染度越高。

二、液压污染的产生

液压系统主要是在生产、物流、使用三个阶段产生污染物。

1. 在生产阶段产生污染物

液压油是由基础油和添加剂调和而成的。液压油在生产的过程中，有基础油的质量问题、添加剂的质量问题，也有调和生产油过程中的质量问题。比如，基础油不好，添加剂不好，添加剂在油中调合不够均匀，溶解不充分，都会变成为一种污染物。在生产过程中液压油所产生的污染物，它的污染度实际上已经超过了液压系统及元件污染耐受度的要求。因此，液压油在生产过程中产生污染物的问题不容忽视。

另一方面，机械设备是通过设计、生产、安装而成的。机械设备在生产过程中有设计污染（如选材、工艺设计），有制造、安装、调试过程中残留在液压系统、元件、管道的污染物（如铁、铜等金属颗粒及纤维物等）。由此而造成的污染，实际上已经超过了液压系统及元件的污染耐受度。

2. 在物流阶段产生污染物

油在物流过程中会产生污染物。比如，有输送油管道问题，有仓储问题，有包装问题，有装运作业过程中的污染物入侵问题。因此，新油不一定是最洁净的油。在使用新油时，首先要进行超滤提纯、净化处理。

3. 在使用阶段产生污染物

在使用液压油过程中，设备内部有残留在液压系统（元件、管道、油箱等）中的污染物和机械磨损的金属粉末、氧化生成物等有害物质。另外，旧油没有彻底清除干净，新的液压油在液压传动系统运行时会立即引起交叉污染，产生所谓“链式反应”，导致液压元件产生副磨损而造成更大的污染。

另一方面，经过长时间高速、高压运行，必然会有污染物（如粉尘、空气、水分）入侵；由于外界环境的影响，会加快设备在用油液的劣化速度，使密封件受损，滤芯堵塞，吸气孔的空气呼吸口过滤不良；入侵污染物的情况还包括给油泵的油管、泵件、接头和滤芯未清洗干净，在修理过程中带进粉尘、纤维物等。

三、液压污染的危害

（1）污染影响机械性能。固体污染颗粒是油压机安全生产的一大隐患，是造成液压故障的元凶。美国流体动力研究中心菲奇博士指出：“污染导致液压系统及元件故障的三种基本形式是：a. 不稳定；b. 严重损坏；c. 性能劣化。”同时指出：“污染引起油压机产生故障的主要表现：a. 突发失效；b. 间歇失效；c. 退化失效。”例如，它对元件滑动表面产生直接阻力、摩擦阻力、间隙增大，使液压系统的压力下降，故障次数增加。不仅使机械设备发挥不了正常的工作效率（设备有效利用率降低 0.2 ~ 0.6/分钟，有效运转率降低 2% ~ 25%），还会增加设备维修费用，引起一系列连带性损失，使企业付出沉重的经济代价。

（2）污染影响润滑性能。污染固体颗粒不仅会破坏油膜的润滑性能（精密元件滑动表面间隙的油膜厚度是：0.5 ~ 5 μm，按 ISO 标准，每毫升含大于 5 ~ 15 μm 以上的固体污染颗粒占总数的 95%），还会加快油品的劣化速度。例如，有的优质液压油仅用了 2 小时就要更换，就是由于液压系统的油液污染问题所造成的。由此可见，污染物是设备润滑的大敌，是引起油液劣化的主要根源之一。

（3）污染影响环保效益。众多企业由于系统污染和油液污染等原因，将设备用过的液压油更换出来弃置处理，“更换一次，报废一批”，造成油的利用率低，大大缩短了油品的使用寿命。高油耗的生产，既浪费资源，又污染环境。

学习领域 2 知识归纳

一、液压油的种类

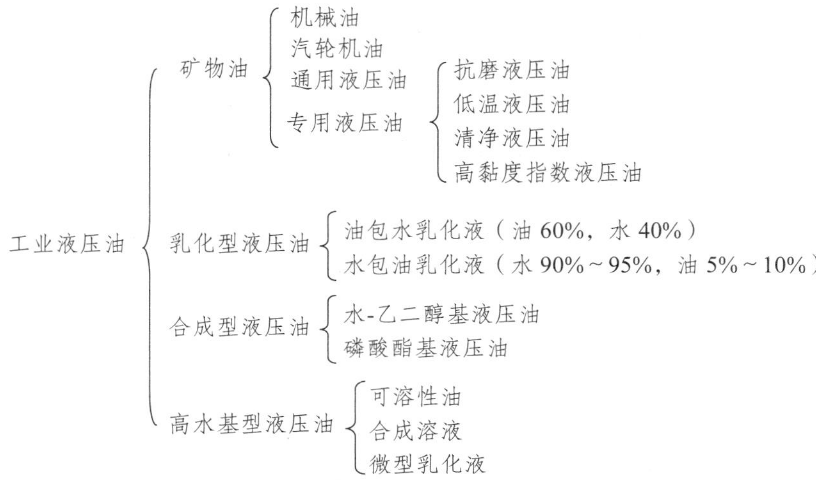

二、液压油的性能及其评价指标

液压油的性质
- 良好的流体状态
- 良好的不可压缩性及抗泡沫性
- 良好的剪切安定性
- 良好的极压抗磨性
- 良好的氧化安定性
- 良好的密封适应性
- 良好的过滤性
- 良好的破乳化性与水解安定性
- 防锈性

三、液压油的选用与使用管理

液压油的选用与使用管理
- 液压油的选用
  - 按液压泵的类型选用
  - 按液压系统的工作压力选用
  - 依据液压系统的环境温度选用
  - 考虑液压系统的运动速度选用
- 液压油的使用管理
  - 液压油的污染与过滤
  - 液压油固体污染度等级及测量方法
  - 液压油的更换

学习领域 2 达标检测

一、单项选择题

1. 黏度指数高的油，表示该油（　　）。

（A）黏度较大　　（B）黏度因压力变化而改变较大

（C）黏度因温度变化而改变较小　（D）黏度因温度变化而改变较大

2. 合成溶液属于（　　）型液压油。

（A）矿物油　　（B）乳化　　（C）合成　　（D）高水基

3. 在温度 5 ~ 40 °C 的环境中，适用于齿轮泵的液压油的黏度范围为（　　）。

（A）85 ~ 120 mm^2/s　（B）30 ~ 70 mm^2/s　（C）20 ~ 50 mm^2/s　（D）90 ~ 165 mm^2/s

4. 油包水乳化液是指（　　）。

（A）油 70%，水 30%　　（B）油 30%，水 70%

（C）油 60%，水 40%　　（D）油 40%，水 60%

5. 一般用于水压机、矿山机械等场合的液压油是（　　）。

（A）矿物油　（B）乳化型液压油　（C）合成型液压油　（D）高水基型液压油

二、简答题

1. 常用工业液压油的种类有哪些？各有什么优缺点？
2. 对液压油的要求主要有哪些？
3. 简述如何选用液压油。
4. 液压油的性能有哪些？

学习领域 3　流体力学基本知识

液压传动是根据流体力学的基本原理，利用流体的压力能进行能量传递和控制各种机械零部件运动。因此，研究液体平衡和运动的力学规律，对于学习液压技术具有重要意义。本学习领域主要学习与液压传动有关的流体力学的基本知识，为今后分析、使用液压传动系统打下一定的理论基础。

本学习领域是通过让学生观察静止液体与流动液体的特征，来分析流体力学的基本规律。本学习领域包括以下学习任务：

（1）分析液体静力学基本规律。

（2）分析液体动力学基本规律。

（3）分析液体的压力损失和流量损失。

任务 1　分析液体静力学基本规律

任务案例

观察日常生活中静止的液体，回答以下问题：

（1）液体为什么会处于静止状态？

（2）静止液体内部任意一点处的压力是多大？

任务分析

本任务涉及以下内容：

（1）流体的物理性质。

（2）静压力及其性质。

（3）液体静力学基本方程。

（4）静压传递原理。

（5）静止液体在固体表面上的作用力。

任务处理

（1）分析流体的物理性质。

（2）掌握静压力及其性质。

（3）会利用静压传递原理解释图 3-5 所示的实例。

（4）会计算静止液体在固体表面上的作用力。

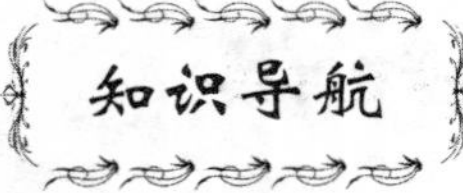

一、流体的物理性质

（一）密度和重度

密度是指液体单位体积的质量，用 ρ 表示，单位为 kg/m^3。即

$$\rho = \frac{M}{V} \tag{3-1}$$

重度是指液体单位体积的重量，用 γ 表示，单位为 N/m^3。即

$$\gamma = \frac{G}{V} \tag{3-2}$$

密度和重度的关系为：

$$\gamma = \rho g \tag{3-3}$$

式中 M——液体的质量，kg；

G——液体的重量，N；

V——液体的体积，m^3；

g——重力加速度，m/s^2。

一般在理论练习计算时取矿物油的密度 ρ = 900 kg/m^3。

（二）液体的黏性

液体在外力作用下流动时，分子间的内聚力会阻碍分子间的相对运动而产生一种内摩擦力，这一特性称作液体的黏性。

黏性的大小用黏度表示，黏性是液体重要的物理特性，也是选择液压油的主要依据。

1. 液体的动力黏度

实验测定表明，液体流动时相邻液层间的内摩擦力 F 与液层间的接触面积 A 和液层间的相对运动速度 du 成正比，而与液层间的距离 dy 成反比，如图 3.1 所示。即

$$F = \eta A \frac{\mathrm{d}u}{\mathrm{d}y} \tag{3-4}$$

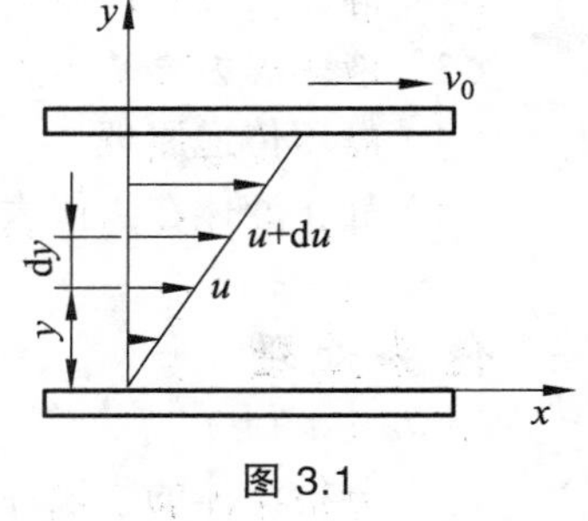

图 3.1

式中　η——比例常数，称为黏性系数或黏度（比例常数曾用 μ 表示）；

$\mathrm{d}u/\mathrm{d}y$——速度梯度。

如以 τ 表示切应力，则内摩擦力对液层单位面积上的切应力为：

$$\tau=\frac{F}{A}=\eta\frac{\mathrm{d}u}{\mathrm{d}y} \tag{3-5}$$

这就是牛顿液体的内摩擦定律。

黏度是衡量流体黏性的指标。常用的黏度有动力黏度、运动黏度和相对黏度。

动力黏度 η 可由式（3-5）导出。即

$$\eta=\tau\frac{\mathrm{d}y}{\mathrm{d}u} \tag{3-6}$$

由此可知动力黏度的物理意义是：液体在单位速度梯度下流动时，液层间单位面积上产生的内摩擦力。动力黏度 η 又称绝对黏度。

动力黏度 η 的单位为 Pa·s（帕·秒）或 $\mathrm{N\cdot s/m^2}$。

2. 液体的运动黏度

动力黏度 η 与液体密度 ρ 之比叫做运动黏度 ν，即

$$\nu=\frac{\eta}{\rho} \tag{3-7}$$

运动黏度 ν 的单位为 $\mathrm{m^2/s}$，应用时为计算方便，常用 $\mathrm{mm^2/s}$ 作为 ν 的单位，又称 cSt（厘斯）。$1\ \mathrm{m^2/s}=10^6\ \mathrm{cSt}$（厘斯）。

工程中常用运动黏度 ν 作为液体黏度的标记。机械油的牌号就是用机械油在 40 °C 时的运动黏度 ν 的平均值来表示的。如 46 号液压油（或机械油）就是指其在 40 °C 时的运动黏度 ν 的平均值为 46 cSt。

3. 液体的相对黏度

相对黏度又称条件黏度。根据测量条件不同，各国采用的相对黏度的单位也不同。中国、德国等采用恩氏黏度 ^0E_t，美国采用赛氏黏度 SSU，英国采用雷氏黏度 R。

恩氏黏度用恩氏黏度计测定。其方法是：将 200 mL 温度为 t（以 °C 为单位）的被测液体装入黏度计的容器，经其底部直径为 2.8 mm 的小孔流出，测出液体流尽所需时间 t_1，再测出 200 mL 温度为 20 °C 的蒸馏水在同一黏度计中流尽所需时间 t_2；这两个时间的比值即为被测液体在温度 t 下的恩氏黏度，即

$$^0E_t=\frac{t_1}{t_2} \tag{3-8}$$

工业上常用 20 °C、40 °C、100 °C 作为测定恩氏黏度的标准温度，其相应恩氏黏度分别用 $^0E_{20}$、$^0E_{40}$、$^0E_{100}$ 表示。

工程中常采用先测出液体的相对黏度，再根据关系式换算出动力黏度或运动黏度的方法。恩氏黏度和运动黏度的换算关系式为：

$$\nu = 7.31^0 E_t - \frac{6.31}{^0 E_t} \tag{3-9}$$

详细方法需参考液压手册。

（三）液体压力的表示方法

液体压力有绝对压力和相对压力两种。静止液体内的压力分布规律如图 3.2 所示，以公式 $p = p_a + \rho gh$ 表示的压力 p，叫做绝对压力，其值是以绝对真空为基准进行度量的。超过大气压力的那部分压力 $p - p_a = \rho gh$ 叫做相对压力或表压力，其值是以大气压为基准来进行度量的。绝大多数压力表因其外部受大气压作用，所以压力表指示的压力是相对压力。在液压技术中所提到的压力，如不特别说明，均为相对压力。当绝对压力小于大气压时，绝对压力比大气压小的那部分数值叫做真空度，此时相对压力为负值。绝对压力、相对压力和真空度之间的关系如图 3.3 所示。由图可知，以大气压为基准计算压力时，基准以上为正值是表压力，基准以下为负值是真空度。

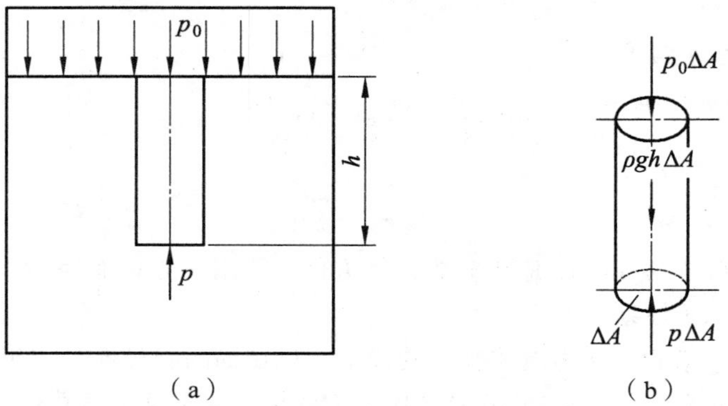

图 3.2　静止液体内压力分布规律

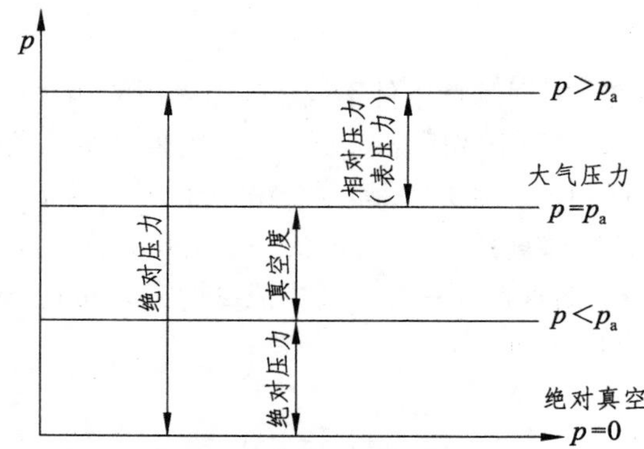

图 3.3　绝对压力、相对压力和真空度间的关系

【例 3-1】一充满油液的容器如图 3.4 所示。作用在活塞上的力（包括活塞重力）为 $F = 2\,000$ N，若已知活塞面积 $A = 10^{-3}$ m^2，油液的密度 $\rho = 900$ kg/m^3，试求活塞下方深度为 $h = 0.5$ m 处的压力等于多少？

解： 根据公式 $p = p_0 + \rho gh$，先求活塞和油液接触面上的压力 p_0，则

$$p_0 = \frac{F}{A} = \frac{2\ 000}{10^{-3}} = 2\times10^6\ (\text{Pa})$$

再求深度为 h 处的液体压力 p，则

$$p = p_0 + \rho gh = 2\times10^6 + 900\times9.8\times0.5 = 2.004\ 4\times10^6 \approx 2\times10^6\ (\text{Pa})$$

由例 3-1 可以看出，在外力作用下，液体内各点处的静压力中，液体自重所产生的那部分压力 ρgh 相当小，可以忽略不计，因而假定整个静止液体内部的压力是近似相等的。以后在分析液压系统的压力时，都采用这一假定。

（四）其他性质

1. 黏度与压力的关系

液体分子间的距离随压力增加而减小，内聚力增大，其黏度也随之增大。当压力不高且变化不大时，压力对黏度的影响较小，一般可忽略不计。当压力较高（大于 10^7 Pa）或压力变化较大时，需要考虑这种影响。

2. 黏温特性

温度变化对液体的黏度影响较大，油液的黏度都会随其温度升高而明显下降。但不同品种的工作液体的黏温特性用黏度指数 VI 衡量，VI 数值越大，工作液体受温度影响越小，各品种油液下降幅度不同。

液体黏度随温度变化的性质称为黏温特性。普通液压系统一般要求 $VI \geqslant 90$，而对生产影响较大的液压系统，往往要求 $VI \geqslant 100$。

二、静压力及其性质

静止液体单位面积上所受的法向力称为静压力。如果在液体内某点处微小面积 ΔA 上作用有法向力 ΔF，则液体内该点处的静压力 P 为：

$$P = \lim_{\Delta A\to 0}\frac{\Delta F}{\Delta A} \tag{3-10}$$

若在液体的面积 A 上，作用有均匀分布的法向力 F，则静压力可表示为：

$$P = \frac{F}{A} \tag{3-11}$$

液体静压力在物理学中称为压强，在液压传动中称为压力。压力的单位是帕，用字母 Pa 表示。

液体静压力有如下重要性质：

（1）液体静压力垂直于其作用面，其方向和该面的内法线方向一致。如果压力不垂直于作用面，则液体就要沿着该作用表面的某个方向产生相对运动；如果压力的方向不是指向作

用表面的内部，则由于液体不能承受拉力，液体就要离开该表面产生运动，破坏液体的静止条件。

（2）静止液体内任一点所受到的各个方向的压力都相等。如果液体内某点受到的各个方向的压力不等，那么液体必然产生运动，破坏了静止的条件。

三、液体静力学基本方程

在重力作用下的静止液体所受的力，除了液体重力，还有液面上的压力和容器壁面作用在液体上的压力，其受力情况如图 3.4 所示。如要求算出离液面深度为 A 的某一点的压力，可以从液体内取出一个底面通过该点的微小垂直液柱作为研究对象，如图 3.2（b）所示。设液柱底面积为ΔA，高为 h，由于液柱处于平衡状态，则有

$$p\Delta A = p_0\Delta A + \rho gh\Delta A$$

即

$$p = p_0+\rho gh \tag{3-12}$$

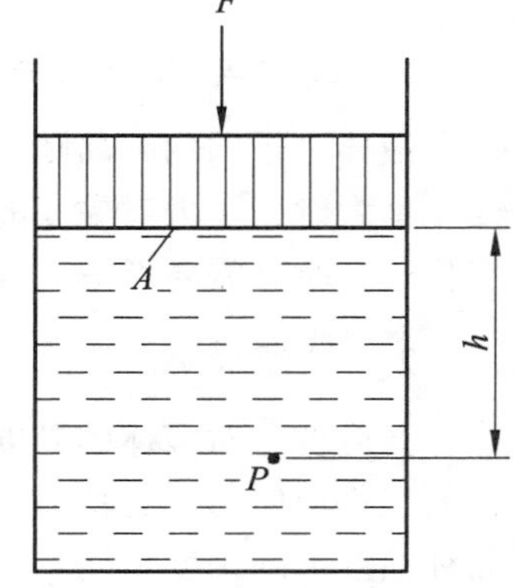

图 3.4　液体内压力计算图

上式即为液体静力学基本方程。

该式表明：

（1）静止液体内任一点处的压力由两部分组成：一部分是液面上的压力 p_0，另一部分是 ρg 与该点离液面深度 h 的乘积。当液面上只受大气压 p_a 作用时，则液体内任一点处的静压力为：

$$p = p_a+ \rho gh$$

（2）静止液体内的压力随液体深度的增加呈直线规律递增。

（3）离液面深度相同处各点的压力都相等。压力相等的所有点组成的面叫等压面。在重力作用下静止液体中的等压面为一水平面。

四、静压传递原理

在密闭容器内的液体，当外加压力 p_0 发生变化时，只要液体仍保持原来的静止状态不变，则液体内任一点的压力都将发生同样大小的变化。这就是说，在密闭容器内，施加于静止液体上的压力将以等值同时传递到液体各点。这就是静压传递原理，也称帕斯卡原理。

图 3.5 所示为应用静压传递原理的实例。图中两个互通的液压缸内充满油液。设小活塞面积为 A_1，大活塞面积为 A_2，两活塞上作用的负载分别为 F_1 和 F_2。由于两缸相通，构成一个密闭容器，因此按静压传递原理，缸内压力处处相等，即 $p_1 = p_2$，于是

$$F_2 = \frac{A_2}{A_1}F_1$$

由上式可知，因为（A_2/A_1）>1，所以用一个较小的 F_1，就可以推动一个比较大的负载 F_2。如果大活塞上没有负载（$F_2 = 0$），则在略去活塞质量和其他阻力时，不论怎样推动小液

压缸活塞，也不能在液体中形成压力。这说明液压系统中的压力是由外界负载决定的，这是液压传动中的一个基本概念。

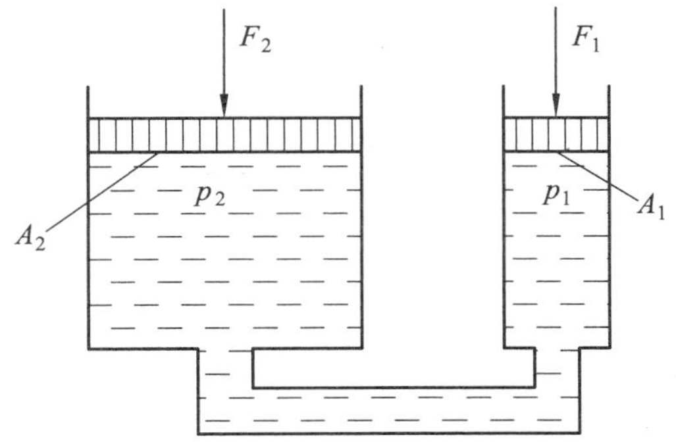

图 3.5　静压传递原理应用实例

五、静止液体在固体表面上的作用力

静止液体和固体壁面接触时，固体壁面上各点在某一方向上所受静压作用力的总和，便是液体在该方向上作用于固体壁面上的力。

当固体壁面为一平面时，液体静压力在该平面上的总作用力 F 等于液体静压力 P 和该平面面积 A 的乘积，即

$$F = PA \tag{3-13}$$

F 的作用方向垂直于壁面。

当固体壁面为一曲面时，液体静压力在该曲面某 x 方向上的总作用力 F_x 等于液体静压力 p 和曲面在该方向投影面积 A_x 的乘积，即

$$F_x = PA_x \tag{3-14}$$

【例 3-2】 如图 3.6 所示的液压缸缸筒，筒内充满了压力为 p 的压力油，缸筒半径为 r，长度为 l，试求液压油对缸筒右半壁内表面在 x 方向上的作用力 F_x。

解： 在缸筒右半壁面上取一微小面积 $\mathrm{dA} = l\mathrm{d}s = lr\mathrm{d}\theta$，压力油作用在这一微小面积上的力为 $\mathrm{d}F = p\mathrm{dA}$，$\mathrm{d}F$ 在 x 方向上的分力为：

$$\mathrm{d}F_x = \mathrm{d}F\cos\theta = plr\cos\theta\,\mathrm{d}\theta$$

对上式积分，即得液压油对缸筒右半壁内表面在工方向上的作用力 F_x：

$$F_x = \int_{-\frac{\pi}{2}}^{\frac{\pi}{2}} \mathrm{d}F_x = \int_{-\frac{\pi}{2}}^{\frac{\pi}{2}} plr\cos\theta\mathrm{d}\theta$$
$$= 2plr = pA_x$$

式中　$A_x = 2rl$ —— 缸筒右半壁在 x 方向上的投影面积。

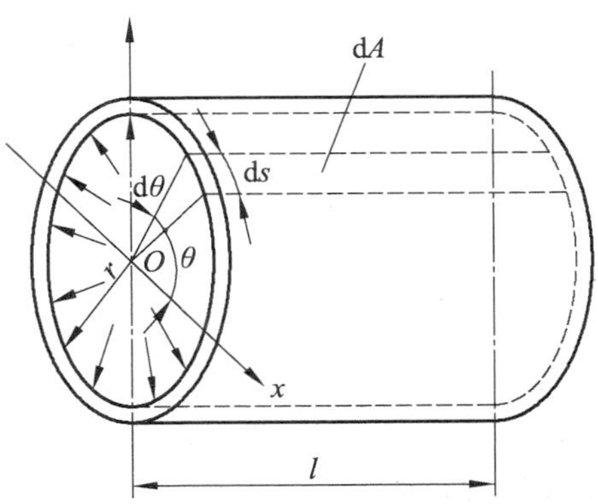

图 3.6　作用在固体曲面上的力

巩固拓展

根据学习内容，填写表 3.1。

表 3.1　黏度有关知识

分　类	代　号	定　义	公　式
动力黏度			
运动黏度			
相对黏度			

问题探究

根据图 1.1，分析液压千斤顶为什么用较小的力就能升起较重的重物？

学习评价

检查自己所取得的成绩，在下表中的☆中画√，看看你能得多少个☆。

项　目	任务完成	交流效果	行为养成
个人评价	☆☆☆☆☆	☆☆☆☆☆	☆☆☆☆☆
小组评价	☆☆☆☆☆	☆☆☆☆☆	☆☆☆☆☆
老师评价	☆☆☆☆☆	☆☆☆☆☆	☆☆☆☆☆
存在问题			
改进措施			

阅读材料

托里拆利和大气压力的发现

伊万杰利斯塔·托里拆利是意大利物理学家、数学家。托里拆利对大气压力的发现以及气压计的发明，使他闻名于世。在以前，伽利略就已注意到抽水机不可能把水压到 10 m 以上的高度，他的推测是正确的，即“真空的力”是有限的。托里拆利决定用水银代替水柱，并且观察水银平面停止的高度。托里拆利经过长时间的考虑后，振作精神：我们不需要那么长的管子，可以很简单地做这个实验，空管子里的水在 10 m 高度上停下来，如用较重的液体呢？如水银，它要比水重 13 倍，因此，它的柱高可能比水柱低 13 倍。在这种情况下，有不到 1 米长的管子就够我们用了。他的这一想法，在 1643 年由温欠佐·维威安尼将这一思想付诸实际，将一端封闭的玻璃管里充满水银，使试管倒转过来，将管口沉入盛水银的容器里。结果管内的水银下降，并在容器和试管之间的水平差将近 76 cm 的位置上停住。试管中水银位置上面所形成的真空空间后来被称为“托里拆利真空”。这说明，在液柱的上方，确有真空空间存在。托里拆利非常肯定地说："空气，在我们周围的空气压迫着水银的表面，其力量使水银柱停留在 76 cm 高度上，如果用其他液体，则液柱高度随着液体本身的密度而变化"。这实际上发现了大气压力的存在。

正确地解释了上述现象后，托里拆利指出，真空可以制造出来，他不止一次地进行了这个实验，试验时，他发现水银柱的高度在改变，但却总是和大气压力成正比。这样，他就在实际上发明了测量大气压力的仪器。1644 年 6 月 11 日，他宣布发明了气压计。

任务2 分析液体动力学基本规律

任务案例

仔细观察日常生活中流动的液体，回答下面的问题：

（1）液体在流动时为什么会有不同的流动速度？

（2）什么是液体的流量？

（3）液体的流动速度与流量之间有什么关系？

任务分析

本任务涉及以下内容：

（1）实际液体与理想液体的区别；

（2）液体的流动速度、流量；

（3）连续性方程；

（4）伯努利方程；

（5）动量方程。

任务处理

（1）分析液体流动时的情况。

（2）解决任务案例中的问题。

知识导航

一、连续性方程

1. 理想液体和实际液体

（1）理想液体。

既无黏性又不可压缩的液体称为理想液体。这是一种假想液体。

（2）实际液体。

既有黏性又可压缩的液体称为实际液体。

在研究液体流动时必须考虑黏性的影响。但液体中的黏性问题非常复杂，为了分析和计算问题的方便，开始分析时可以假设液体没有黏性，然后再考虑黏性的影响，并通过实验验证的办法对已得出的结论进行补充或修正。对于液体可压缩性的问题，可用同样的方法处理。

2. 稳定流动和非稳定流动

（1）稳定流动。

液体流动时，如果液体中任一点处的压力、速度和密度都不随时间的变化而变化，则液体的这种流动称为稳定流动（或称恒定流动）。

（2）非稳定流动。

液体流动时，只要液体中任一点处的压力、速度和密度中有一个随时间的变化而变化，则液体的这种流动称为非稳定流动（或称非恒定流动）。

3. 通流截面、流量和平均流速

（1）通流截面。

液体在管道中流动时，垂直于液体流动方向的截面称为通流截面（或叫过流截面）。

（2）流量。

单位时间内流过某一通流截面的液体体积称为流量。用符号 q 表示，其单位为 m^3/s 或 L/min。

（3）平均流速。

由于流动液体黏性的作用，通流截面上液体各点的流速不相等，因此，计算流量比较困难。为了方便起见，引入平均流速的概念，即假设通流截面上各点的流速均匀分布，液体以此流速流过通流截面的流量等于以实际流速流过的流量。若以 v 表示平均流速，以 A 表示通流截面的面积，则流量 q 为：

$$q = vA \tag{3-15}$$

由此得出通流截面上的平均流速 v 为：

$$v = q/A \tag{3-16}$$

4. 液流的连续性方程

管路（或液压缸）中的流量 q 与流速 v、通流截面 A 有关。液压系统在设计时，往往是根据规范要求所限制的流速 v 选定通流截面 A。

工程中常用管内平均流速代替流速，即

$$v_1A_1 = v_2A_2 = q \tag{3-17}$$

这是流动液体的连续性方程，即液体在管中流过任意截面的流量相等。在较大截面处流速较小，而在较小截面处的流速较大。

利用流动液体的连续性方程可知，图 3.7 各个截面流量、流速的关系式为：

$$q = v_1 A_1 = v_2 A_2 = v_3 A_3 \tag{3-18}$$

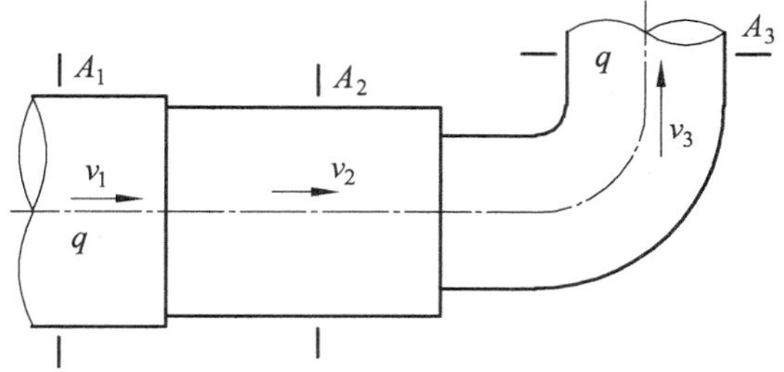

图 3.7　液流在任意截面处的流量相等

二、伯努利方程

液压系统是利用有压力的流动液体来传递能量的。在管道高度、直径、形状等变化时，管内能量将随之改变，其特点是：参数相互转化，但总能量守恒。

伯努利方程可以显示出变截面管道中的能量以及管道内液体各个主要参数相互转换的关系。

现在设管内任一段理想液体作稳定流动，在很短时间 t 内，从 AB 流动到 $A'B'$，如图 3.8 所示。

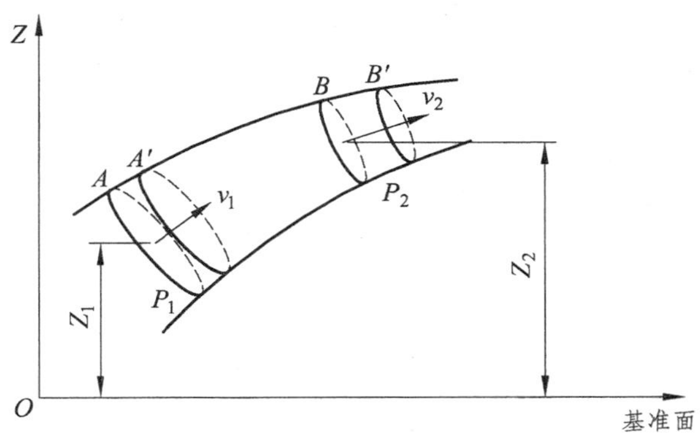

图 3.8　伯努利方程推导示意图

1. 外力做功

因为时间 t 很短，移动距离很小，所以流过的通流截面变化不大，即 $A \approx A'$，$B \approx B'$。

设 A、A'处压力为 p_1，流速为 v_1，位置高度为 Z_1；B、B'处压力为 p_2，流速为 v_2，位置高度为 Z_2。则液体所受压力作用力为：

$$F_1 = p_1 A_1$$

$$F_2 = p_2 A_2$$

故液体自 AB 流到 $A'B'$，外力所做功为：

$$P = F_1 v_1 t - F_2 v_2 t$$

$$= p_1 A_1 v_1 t - p_2 A_2 v_2 t$$

已知 $A_1 v_1 t = A_2 v_2 t = V$，故上式可写为：

$$P = p_1 V - p_2 V \tag{3-19}$$

2. 由机械能守恒原理列方程

液流在 AA' 处的机械能为：

$$P_1 = \frac{1}{2} m v_1^2 + mgz_1$$

液流在 BB' 处的机械能为：

$$P_2 = \frac{1}{2} m v_2^2 + mgz_2$$

从 AA' 处到 BB' 处增加的机械能为：

$$P_2 - P_1 = \frac{1}{2} m v_2^2 + mgz_2 - \frac{1}{2} m v_1^2 - mgz_1 \tag{3-20}$$

3. 液体增加的机械能等于外力对它所做的功

液体自 AB 处到 $A'B'$ 处增加的机械能应等于外力对它所做的功，即

$$P = P_2 - P_1 \tag{3-21}$$

将式（3-19）、（3-20）代入式（3-21）有：

$$p_1 V - p_2 V = \frac{1}{2} m v_2^2 + mgz_2 - \frac{1}{2} m v_1^2 - mgz_1$$

或

$$p_1 V + \frac{1}{2} m v_1^2 + mgZ_1 = p_2 V + \frac{1}{2} m v_2^2 + mgZ_2$$

上式表明：

（1）两任意通流截面上的总能量相等；

（2）上式是重力为 mg 的液体的总能量表达式（即伯努利方程式）。

若等式两边同除以 mg，即可得单位液体重力的伯努利方程式：

$$\frac{p_1}{\rho g} + \frac{v_1^2}{2g} + z_1 = \frac{p_2}{\rho g} + \frac{v_2^2}{2g} + z_2 = \text{常数} \tag{3-22}$$

伯努利方程式常用的单位为长度单位（m），两边同乘以 ρg 即可得到压力单位（Pa），即

$$p_1 + \frac{\rho v_1^2}{2} + \rho g z_1 = p_2 + \frac{\rho v_2^2}{2} + \rho g z_2 \tag{3-23}$$

考虑液体的黏性、涡流，液体在管内流动时会产生能量损失，该损失用 H_w 或 Δp_w 表示，

代入伯努利方程中可得实际液体的伯努利方程：

$$\frac{p_1}{\rho g}+\frac{\alpha_1 v_1^2}{2g}+z_1=\frac{p_2}{\rho g}+\frac{\alpha_2 v_2^2}{2g}+z_2+H_w \tag{3-24}$$

或

$$p_1+\frac{\alpha_1 \rho v_1^2}{2}+\rho g z_1=p_2+\frac{\alpha_2 \rho v_2^2}{2}+\rho g z_2+\Delta p_w \tag{3-25}$$

式中　α_1、α_2——实际液体流动受黏性影响，使一个截面上各层的液体流速不同，用 α 修正平均流速产生的误差。层流时管中心流速与管壁的误差大，故取$\alpha\approx 2$；紊流时液流不分层，可取$\alpha\approx 1$。

H_w——单位重量液体流过上、下游两截面之间时的能量损失。

【例 3-3】 应用伯努利方程求液压泵吸油口的真空度。

解：如图 3.9 所示，设泵的吸油口至油箱液面高度为 h，泵吸油口处的绝对压力为 p_2，油箱液面处的绝对压力为 p_1 等于大气压 p_a。

取油箱液面为 1—1 截面，并定为基准水平面，泵吸油口处为 2—2 截面。对两截面列伯努利方程，取 $a_1 = a_2 = 1$，有

$$\frac{p_1}{\rho g}+\frac{v_1^2}{2g}=\frac{p_2}{\rho g}+\frac{v_2^2}{2g}+h+h_w \tag{3-26}$$

式中　$p_1 = p_a$；

v_1——油箱液面油的流速，近似为零；

v_2——泵吸油口油速；

h_w——吸油管路的能量损失。

故上式可写为：

$$\frac{p_a}{\rho g}=\frac{p_2}{\rho g}+\frac{v_2^2}{2g}+h+h_w$$

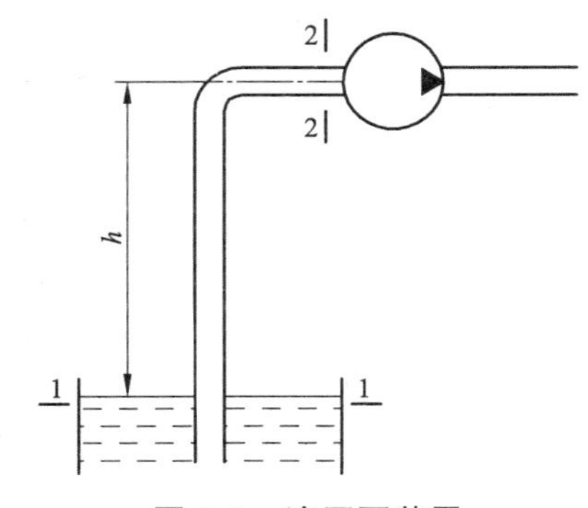

图 3.9　液压泵装置

由上式可得，液压泵吸油口的真空度为：

$$\begin{aligned}p_a-p_2&=\frac{1}{2}\rho v_2^2+\rho g h+\rho g h_w\\&=\frac{1}{2}\rho v_2^2+\rho g h+\Delta p\end{aligned}$$

式中　Δp——油液从截面 1—1 到截面 2—2 的压力损失。

三、利用伯努利方程求液体流经小孔的流量

1. 薄壁小孔的流量计算

孔口形式如图 3.10 所示。液体流过小孔时即开始收缩，至 c—c 截面处最小，然后又开始扩散，在收缩、扩散时存在压力损失。

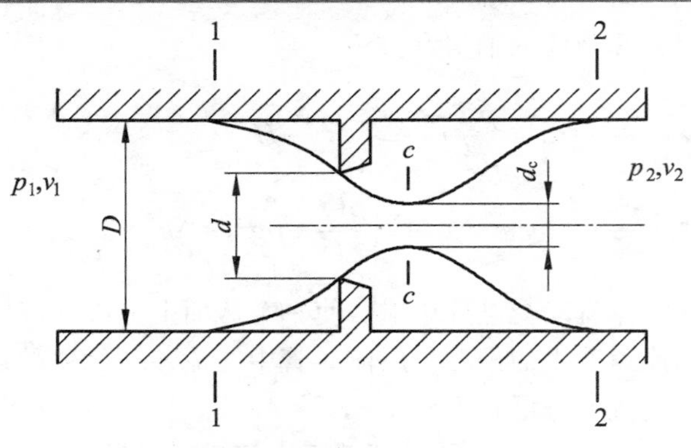

图 3.10　薄壁小孔通流示意

下面利用伯努利方程求得小孔处的流速 v，可得流量 q 与 Δp 关系。

选孔轴线为基准，1—1 处为上游截面，c—c 处为下游截面，取α_1、$\alpha_2=1$，可列方程如下：

$$\frac{p_1}{\rho g}+\frac{v_1^2}{2g}=\frac{p_2}{\rho g}+\frac{v_2^2}{2g}+h+h_{\rm w}$$

式中　p_1、v_1——1—1 截面处的压力和流速；

$p_{\rm c}$、$v_{\rm c}$——c—c 截面处的压力和流速；

$h_{\rm w}=\zeta v_1^2/2g$。

由于 $D\geqslant d$，$v_1\leqslant v_{\rm c}$，所以式中 $v_1^2/2g$ 可忽略不计，于是

$$\frac{p_1}{\rho g}=\frac{p_{\rm c}}{\rho g}+\frac{v_c^2}{2g}+\zeta\frac{v_c^2}{2g}$$

或
$$\frac{p_1}{\rho g}-\frac{p_{\rm c}}{\rho g}=\frac{v_c^2}{2g}+\zeta\frac{v_c^2}{2g}$$

由于
$$\Delta p_{\rm c}=\frac{\rho}{2}v_{\rm c}^2(1+\zeta)$$

所以
$$v_{\rm c}^2=\frac{2}{\rho}\Delta p_{\rm c}\frac{1}{1+\zeta}$$

即
$$v_{\rm c}=\frac{1}{\sqrt{1+\zeta}}\sqrt{\frac{2}{\rho}\Delta p_{\rm c}}$$

设
$$C_{\rm v}=\frac{1}{\sqrt{1+\zeta}}$$

则
$$v_{\rm c}=C_{\rm v}\sqrt{\frac{2\Delta p_{\rm c}}{\rho}} \tag{3-27}$$

式中　$C_{\rm v}$——流速系数。

已知收缩系数为 $C_{\rm c}=\dfrac{A_{\rm c}}{A_{\rm d}}$，即 $A_{\rm c}=C_{\rm c}A_{\rm d}$，所以

$$q = A_c v_c = C_c A_d v_c$$

乘以收缩系数 C_c 转化为小孔截面

收缩截面

将式（3-27）代入上式可得：

$$q = c_c A_d c_v \sqrt{\frac{2}{\rho}\Delta p_c}$$

令 $C_q = C_c C_v$ 为薄壁孔的流量系数，则

$$q = C_q A_d \sqrt{\frac{2\Delta p}{\rho}} \tag{3-28}$$

一般取 $C_q = 0.61 \sim 0.63$。

2. 厚壁孔流量公式

厚壁孔流量公式与式（3-28）相同，但 $C_q = 0.82$。

在液压传动中，经常利用小孔和间隙来控制压力和流量，以此实现调压和调速。流体力学中把通流小孔分为三种（设 L 为孔长，d 为孔径）：

（1）当 $\frac{L}{d} \leqslant 0.5$ 时，称其为薄壁小孔；

（2）当 $\frac{L}{d} > 4$ 时，称其为细长小孔；

（3）当 $0.5 < \frac{L}{d} < 4$ 时，称其为厚壁小孔。

3. 细长孔流量公式

$$q = \frac{\pi d^4}{128\mu L}\Delta p = \frac{d^2}{32\mu L} \cdot \frac{\pi d^2}{4}\Delta p = CA_d\Delta p \tag{3-29}$$

4. 一般小孔流量公式

将式（3-28）、（3-29）整理，可归纳为下式：

$$q = CA_d\Delta p^m \tag{3-30}$$

四、动量方程

动量方程是动量定理在流体力学中的具体应用。动量方程可以用于分析和计算流动液体作用于固体壁面上的作用力的大小及方向。动量定理指出：作用在液体上的力的大小等于液体在力的作用方向上的动量的变化率，即

$$F = \frac{\mathrm{d}(mv)}{\mathrm{d}t}$$

经过一定的理论推导，并考虑用动量修正系数来修正用平均流速代替实际流速的误差，

上式可表达为：

$$F = \rho q(\beta_2 v_2 - \beta_1 v_1) \tag{3-31}$$

式中　β——动量修正系数，β值常取 1；

v_2——流出控制表面的平均流速；

v_1——流入控制表面的平均流速；

F——作用在液体上的外力总和。

应用该方程时，要根据具体要求，求出 F、v_2、v_1 在指定方向上的投影值，然后列出动量方程。需要指出的是，流动液体对固体壁面的作用力 F'与液体所受外力 F 大小相等，方向相反。

【例 3-4】 图 3.11 所示为一滑阀示意图。当液体稳定流动并以流量 q 通过滑阀时，试求流动液体作用于阀芯上的轴向作用力。

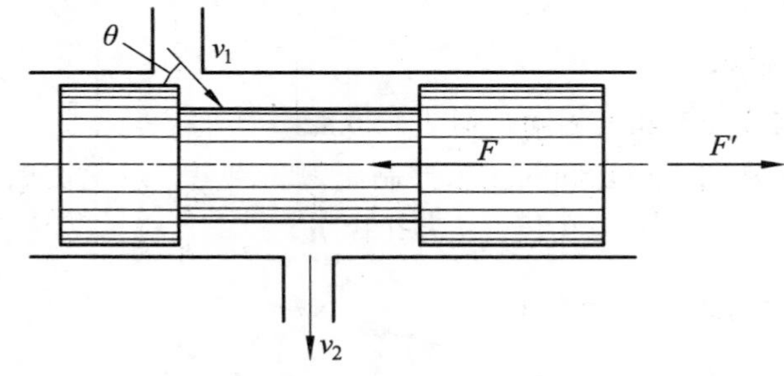

图 3.11　滑阀上的液动力

解： 取滑阀进、出口之间的液体为控制体积，设阀芯作用于控制体积上的力为 F。

根据 $F = \rho q(\beta_2 v_2 - \beta_1 v_1)$，列出在 F 方向投影的动量方程为：

$$F = \rho q[\beta_2 v_2 \cos\theta_2 - \beta_1(-v_1 \cos\theta_1)]$$

因为$\theta_2 = 90°$，$\theta_1 = \theta$，取$\beta_2 = \beta_1 = 1$，可得

$$F = \rho q v_1 \cos\theta$$

由于计算结果为正值，故 F 的假设方向与实际方向相同。根据作用与反作用原理知，流动液体作用于阀芯上的轴向作用力为 F'，其大小为 $\rho q v_1 \cos\theta$，方向与 F 相反，如图 3.11 所示。向右的力 F'试图使阀口关闭。

根据学习内容，填写表 3.2。

表 3.2

内　容	表达式	含　义
连续性方程		
伯努利方程		
动量方程		

问题探究

实际液体的伯努利方程与理想液体的伯努利方程有什么区别？

学习评价

检查自己所取得的成绩，在下表中的☆中画√，看看你能得多少个☆。

项　目	任务完成	交流效果	行为养成
个人评价	☆☆☆☆☆	☆☆☆☆☆	☆☆☆☆☆
小组评价	☆☆☆☆☆	☆☆☆☆☆	☆☆☆☆☆
老师评价	☆☆☆☆☆	☆☆☆☆☆	☆☆☆☆☆
存在问题			
改进措施			

任务 3　分析液体的压力损失和流量损失

任务案例

仔细观察管路中流动的液体，回答下面的问题：

（1）液体在实际管路中流动时，每一点处的压力是否相同？请说明原因。

（2）液体在液压系统中流动时，导致流量损失的因素有哪些？

任务分析

本任务涉及以下内容：

（1）管道内的压力损失；

（2）流量损失。

任务处理

（1）观察管路中流动的液体，想一想液体的压力大小为什么会不同？

（2）哪些因素会导致液体流量的损失？

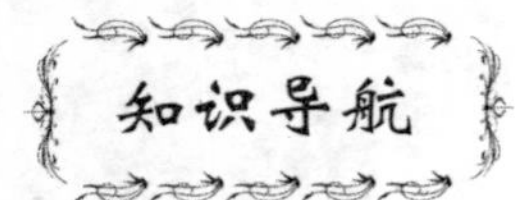

一、管道内的压力损失

液体在流动过程中会有压力损失，压力损失分为两大类：沿程压力损失和局部压力损失。沿程压力损失与液体的流动状态有关，计算时应先判断液体在管道中的流动状态。

（一）流体在管内流动的两种状态

液体的流动状态有层流和紊流两种。当液体的速度、压力等参数随时间和空间的改变都很缓慢时，称为层流，在这种运动中，液体微团的轨迹没有太大的不规则脉动；反之称为紊流。

1. 两种流动状态可通过雷诺实验来判断

如图 3.12 所示，在圆玻璃管 6 的入口处有有色液体，管径 d 和水的黏度不变。

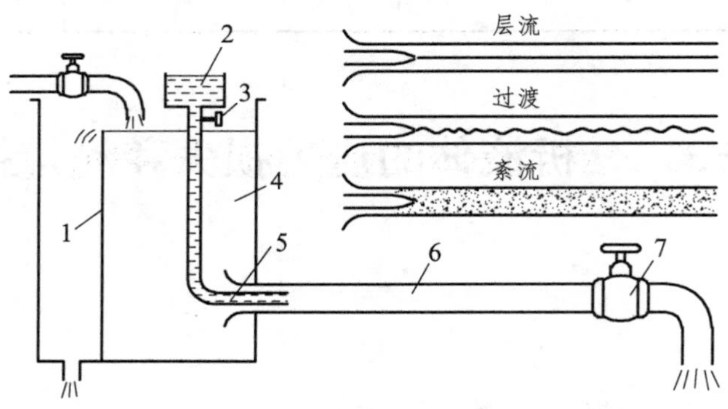

图 3.12　雷诺实验装置

1—隔板；2—染料杯；3—开关；4—水箱；5—细导管；6—玻璃管；7—阀门

改变圆管中的水平流速 v，一开始染色的液体呈一条直线流动，此时管内为层流。

当水的流速增加到一定值时，可看到染上色的流体开始呈波纹状，此时为过渡阶段。

当流速 v 进一步增加时，直线在下游某个位置将会破碎，并与周围液体混合，使之染上色，此时管内为紊流。

由实验可得，雷诺数 Re 是一个与管径 d、液体的运动黏度 ν 和管内平均流速 v 有关的无因次量，当管为圆管时，其计算公式为：

$$Re = \frac{vd}{\nu} \tag{3-32}$$

式中　v ——液体的平均流速；

d ——管道的直径；

ν ——液体的运动黏度。当管为非圆形管时，用水力直径 d_H 代替 d，即

$$d_H = 4\frac{A}{x} \tag{3-33}$$

式中　A——过流截面面积；

x——过流截面上液体与固体相湿润的周长，称为湿周。

面积相等但形状不同的过流截面，其水力半径是不相同的。由计算可知，圆形的过流截面，其水力半径最大；同心环状的过流截面，其水力半径最小。水力半径的大小对通流能力有很大的影响。水力半径越大，液流和管壁接触的周长越短，管壁对液流的阻力越小，通流能力越大。这时，即使过流截面面积小，也不容易阻塞。

2. 液体的流态由临界雷诺数 Re_{cr} 界定

当 $Re < Re_{cr}$ 时，其流态为层流；当 $Re > Re_{cr}$ 时，其流态为紊流。表 2.1 为常见管内临界雷诺数。

表 3.3　常见管内临界雷诺数

管道形状	临界雷诺数 Re_{cr}	管道形状	临界雷诺数 Re_{cr}
光滑的金属圆管	2 000～2 300	带沉割槽的同心环状缝隙	700
橡胶软管	1 600～2 000	带沉割槽的偏心环状缝隙	400
光滑的同心环状缝隙	1 100	圆柱形滑阀阀口	260
光滑的偏心环状缝隙	1 000	锥阀阀口	20～100

（二）流体流动中的压力损失

1. 沿程压力损失

液体在管道中流动时，由于有液体分子间的内摩擦和液体与管壁之间的摩擦存在，不可避免地会有能量损失，此种能量损失表现为沿程压力损失，即产生压降。

根据流体力学理论推导，沿程压力损失可按下式计算：

$$\Delta p = \lambda \frac{l}{d}\frac{pv^2}{2} \tag{3-34}$$

式中　Δp——沿程压力损失，N/m^2；

L——所计算的直管道的长度，m；

d——所计算的管道内径，m；

v——液体平均流速，m/s；

λ——沿程损失系数，其数值由下面计算确定。

（1）层流时的 λ 由下式计算：

$$\lambda = \frac{z}{Re} \tag{3-35}$$

若液体为油，当在金属管内流动时，式中 $z = 75$；当在橡胶管内流动时，式中 $z = 85$。

应当指出，由于软管较硬管扰动大，故实际上仅当雷诺数 $Re \leqslant 1\,600 \sim 2\,000$ 时才能保持为层流。

（2）紊流的 λ。

当液流为紊流状态时，阻力系数λ除与雷诺数 Re 有关外，还与管壁的粗糙度有关，一般可由经验公式求得。对于光滑管，λ 值可按下式计算：

$$\lambda = 0.316\,4Re^{-0.25} \tag{3-36}$$

上式只适用于相对粗糙度$\Delta/d \leqslant 0.000\,1$，$Re < 10^5$ 的情况；而相对粗糙度$\Delta/d \leqslant 0.000\,01$，$10^5 < Re < 10^7$ 时，λ 值可按下式计算λ：

$$\lambda = 0.003\,2+0.221Re^{-0.237} \tag{3-37}$$

管子内表面的绝对粗糙度 Δ 和管子的材料有关，在一般计算时可参考表 3.4 中的Δ值。对粗糙管道的湍流，其 λ 值可根据相对粗糙度Δ/d与雷诺数 Re 值从液压传动设计手册中查取。

表 3.4　各种材料管道的绝对粗糙度 Δ 值

各种材料及制造方法	绝对粗糙度Δ（mm）
冷拔铜、黄铜及铝管	0.001 5 ~ 0.01
冷拔铝及铝合金管	0.001 5 ~ 0.06
冷拔及冷、热轧钢管	0.04
精制镀锌钢管	0.25
橡胶软管	0.01 ~ 0.03
玻璃管	0.001 5 ~ 0.01

2. 局部压力损失

液体流过弯头、节流孔、阀口和网孔等局部通道时，由于形成涡流区不断地旋转、摩擦、碰撞，其流速的大小及方向发生急剧的变化，将引起能量损失。局部压力损失 Δp 可按下式计算：

$$\Delta p = \zeta \frac{\rho v^2}{2} \tag{3-38}$$

式中　ζ——局部阻力系数；

v——液体平均流速，m/s；

g——重力加速度，9.81 m/s²；

γ——液体重度，N/m³。

阀类、过滤器元件局部阻力的确定：手册中有不同阀、过滤器在其额定流量、额定压力下的局部压力损失值，当实际压力、流量与额定值不同时，则压力损失 Δp 应按下式计算：

$$\Delta p = \frac{q^2}{q_n^2}\Delta p_n \tag{3-39}$$

3. 管路系统的总压力损失

管路系统中的总压力损失 Δp 应为系统中所有沿程压力损失和所有局部压力损失之和，即

$$\Delta p=\sum\Delta p_{\lambda}+\sum\Delta p_{\zeta}=\sum\lambda\frac{l}{d}\times\frac{\rho v^2}{2}+\sum\zeta\frac{\rho v^2}{2} \tag{3-40}$$

通过以上分析，可以总结出减少管路系统压力损失的主要措施：

（1）尽量缩短管道长度，减少管道弯曲和截面的突变；

（2）提高管道内壁的光滑程度；

（3）管道应有足够大的通流截面面积，并把液流的速度限制在适当的范围内；

（4）液压油的黏度选择要适当。

二、流量损失

在液压系统中，由于元件连接部分密封不好和配合表面间隙的存在，油液流经这些缝隙时就会产生泄漏现象，造成流量损失。泄漏有内泄漏和外泄漏两种：内泄漏是油液由高压区流向低压区的泄漏；外泄漏是系统内的油液泄漏到系统外面的泄漏。所有泄漏都是油液从高压向低压处流动造成的。流量损失必然会有压力损失，从而使液压系统效率降低，并污染环境。内泄漏造成的流量损失转换成热能，使系统的油温升高，影响液压元件的性能以及液压系统的正常工作。由于影响流量损失的因素很多，计算复杂，故一般采取近似估算的办法，取液压泵的输出流量为系统所需流量的 1.1 ~ 1.3 倍。

巩固拓展

根据对学习领域的有关知识的学习，说明雷诺实验方法和雷诺数的作用。

问题探究

（1）液体的压力损失与流量损失是什么关系？

（2）如何避免液压系统中压力损失与流量损失？

学习评价

检查自己所取得的成绩，在下表中的☆中画√，看看你能得多少个☆。

项　目	任务完成	交流效果	行为养成
个人评价	☆☆☆☆☆	☆☆☆☆☆	☆☆☆☆☆
小组评价	☆☆☆☆☆	☆☆☆☆☆	☆☆☆☆☆
老师评价	☆☆☆☆☆	☆☆☆☆☆	☆☆☆☆☆
存在问题			
改进措施			

液压冲击和空穴现象

一、液压冲击

在液压系统中，由于某种原因引起油液的压力在瞬间急剧升高，形成较大的压力峰值，这种现象称为液压冲击。

在系统中产生液压冲击时，系统中（或局部地方）瞬时的压力峰值比系统正常油压大出几倍，有时会致使密封装置、导管或压力表等损坏，降低系统的使用寿命；有时也会使某些元件（如压力继电器等）产生动作失误，造成事故的发生。在液压系统中常采用如下措施来减少液压冲击：

（1）缓慢开关阀门；

（2）限制管路中液流的流速；

（3）系统中设置蓄能器和安全阀；

（4）在液压元件中设液压缓冲装置（如阻尼孔）等。

二、空穴现象

1. 空穴现象

空穴现象又称气穴现象。液流中若某一处的压力低于当时温度下液体的饱和蒸汽压时，液体就开始沸腾，溶解于油液中的气体分子游离出来，加之原来混入油液中的空气也同时游离出来，形成气泡。这些气泡夹杂在油液中形成气穴，这种现象称为空穴现象。

气穴会破坏油液的连续状态，当气泡集聚在管路的狭窄处时，成为气塞，会减小通流截面，甚至破坏系统的正常工作。

2. 气蚀

空穴现象一般容易发生在系统的低压吸油区域，当气泡随液流进入压力高的区域时，由于压力已高于油液的饱和蒸汽压，气泡将急剧收缩，而周围的液体将高速填补这个空间，这一过程发生在瞬间，就会引起局部液压冲击，产生强烈的噪声和油管的振动，此时此处的压力和温度也将急剧升高。当气泡溃灭在液压元件金属表面处时，将会腐蚀出麻坑，这就是气蚀现象。

油液流过液压系统的特别狭窄处时，流速剧增，压力速降，就容易产生空穴现象。应特别注意的是，泵的吸油管径要适当，不能过小，吸油面不能过低。否则，因吸油管阻力加大，当油泵转速高时造成吸空，就会产生空穴现象。

为了防止产生空穴现象，通常是使系统的管路尽量避免存在狭窄或急剧转弯之处。对泵而言，要加大吸油管的直径，减小吸油高度；也可采用低压辅助泵给主泵供油的办法等。对液压元件本身，可提高零件的机械强度，提高其抗气蚀能力。

学习领域 3 知识归纳

（1）液体的物理性质中的基本概念：密度、重度、黏性、压力。

（2）油液的黏度都会随其温度升高而明显下降，但不同品种的油液下降幅度不同。工作液体的粘温特性用黏度指数 VI 衡量，VI 数值越大，工作液体受温度影响越小。

（3）液压系统中，除液压泵的吸液口以外，通常所用压力表显示的压力都是相对压力。

$$绝对压力 = 相对压力 + 大气压力$$

（4）液体对该平面的总作用力 F 都为液体的压力 p 与受压面积 A 的乘积，其方向与该平面相垂直；作用在曲面上的液压作用力在某一方向上的分力等于静压力与曲面在该方向投影面积的乘积。

（5）使用伯努利方程应注意几个问题：

① 在合适的位置选取水平基准，可简化计算；

② 在所求参数处选一截面，在已知参数处选另一截面；

③ 上游截面为第一截面，下游截面为第二截面；

④ 未知数多于方程数时，再列出连续性方程、动量方程。

（6）压力损失分为两大类：沿程压力损失和局部压力损失。

① 沿程压力损失与液体的流动状态有关，计算时应先判断液体在管道中的流动状态。

液体的流态由临界雷诺数 Re_{cr} 界定：

当 $Re < Re_{cr}$ 时，其流态为层流；当 $Re < Re_{cr}$ 时，其流态为紊流。

② 局部压力损失。

液体遇到截面扩大或缩小、大小管径接头、弯头、节流孔、阀门口和网孔等通道时，由于形成涡流区，引起局部压力损失。

（7）流量损失是由于液压系统中内泄漏和外泄露造成的，流量损失必然导致压力损失，降低系统效率，污染环境。

学习领域 3 达标检测

一、填空题

1. 油液在外力作用下，液层间做相对运动而产生内摩擦力的性质，叫做____________。

2. 作用在液体内部所有质点上的力的大小与受作用的液体质量成正比，这种力称为________________。

3. 作用在所研究的液体外表面上并与液体表面积成正比的力称为____________。

4. 液体体积随压力变化而改变，在一定温度下，每增加一个单位压力，液体体积的相对变化值，称为__________________。

5. 液体液压流动中，任意一点上的运动参数不随时间变化的流动状态称为定常流动，又称____________________。

6. 伯努利方程是以液体流动过程中的流动参数来表示__________的一种数学表达式，即为能量方程。

二、单项选择题

1. 黏度指数高的油，表示该油（　　）。

（A）黏度较小　　　　（B）黏度因压力变化而改变较大

（C）黏度因温度变化而改变较大　　（D）黏度因温度变化而改变较小

2. 20 °C 时水的运动黏度为 1×10^{-6} m²/s，密度 $\rho_{水}=1\,000$ kg/m³；20 °C 时空气的运动黏度为 15×10^{-6}m²/s，密度 $\rho_{空气}=1.2$ kg/m³；则水和空气的黏度为（　　）。

（A）水的黏性比空气大　　（B）空气的黏性比水大

（C）相等　　（D）无法确定

3. 在大气压力下，体积为 200 L 液压油，当处于 10^7Pa 压力下时，其体积减小量是（　　）。（假定液压油压缩率 $\beta=6\times10^{-1}0$ Pa^{-1}）

（A）$\Delta V=1.8$ L　　（B）$\Delta V=1.2$ L　　（C）$\Delta V=1.6$ L　　（D）不确定

4. 某油液的动力黏度为 4.9×10^{9} N·s/m²，密度为 850 kg/m³，则该油液的运动黏度是（　　）。

（A）$\nu=5.765\times10^{-5}$ m²/s　　（B）$\nu=5.981\times10^{-5}$ m²/s

（C）$\nu=8.765\times10^{-5}$ m²/s　　（D）$\nu=14.55\times10^{-5}$ m²/s

5. 某种液压油，在温度为 50 °C 时的运动黏度为 $2\,735\times10^{-8}$ m²/s，则其动力黏度为（　　）。

（A）$\mu=6.216\times10^{-3}$ Pa·s　　（B）$\mu=9.634\times10^{-2}$ Pa·s

（C）$\mu=2.462\times10^{-2}$ Pa·s　　（D）$\mu=2.462\times10^{-4}$ Pa·s

三、计算

1. 在圆柱形容器中的某可压缩流体，当压力为 26×10^{6} N/m² 时，体积为 995×10^{6}m²；当压力为 16×106 N/m² 时，体积为 1 000 m³，则它的压缩系数为多少？

2. 一水平放置的油管如图 3.13 所示。截面Ⅰ—Ⅰ和Ⅱ—Ⅱ处的直径分别为 d_1 和 d_2，且 $d_2=2d_1$，Ⅱ—Ⅱ处的流量为 q，液体在管内作稳定流动，若不考虑液体的可压缩性和管内能量损失，则：

（1）截面Ⅰ—Ⅰ和Ⅱ—Ⅱ处的流量是否相等？为什么？

（2）截面Ⅰ—Ⅰ处的平均流速 v_1 与截面Ⅱ—Ⅱ处的平均流速 v_2 之间的关系怎样？

（3）截面Ⅰ—Ⅰ和Ⅱ—Ⅱ处哪一点压力高？为什么？

3. 如图 3.14 所示，液压泵从油箱吸油，金属吸油管内径 $d=60$ mm，泵的流量 $q=160$ L/min，液压泵入口处的真空度为 2×10^{4} Pa，油液的运动黏度 $\nu=30\times10^{-6}$ m²/s，密度 $\rho=900$ kg/m³，弯头处的局部阻力系数 $\xi=0.3$。若沿程压力损失忽略不计，试求液压泵的吸油高度 H。

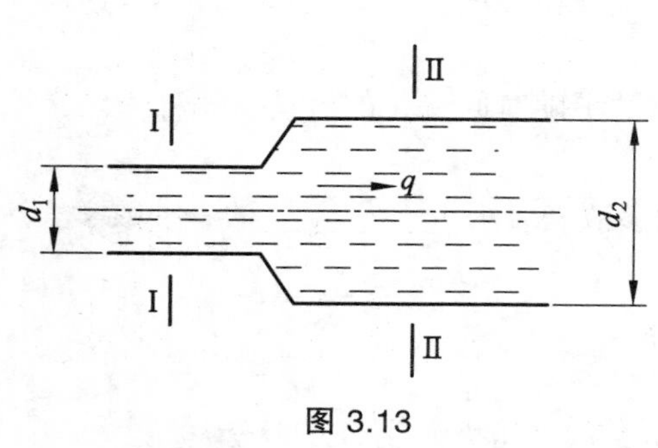

图 3.13

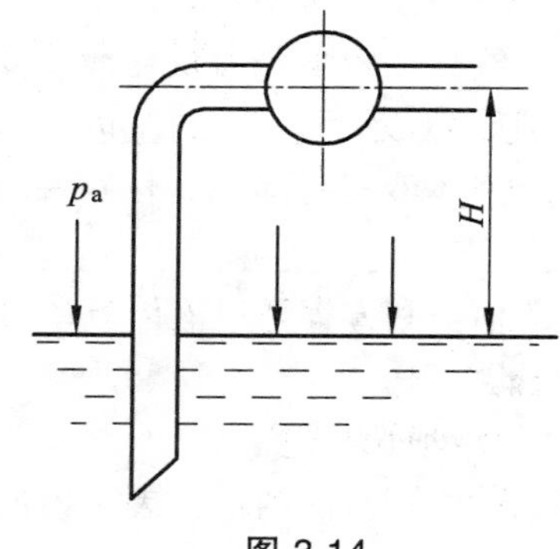

图 3.14

学习领域4　液压泵

在液压传动系统中，液压泵是一种能量转换装置，也是液压系统中的动力装置，是把驱动电机的机械能转换成油液的压力能。本学习领域通过让学生拆卸有关的液压泵，分析其结构，了解其工作原理与主要性能参数。本学习领域包括以下学习任务：

（1）分析齿轮泵的结构和工作原理。

（2）分析叶片泵的结构和工作原理。

（3）分析柱塞泵的结构和工作原理，归纳液压泵的工作原理和性能参数。

任务1　分析齿轮泵的结构和工作原理

任务案例

拆卸外啮合齿轮泵，观察其结构，回答以下问题：

（1）外啮合齿轮泵由哪些部件组成？

（2）外啮合齿轮泵通常会在什么地方出现油液的泄漏？

任务分析

本任务涉及以下内容：

（1）外啮合齿轮泵的结构。

（2）外啮合齿轮泵的工作原理。

（3）内啮合齿轮泵的结构。

（4）齿轮泵的结构特性分析。

任务处理

（1）通过拆装外啮合齿轮泵的结构，明确齿轮泵的结构特性。

（2）启动外啮合齿轮泵，观察工作过程，归纳出齿轮泵的工作原理。

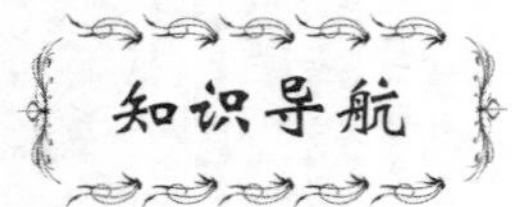

一、齿轮泵的结构

齿轮泵是一种结构简单的液压泵。它体积小，工作可靠，成本低。抗污染力强，便于维修使用，所以应用比较广泛。但它的容积效率较低，齿轮承受的径向力不易平衡，不能变量，所以主要用于中低压系统。若采取一定措施，可以成为高压泵，但结构较复杂。

齿轮泵按其啮合形式可分为外啮合齿轮泵和内啮合齿轮泵，应用最多的是外啮合渐开线齿形齿轮泵。

1. 外啮合齿轮泵的结构

图 4.1 所示为外啮合齿轮泵结构图。此泵为分离三片式结构，三片是指后盖 4、前盖 8 和泵体 7，它们用两个圆柱销 17 定位，用六个螺钉 9 紧固。泵体内装有一对几何参数完全相同的齿轮 6，这对齿轮与泵体和前后盖板形成的密闭容积被两啮合的轮齿分成两部分，即吸油腔和压油腔。两齿轮分别用键 5 和 13 固定在由滚针轴承 3 支撑的主动轴（长轴）12 和从动轴（短轴）15 上，主动轴由电动机带动旋转，泵的吸、压油口开在后盖上。

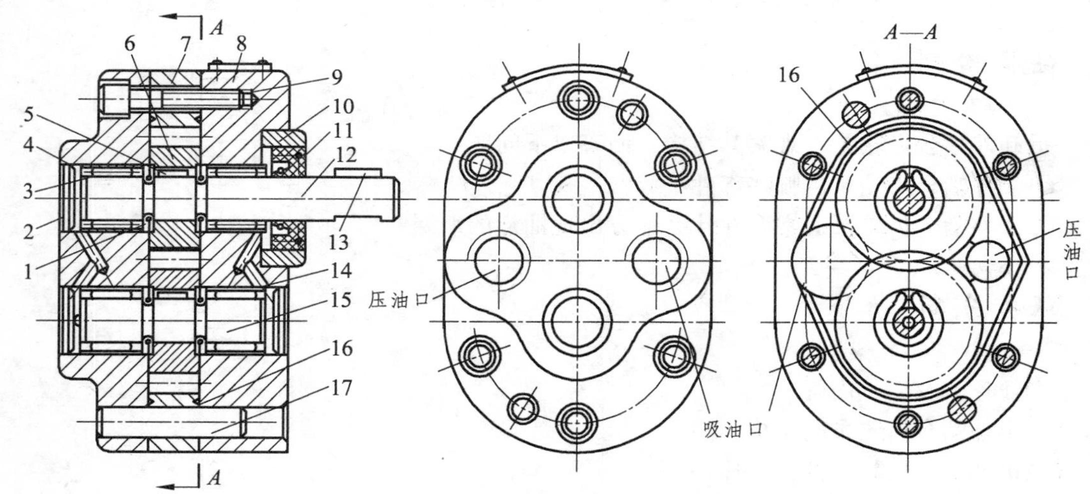

图 4.1　齿轮泵结构图

1—弹簧挡圈；2—压盖；3—滚针轴承；4—后盖；5—键；6—齿轮；7—泵体；8—前盖；9—螺钉；10—密封座；11—密封环；12—长轴；13—键；14—泄油通道；15—短轴；16—泄油槽；17—圆柱销

外啮合齿轮泵的优点是结构简单，尺寸小，重量轻，制造方便，价格低廉，工作可靠，自吸能力强（容许的吸油真空度大），对油液污染不敏感，维护容易。它的缺点是一些机件承受不平衡径向力，磨损严重，泄漏大，工作压力的提高受到限制。此外，它的流量脉动大，因而压力脉动和噪声都比较大。

2. 外啮合齿轮泵工作原理

外啮合齿轮泵主要由一对齿数相同的齿轮、传动轴、轴承、端盖和泵体等组成。齿轮的两端面靠端盖密封，泵体、端盖和齿轮的各个齿间槽形成密封工作腔，而齿轮又将此密封工作腔分隔成左右两个密封的油腔，如图 4.2 所示。当齿轮按图示方向旋转时，轮齿从右侧退出啮合，露出齿间，使该腔容积增大，形成部分真空，油箱中的油液被吸进右腔——吸油腔，将齿间槽充满。随着齿轮的旋转，每个齿轮的齿间把油液从右腔带到左腔——压油腔，轮齿在左侧进入啮合，齿间被对方轮齿填塞，该腔容积减小，齿间的油液被挤出来，使左腔油压升高，油液从压油腔输送到压力管路中去。齿轮连续旋转，泵就连续不断地吸入油液和压出油液。轮齿啮合线一直起着分隔吸、排液腔的作用，所以没有单独的配流机构。显然，由于轮齿啮合点位置的不断改变，吸排液腔在每一瞬间的容积变化量都不是常数，因此泵的瞬时流量是脉动的。齿数越少，脉动量越大，故液压泵通常比润滑泵的齿数多，以减少其脉动量。

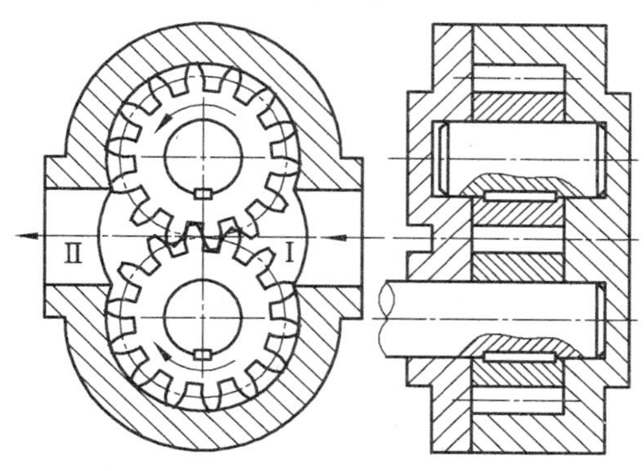

图 4.2　齿轮泵的工作原理

3. 提高外啮合齿轮泵压力的措施

要提高齿轮泵的压力，必须要减小端面的泄漏，一般采用齿轮端面间隙自动补偿的办法。图 4.3 所示为端面间隙的补偿原理。利用特制的通道把泵内压油腔的压力油引到浮动轴套的外侧，产生液压作用力，使轴套压向齿轮端面。这个力必须大于齿轮端面作用在轴套内侧的作用力以达到提高压力的目的。

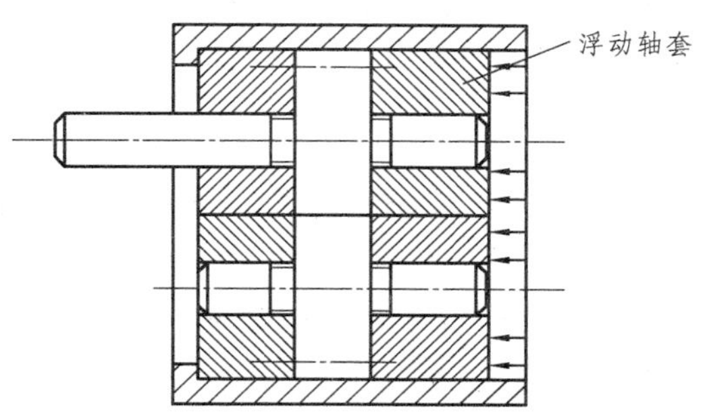

图 4.3　齿轮泵端面间隙自动补偿

4. 内啮合齿轮泵

内啮合齿轮泵有渐开线齿轮泵和摆线齿轮泵（又名转子泵）两种，如图 4.4 所示，它们的工作原理和主要特点与外啮合齿轮泵完全相同。在渐开线齿形的内啮合齿轮泵中，小齿轮和内齿轮之间要装一块月牙形的隔板，以便把吸油腔和压油腔隔开，如图 4.4（a）所示。在摆线齿形的内啮合齿轮泵中，小齿轮和内齿轮只相差一个齿，因而无需设置隔板，如图 4.4（b）所示。内啮合齿轮泵中的小齿轮为主动轮。

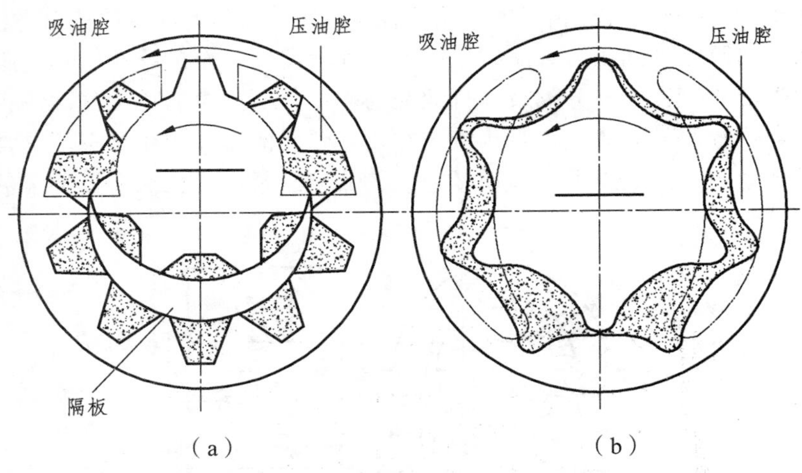

图 4.4　内啮合齿轮泵

内啮合齿轮泵结构紧凑，尺寸小，重量轻，由于齿轮转向相同，相对滑动速度小，磨损小，使用寿命长，流量脉动远小于外啮合齿轮泵，因而压力脉动和噪声都较小；内啮合齿轮泵容许使用高转速（高转速下的离心力能使油液更好地充入密封工作腔），可获得较高的容积效率。摆线内啮合齿轮泵排量大，结构更简单，而且由于啮合的重叠系数大，传动平稳，吸油条件更为良好。内啮合齿轮泵的缺点是齿形复杂，加工精度要求高，需要专门的制造设备，造价较贵。但随着工业技术的发展，它的应用将会越来越广泛。

二、齿轮泵的结构特性分析

不同的齿轮泵存在三个共性问题，即间隙泄漏、径向力不平衡和困油现象。为解决这几个问题，需在结构上采取相应的措施。

1. 间隙泄漏

齿轮泵工作时，内部可能产生泄漏的部位有：轴向间隙、径向间隙、啮合处的齿面间隙，使压力液体从排液腔向吸液腔泄漏。啮合处泄漏量较小，约占总泄漏量的 4%～5%；径向（齿顶）间隙一般为 0.03～0.07 mm，某些低压泵可达 0.1 mm。泄漏量约占总泄露量的 15%～20%；轴向（端面）间隙泄漏量泄漏量约占总泄漏量的 75%～80%，轴向间隙增大 0.1 mm，泵的容积效率约降低 20%。

从上面分析看，齿轮泵的轴向间隙愈小，其容积效率将愈高，但轴向间隙过小又将增加摩擦损失，使机械效率下降。为提高泵的效率，目前中低压齿轮泵多采用端盖与泵体分离的三片式结构，其轴向间隙直接由齿轮与泵体的厚薄公差来保证，间隙约为 0.02 ~ 0.05 mm；对于中高压和高压齿轮泵，一般均采用液压自动补偿轴向间隙的方法。其基本原理是：把高压液体引到浮动轴套或侧板的外侧，施加一个指向齿轮端面的压紧力，工作压力愈大，压紧力愈大，端面磨损后，可以自动补偿，仍能保证较小的间隙，防止容积效率下降，YBC 型齿轮泵就采用了这种机构。

2. 径向力不平衡

作用于齿轮上的径向力由两部分组成，一是液压力 P_y，二是啮合力 P_n。

齿轮泵工作时，作用在齿轮外圆上的液压力是不同的，吸液腔压力最低，排液腔压力最高。由于径向间隙的存在和影响，齿轮外圆上，从排液腔到吸液腔的径向液压力是逐步分级降低的，且不平衡，其合力 P_y 的方向可近似认为由高压腔一侧指向低压腔一侧，如图 4.5 所示。啮合力 P_n 是因传递扭矩而产生的，其方向可按齿轮啮合原理确定。啮合力约为不平衡径向液压力的 15%，由于啮合力对两个齿轮的作用方向相反，所以，P_y 与 P_n 的合力对于两个齿轮是不同的，其合力的大小分别为 P_{H1} 和 P_{H2}。由图 4.5 可知，从动轮轴受到的径向力 P_{H2} 较大。径向力使齿轮轴和轴套受到较大的单向压力，造成轴的弯曲和轴承的不均匀磨损，甚至出现“刮壳”现象（齿顶刮削壳体），而从动齿轮比主动齿轮更为严重。径向力主要是由泵的液体压力引起的，为避免产生过大的径向力，使齿轮泵的寿命延长，工作压力的提高常常受到限制。

为了减小径向不平衡力的影响，常采取的措施有两个：一是缩小压油口的直径，使高压仅作用在一个齿到两个齿的范围内，这样压力油作用于齿轮上的面积缩小了，因而径向力也相应减小；二是采用开压力平衡槽的办法来解决径向不平衡力的问题，如图 4.6 所示，通过在盖板上开设平衡槽 A、B，使它们分别与压油腔和吸油腔相通，产生一个与压油腔和吸油腔对应的液压径向力，起到平衡作用。这种办法可使作用到齿轮上的径向力大体上获得平衡，但会使泵的高、低压油区接近，引起泄漏增加，从而降低容积效率。

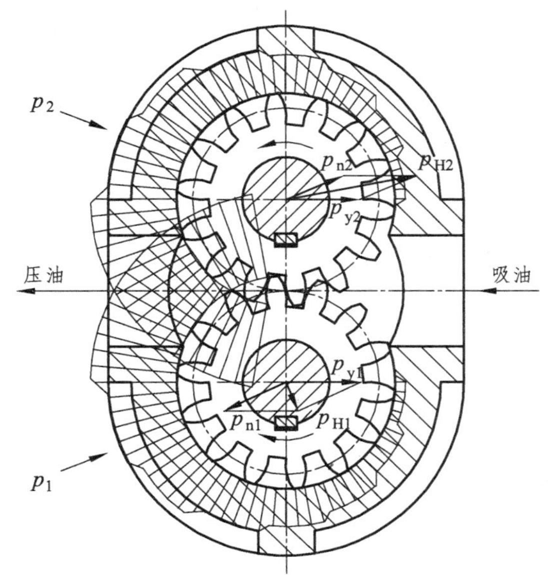

图 4.5　齿轮泵的径向力

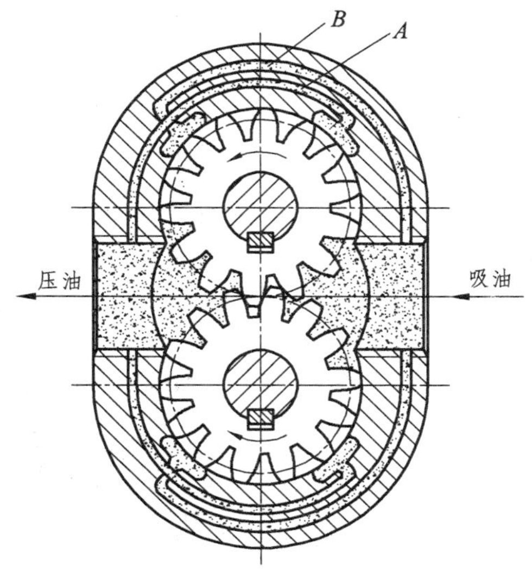

图 4.6　径向力平衡措施

3. 困油现象

为保证齿轮泵正常工作，连续排液，要求齿轮啮合的重合度大于 1（一般为 1.05 ~ 1.1），由此出现一对齿尚未脱开啮合，后一对齿已进入啮合的现象，在很短的一段时间内，同时有两对齿处于啮合状态，在它们之间将形成一个密闭腔，常称闭死容积。该容积的大小随着泵的连续旋转周期性变化着，同时其内部压力也在周期性变化。变化规律如下：

（1）随着泵的运转，泵的容积及压力大小在改变，如图 4.7 所示，变化过程如下：

容积变化：大[见图（a）]—小[见图（b）]—大[见图（c）]；

压力变化：小[见图（a）]—大[见图（b）]—小[见图（c）]。

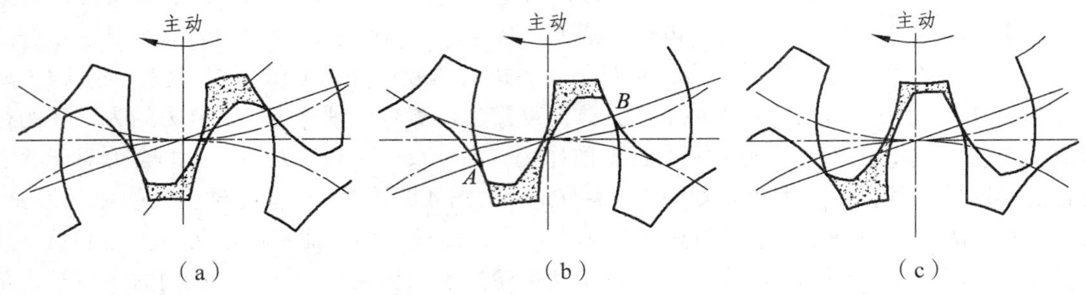

图 4.7 困油腔容积在变化

（2）困油的危害。

齿轮泵的困油现象如图 4.8 所示。困油油压升高，增加了轴的径向力，会缩短轴承的寿命。容积增大时，油液无法补充；容积减小时，油液无法排出，容易出现气穴和气蚀现象，并产生噪声。

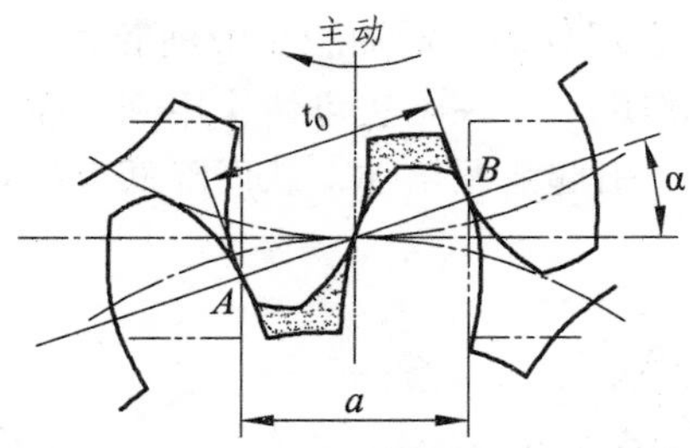

图 4.8 齿轮泵的困油现象

（3）消除措施。

最常用的方法是，在靠近齿轮端面的零件上开卸荷槽，如图 4.9 中虚线所示。a 长度是 A、B 两啮合点在分度圆切线上的距离。

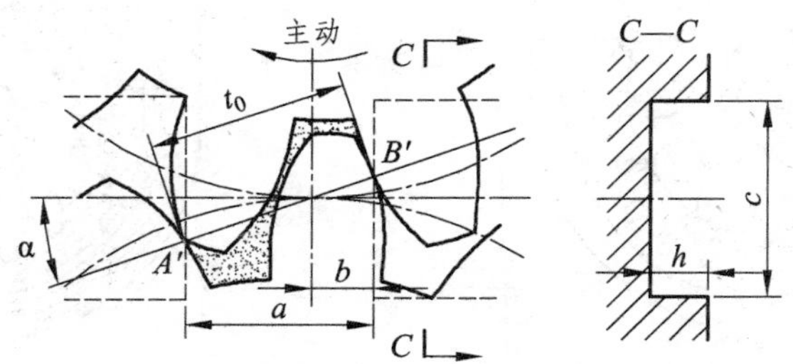

图 4.9 非对称卸荷槽尺寸

巩固拓展

（1）根据学习内容，填写表 4.1。

表 4.1　齿轮泵有关知识

共性问题	形成原因	消除措施
间隙泄露		
径向力不平衡		
困油现象		

（2）结合图 4.4，分析内啮合齿轮泵的结构及工作原理。

问题探究

齿轮泵的吸油腔和压油腔是怎样形成的？

学习评价

检查自己所取得的成绩，在下表中的☆中画√，看看你能得多少个☆。

项　目	任务完成	交流效果	行为养成
个人评价	☆☆☆☆☆	☆☆☆☆☆	☆☆☆☆☆
小组评价	☆☆☆☆☆	☆☆☆☆☆	☆☆☆☆☆
老师评价	☆☆☆☆☆	☆☆☆☆☆	☆☆☆☆☆
存在问题			
改进措施			

任务 2　分析叶片泵的结构和工作原理

任务案例

观察限压式变量叶片泵结构和双作用式叶片泵的结构，回答下面的问题：

（1）限压式变量叶片泵由哪些部分组成？

（2）双作用式叶片泵由哪些部分组成？

（3）限压式变量叶片泵和双作用式叶片泵的结构有哪些不同？

任务分析

本任务涉及以下内容：

（1）单作用式叶片泵的结构和工作原理；

（2）双作用式叶片泵的结构和工作原理；

（3）叶片泵的使用特点。

任务处理

（1）观察限压式变量叶片泵结构，归纳出单作用式叶片泵的工作原理。

（2）观察双作用式叶片泵，归纳出双作用式叶片泵的工作原理。

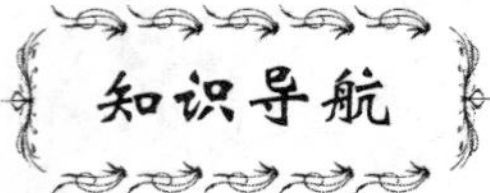

一、叶片泵概述

叶片泵在机床、工程机械、船舶、压铸及冶金设备中应用十分广泛。和其他液压泵相比较，叶片泵具有流量均匀、运转平稳、噪声低、结构紧凑、体积小、重量轻等优点。但也存在着结构比较复杂、吸油条件苛刻、工作转速有一定的限制、对油液污染比较敏感等缺点。按照工作原理，叶片泵可分为单作用式和双作用式两种。单作用式叶片泵可以制成变量泵；双作用式和单作用式相比，它的径向力是平衡的，受力情况比较好，应用较广。

二、单作用式叶片泵

1. 限压式变量叶片泵结构

限压式变量叶片泵属于单作用式叶片泵，图 4.10 所示为限压式变量叶片泵的结构图，图 4.11 所示为其简化原理图。在图 4.11 中，转子 1 的中心是固定不动的，定子 3 可以左右移动。当转子按图示方向旋转时，转子上部为压油腔，下部为吸油腔，压力油把定子向上压在滑块滚针支撑 4 上。定子右边反馈柱塞 5 的右端油腔与压油腔相连通。若柱塞右端的液压推力小于弹簧的弹簧力，则弹簧把定子推向最右边，使柱塞和流量调节螺钉 6 相接触，此时定子与转子间偏心距达到预调的最大值，泵输出流量最大。当泵的工作压力增大到某一数值后，柱塞右端的液压推力大于弹簧力，定子便向左移动，偏心距减小，泵输出流量就随之减小。压力越高，偏心越小，泵输出流量也越小。当压力增高到一定数值时，泵的输出流量为零，此时，负载再加大，泵的输出压力也不会升高。因此，这种泵称为限压式变量叶片泵。

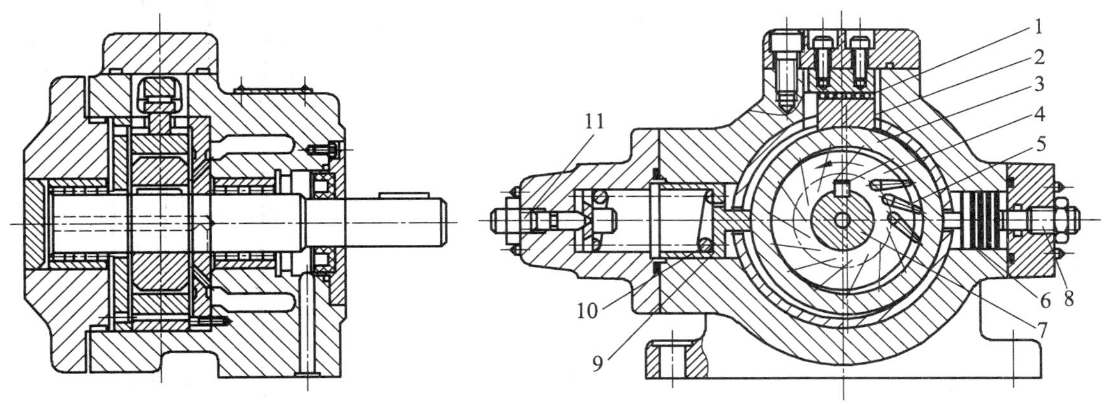

图 4.10 限压式变量叶片泵的结构图

1—滚针；2—滑块；3—定子；4—转子；5—叶片；6—控制活塞；7—传动轴；8—最大流量调节螺钉；9—弹簧座；10—弹簧；11—压力调节螺钉

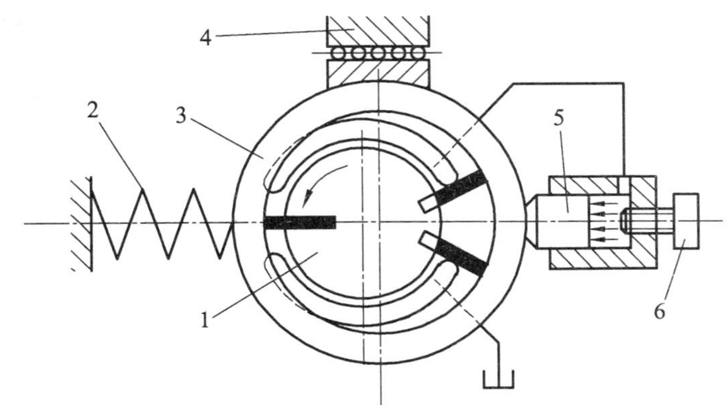

图 4.11 限压式变量叶片泵简化原理图

1—转子；2—弹簧；3—定子；4—滑块滚针支撑；5—反馈柱塞；6—流量调节螺钉

限压式变量叶片泵的流量随压力变化而变化，这一特性在生产中（特别是组合机床的进给系统中）经常用到。当工作部件承受较小负载而要求快速运动时，油泵相应地输出低压大流量的压力油；当工作部件承受较大负载而要求慢速运动时，油泵又能相应地输出高压小流量的压力油。在机床液压系统中采用限压式变量叶片泵，可简化油路系统，节省液压元件的数量，降低功率损耗，减小油液发热；但该泵存在结构复杂，泄漏量大，径向不平衡力影响轴承的使用寿命等缺点。

2. 单作用叶片泵的结构特征

（1）通过移动定子位置改变偏心距 e 来调节泵的排量。

（2）径向液压作用力不平衡，因此限制了工作压力的提高。单作用叶片泵的额定压力一般不超过 7 MPa。

（3）存在困油现象。排油时定子和转子两圆柱面偏心，当相邻两叶片同时在吸、压油窗口之间的密封区内工作时，封闭容积腔会产生困油现象。为了消除困油现象带来的危害，通常在配流盘排油窗口边缘开三角形卸荷尖槽。

（4）叶片后倾。因为单作用叶片泵在压油区的叶片根部通压力油，而在吸油区的叶片根部通吸油腔的低压油，为了使吸油区的叶片能在离心力的作用下顺利甩出，叶片采取后倾一个角度安放，通常后倾角为 24°。

3. 单作用叶片泵的工作原理

图 4.12 所示为单作用叶片泵的工作原理图。与双作用叶片泵显著不同的是，单作用叶片泵的定子内表面是一个圆形，转子与定子间有一偏心量 *e*，两端的配流盘上只开有一个吸油窗口和一个压油窗口。当转子旋转一周时，每一叶片在转子槽内往复滑动一次，每相邻两叶片间的密封腔容积发生一次增大和缩小的变化，容积增大时通过吸油窗口吸油，容积缩小时通过压油窗口将油挤出。由于这种泵在转子每转一周过程中，吸油、压油各一次，故称为单作用叶片泵。

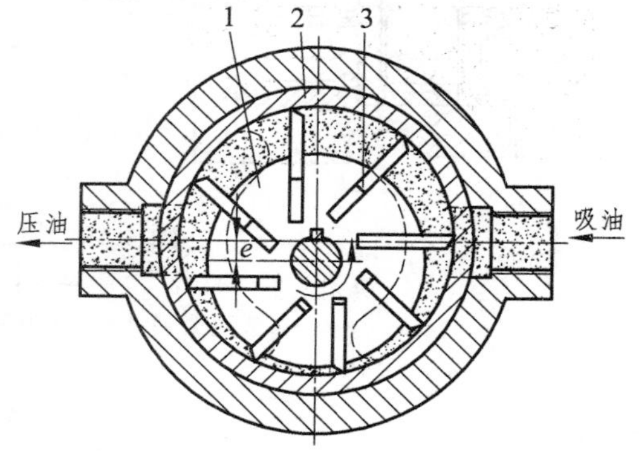

图 4.12 单作用叶片泵的结构原理图

1—转子；2—定子；3—叶片

这种泵的转子受不平衡的液压作用力，轴和轴承上的不平衡负荷较大，因而使这种泵工作压力的提高受到了限制。改变定子和转子间的偏心距 *e* 值，可以改变泵的排量，因此单作用叶片泵可以制成变量泵。

三、双作用式叶片泵

1. 双作用式叶片泵的结构

图 4.13 所示为双作用式叶片泵的结构图。

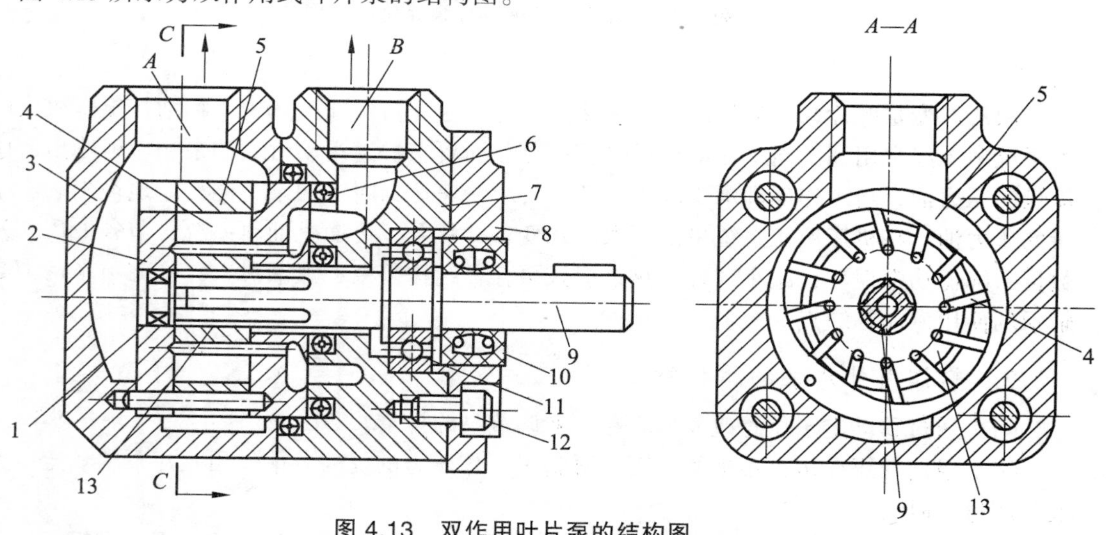

图 4.13 双作用叶片泵的结构图

1、11—轴承；2、6—左、右配流盘；3、7—前、后泵体；4—叶片；5—定子；8—端盖；9—传动轴；10—防尘圈；12—螺钉；13—转子泵主要由传动轴 9，叶片 4，定子 5，左、右配流盘 2 和 6，前、后泵体 3 和 7 以及端盖 8 等组成。双作用叶片泵结构特点如下：

（1）配流盘上的两个吸油窗口和两个压油窗口是对称布置的，因而作用在转子上的液压径向力平衡，轴承受的径向力很小，使用寿命长。

（2）一般的双作用叶片泵，为了保证叶片和定子内表面紧密接触，叶片槽根部全部通压油腔。但当叶片处在吸油腔时，其顶部作用着吸油腔压力，根部作用着压油腔压力，这一压力差使叶片以很大的力压向定子内表面，加速定子内表面磨损，影响泵的寿命和额定压力的提高。对高压泵来说，这一问题尤为突出。因此，对高压叶片泵必须在结构上采取相应措施，减小叶片压向定子内表面的作用力。常用的措施有：① 减小通往吸油区叶片根部的油液压力。如将叶片泵压油腔的油液通过阻尼槽或内装式小减压阀通往吸油区叶片根部。② 减小吸油区叶片根部承受压力油作用的面积。如采用子母叶片结构、阶梯式叶片结构或柱销式叶片结构，如图 4.14 所示。图中 x 和 y 为叶片槽根部的两个油室，其中油室 y 常通压油腔，油室 x 经油道 z 始终与叶片背面的油腔相通。于是位于压油区的叶片两端压力平衡，位于吸油区的叶片因其根部承受高压的面积减小而使压向定子内表面的力减小。

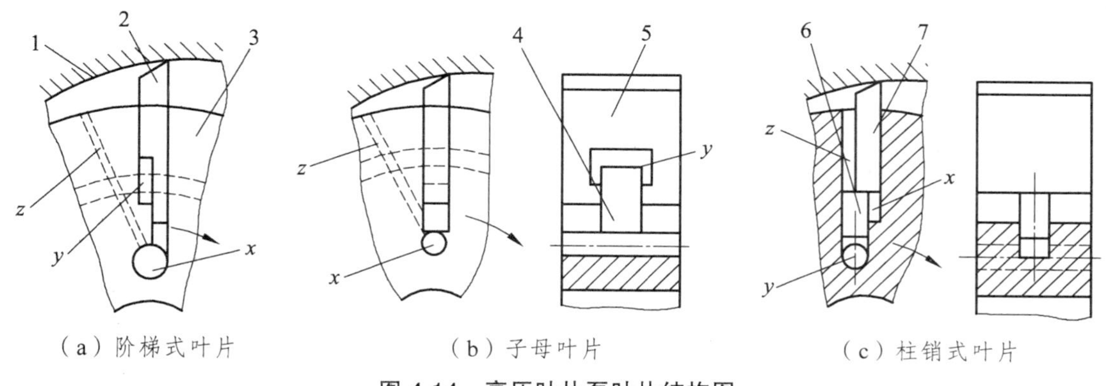

（a）阶梯式叶片　　（b）子母叶片　　（c）柱销式叶片

图 4.14　高压叶片泵叶片结构图

1—定子；2—阶梯叶片；3—转子；4—子叶片；5—母叶片；6—柱销；7—叶片

（3）双作用叶片泵的叶片不能径向安装，而要倾斜一个角度，如图 4.15 所示。当叶片在压油腔时，叶片从长径圆弧面向短径圆弧面滑动，定子内表面将叶片压进转子槽内。若叶片径向安装，定子内表面对叶片的反作用力 F 的方向与叶片移动方向成一夹角β（即压力角）。由受力分析可知，压力角β愈大，使叶片产生弯曲的力（即与叶片垂直的分力）也愈大，该力使叶片压紧在狭槽的壁面上，增大了磨损，情况严重时甚至使叶片卡死或折断。为了消除压力角 β 过大的不利影响，叶片不是径向安装，而是倾斜了一个角度θ，这时的压力角就不是β，而是α了，$\alpha=\beta-\theta$。压力角减小有利于叶片在槽内运动，所以双作用叶片泵的叶片槽做成向前倾斜一个角度θ，一般取θ为 10°～14°。由于叶片是

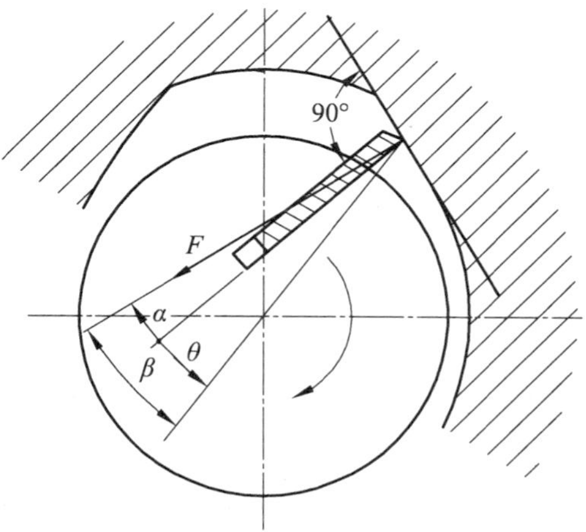

图 4.15　双作用叶片泵叶片的倾斜角

倾斜安装的，所以只允许转子朝倾斜的方向旋转，不得随意反转，否则将会使叶片折断。

2. 双作用式叶片泵的工作原理

图 4.16 所示为双作用式叶片泵的工作原理。定子的两端装有配流盘，定子 3 的内表面曲线由两段大半径圆弧、两段小半径圆弧以及四段过渡曲线组成。定子 3 和转子 2 的中心重合。在转子 2 上均匀分布若干条（一般为 12 或 16 条）与径向成一定角度（一般为 13°）的叶片槽，槽内装有可径向滑动的叶片。在配流盘上，对应于定子四段过渡曲线处开有四个腰形配流窗口：两个与泵吸油口 4 连通的是吸油窗口；另外两个与泵压油口 1 连通的是压油窗口。这种叶片泵每转一周，每个密封腔容积完成两次吸、压油过程，故将这种泵称为双作用叶片泵。同时，泵内两吸油区和两压油区各自对称，使作用在转子上的径向液压力互相平衡，所以这种泵又被称为平衡式叶片泵或双作用卸荷式叶片泵。这种泵的排量不可调，因此它是定量泵。

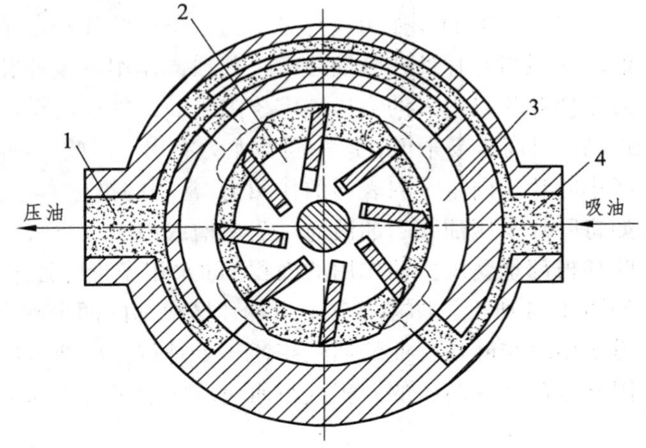

图 4.16 双作用叶片泵工作原理

四、叶片泵的使用要点

（1）为了保证叶片泵可靠地吸油，其转子转速不能太低，亦不能过高，600 ~ 1 500 r/min 比较适宜。转速太低，叶片不能压紧在定子内表面上，故不能吸油；转速过高，则易造成泵的“吸空”现象，使泵工作不正常。

（2）叶片泵使用的液压油黏度应在 2.5 ~ 5°E_{50}之间。黏度太大，吸油阻力增大，影响泵的流量；黏度太小，因间隙影响，真空度不够，给吸油造成不良影响。

（3）叶片泵对油液中的污物很敏感，工作可靠性较差，油液不清洁会使叶片卡死，因此必须注意油液的过滤和环境的清洁。

（4）因叶片泵的叶片有安装倾角，故转子只允许单向旋转。

根据学习内容，填写表 4.2。

表 4.2

叶片泵类型	结构特点	工作原理
单作用式叶片泵		
双作用式叶片泵		

问题探究

试试叶片泵的转子能不能进行双向旋转？

学习评价

检查自己所取得的成绩，在下表中的☆中画√，看看你能得多少个☆。

项　目	任务完成	交流效果	行为养成
个人评价	☆☆☆☆☆	☆☆☆☆☆	☆☆☆☆☆
小组评价	☆☆☆☆☆	☆☆☆☆☆	☆☆☆☆☆
老师评价	☆☆☆☆☆	☆☆☆☆☆	☆☆☆☆☆
存在问题			
改进措施			

任务3　分析柱塞泵的结构和工作原理并归纳液压泵的工作原理和性能参数

任务案例

观察轴式径向柱塞泵的结构，回答下面的问题：

（1）轴式径向柱塞泵的结构由哪些部件组成？

（2）轴式径向柱塞泵是如何进行工作的？

任务分析

本任务涉及以下知识：

（1）柱塞泵的结构；

（2）液压泵的工作原理。

任务处理

（1）观察或操作：按照要求对轴式径向柱塞泵进行拆卸，观察其内部结构，分析其工作过程。

（2）根据所学过的内容归纳液压泵的工作原理，分析有关的性能参数。

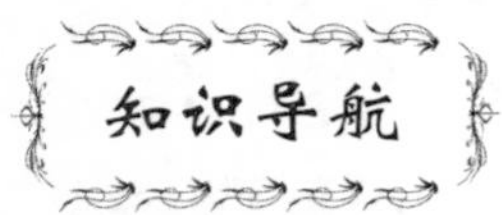

一、柱塞泵

柱塞泵是依靠柱塞在其缸体内往复运动时密封工作容积的变化来实现吸油和压油的。因柱塞和缸体内孔均为圆柱形表面，容易获得高精度的配合，因而油液泄漏小，容积效率高，可以在高压下工作。柱塞泵的种类很多，按柱塞相对于泵轴的运动方向可将柱塞泵分为轴向柱塞泵和径向柱塞泵。

1. 配流轴式径向柱塞泵

（1）结构及特点。

图 4.17 所示为配流轴式径向柱塞泵结构图。它主要由传动轴 1、缸体（转子）3、配流轴 4、滑履 6、柱塞 7、定子 8、控制活塞 9 和 10、泵体 11 和端盖 12 等组成。其特点如下：

① 配流轴上在与吸、压油窗口对应的方向上开有平衡油槽，实现了作用在配流轴上的液压径向力的平衡。这样，既减轻了滑动表面的磨损，又减小了间隙泄漏，提高了泵的容积效率。

② 柱塞头部增加了滑履，滑履与定子内圆的接触为面接触，而且接触面实现了静压平衡，接触面的比压很小。

③ 改变定子相对于缸体的偏心距 f 可以改变泵输出流量。其变量方式灵活，可以具有多种变量形式。

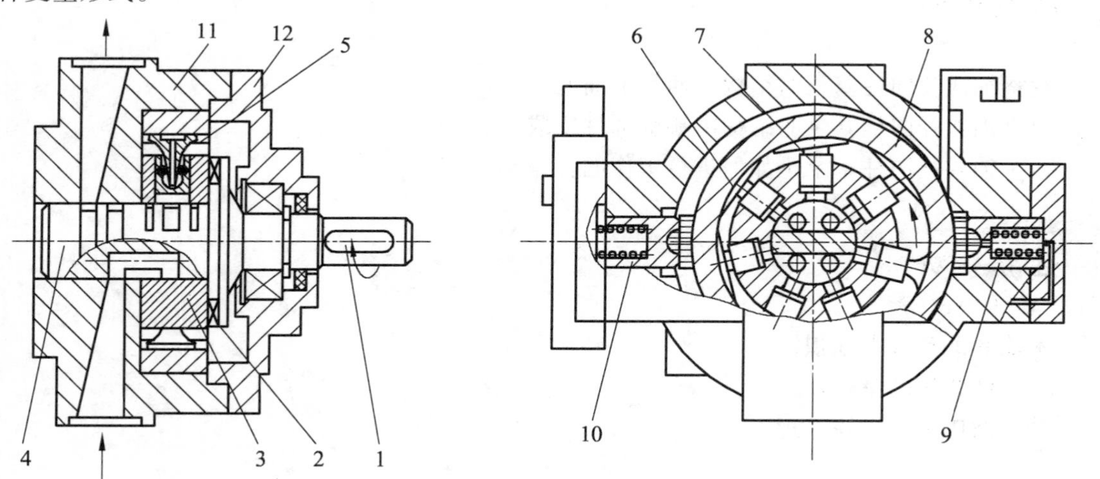

图 4.17　配流轴式径向柱塞泵结构图

1—传动轴；2—推力轴承；3—缸体（转子）；4—配流轴；5—压环；6—滑履；7—柱塞；8—定子；9、10—控制活塞；11—泵体；12—端盖

（2）工作原理。

图 4.18 所示为径向柱塞泵的工作原理图。这种泵由柱塞 1、转子（缸体）2、衬套 3、定

子 4 和配流轴 5 等零件组成。转子上有沿径向均匀分布内装柱塞的孔；衬套紧配合在转子内孔中，随转子一起转动，而配流轴是固定不动的；配流轴把衬套内孔也分隔为上、下两个分油室 b、c。当转子由电动机带动按图示方向旋转时，柱塞一方面随转子一起转动，另一方面又在离心力的作用下（或在低压油作用下）伸出柱塞孔，并压紧在定子的内表面上。由于定子和转子之间有偏心距 e，所以，当柱塞处于上半周时，向外伸出，径向孔内的密封容积逐渐增大，产生局部真空，于是通过配流轴上的轴向孔 a 吸油；当柱塞处于下半周时，定子内表面迫使柱塞进入孔中，径向孔内的密封容积逐渐减小，孔内的油液通过分油室 c 和轴向孔 d 排出。转子每转一转，每个柱塞各吸油和压油一次，转子不停地旋转，泵便不断地吸油和压油。

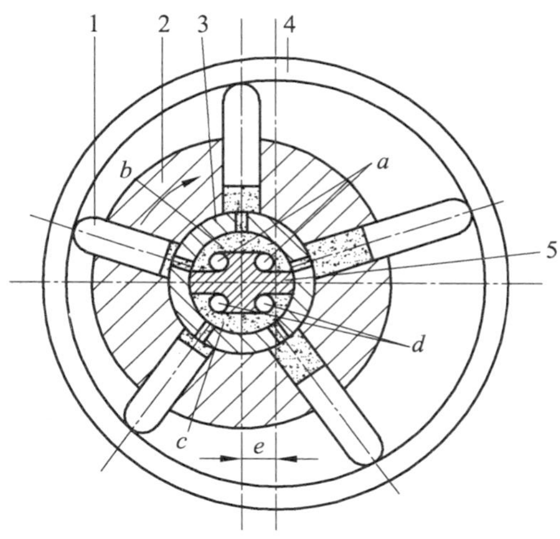

图 4.18　径向柱塞泵的工作原理图

1—柱塞；2—转子；3—衬套；4—定子；5—配流轴；b，c—分油室；a，d—轴向孔

2. 斜盘式轴向柱塞泵

（1）结构特点。

斜盘式轴向柱塞泵的传动轴轴线与缸体轴线重合。图 4.19 所示为斜盘式轴向柱塞泵结构简图。由图看出，柱塞 5 的头部和滑履 2 以球铰连接，柱塞在旋转过程中，在弹簧 6 的作用下，通过压盘 3，始终压在斜盘 1 上，不会出现脱空现象。图 4.20 所示为斜盘式轴向柱塞泵的结构图。斜盘式轴向柱塞泵主要由泵体 1 和 5、缸体 3、配流盘 4、传动轴 6、柱塞 7、斜盘 11、变量活塞 13、丝杆 14、变量机构壳体 16 等零件组成。它在结构上主要有以下特点：

① 在构成吸、压油腔密封容积的三对运动副中，滑履与斜盘之间的平面缝隙及缸体与配流盘之间的平面缝隙均采用静压平衡，从而使摩擦损失大大减小；柱塞和缸体孔之间的圆柱环形间隙配合精度易于保证，通过此间隙的泄漏会大大减少。因而轴向柱塞泵的总效率较高，额定压力可达 32 MPa 以上。

② 配流盘上吸、压油窗口的前端设有减振槽（孔），或将配流盘顺缸体旋转方向偏转一定角度放置，防止了柱塞底部的密封容积在吸、压油腔转换时因压力突变而引起压力冲击。

③ 轴向柱塞泵上的压盘（又叫回程盘）解决了吸油阶段柱塞的回程（即柱塞往外伸出）问题。

④ 泵内压油腔的高压油经三对运动副的间隙泄漏到缸体与泵体之间的空间后，经泵体上方的泄漏油口直接接回油箱。这样，既可保证泵体内油液压力为零，又可随时将热油带走，使泵体内油液不过热。

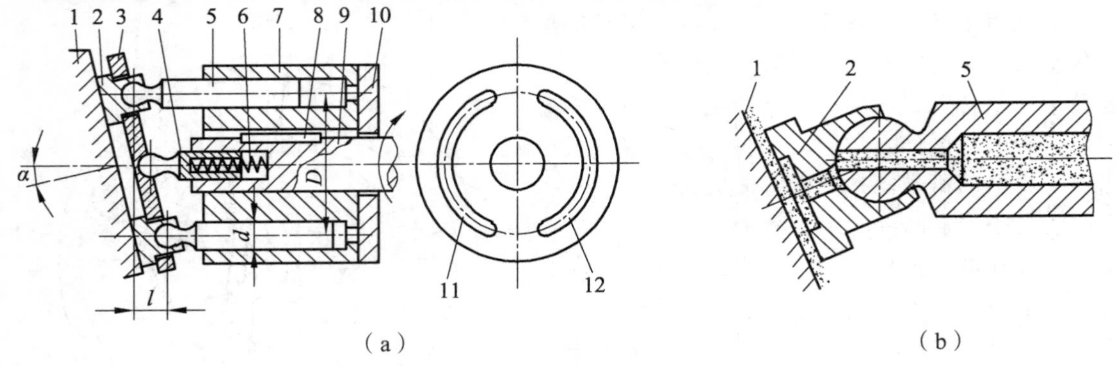

（a）　　（b）

图 4.19　斜盘式轴向柱塞泵结构简图

1—斜盘；2—滑履；3—压盘；4—套；5—柱塞；6—弹簧；7—缸体；8—键；9—传动轴；10—配流盘；11—压油窗口；12—吸油窗口

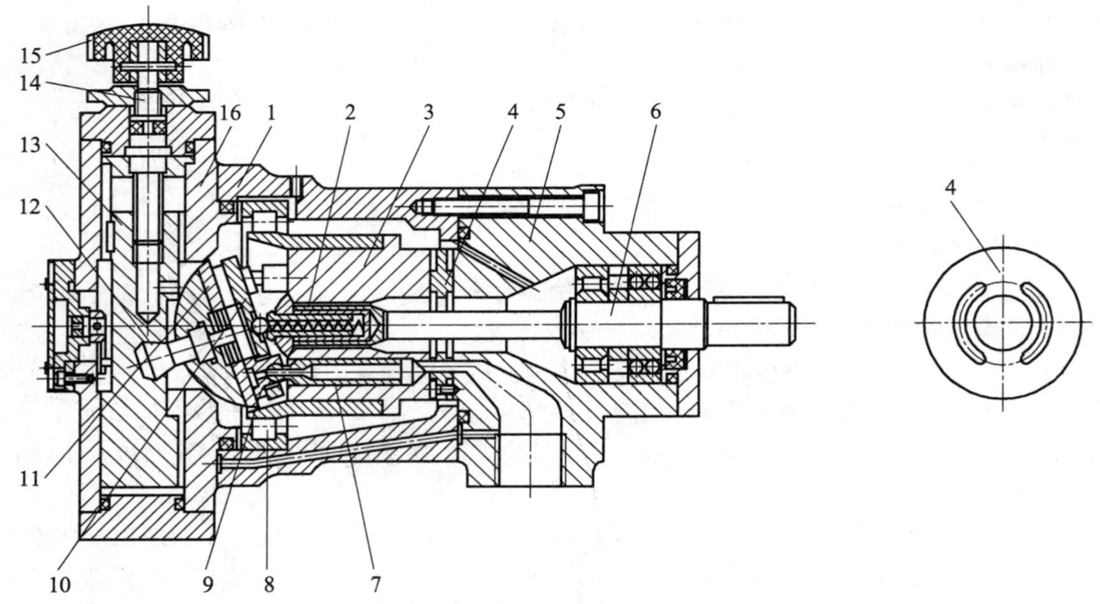

图 4.20　斜盘式轴向柱塞泵的结构图

1—泵体；2—弹簧；3—缸体；4—配流盘；5—前泵体；6—传动轴；7—柱塞；8—轴承 9—滑履；10—压盘；11—斜盘；12—轴销；13—变量活塞；14—丝杆；15—手轮；16—变量机构壳体

（2）工作原理。

斜盘式和斜轴式轴向柱塞泵的基本工作原理是相同的。

图 4.21 所示为斜盘式轴向柱塞泵的工作原理图。泵主要由斜盘 1、柱塞 2、缸体 3、配流盘 4 和传动轴 5 等零件组成。斜盘和配流盘是固定不动的，柱塞和缸体由传动轴带动一起旋转，柱塞靠机械装置或低压油作用压紧在斜盘上。当电动机带动传动轴按图示方向旋转，缸体从图示的最下方位置向上方转动时，柱塞逐渐向外伸出，于是柱塞与缸体孔形成的密封工作容积不断增加，产生局部真空，从而将油液经配流盘上的吸油窗口 *a* 吸入，这就是吸油过程；当缸体从图示最上方位置向下方转动时，柱塞在斜盘作用下被压进孔中，密封工作容积不断减小，将油液经配流盘上的压油窗口 *b* 排到系统中，这就是压油过程。缸体每转一转，

每个密封容积都完成一次吸油和压油过程，若缸体不断地旋转，则泵就不停地吸油和压油。

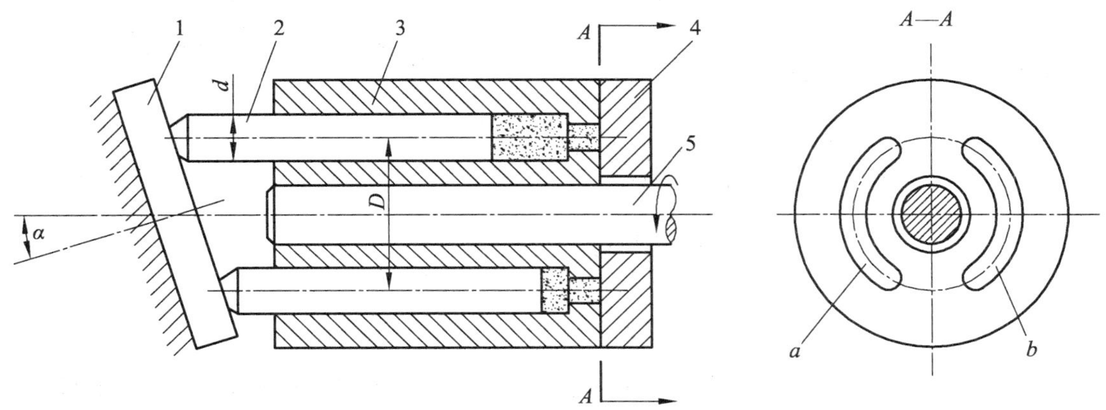

图 4.21　轴向柱塞泵的工作原理图

1—斜盘；2—柱塞；3—缸体；4—配流盘；5—传动轴

二、液压泵的工作原理

1. 工作原理

图 4.22 所示为单柱塞泵工作原理。液压传动系统中常用的液压泵大多是容积式的，其工作原理都是利用密封容积的变化进行吸油和压油的。单柱塞泵由偏心轮 1、柱塞 2、泵体 3、弹簧 4、单向阀 5 和 6 以及油箱 7 组成，柱塞与缸体之间形成密封容积。当电动机带动偏心轮顺时针方向旋转时，柱塞在偏心轮和弹簧的共同作用下在泵体中作往复移动。柱塞左移时，密封容积逐渐变大，产生真空，油箱中的油液经单向阀 6 进入密封容积，这就是吸油过程；柱塞右移时，密封容积逐渐变小，已吸入其内的油液受挤压而产生一定的压力，顶开单向阀 5 进入系统，这就是压油过程。若偏心轮不停地旋转，泵就不停地吸油和压油。

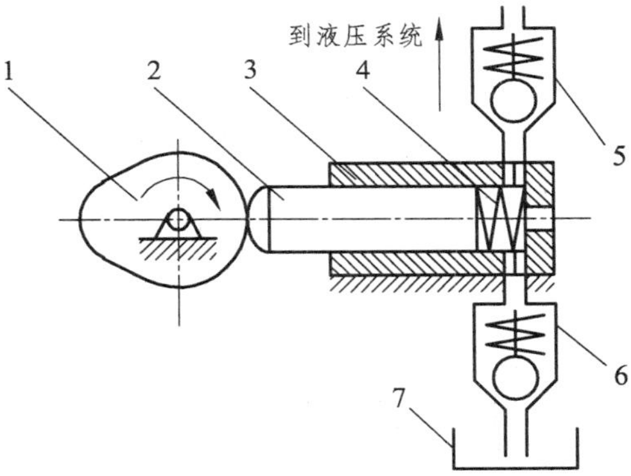

图 4.22　液压泵的工作原理

1—偏心轮；2—柱塞；3—泵体；4—弹簧；5、6—单向阀；7—油箱

从上述泵的工作原理，可以得出容积式液压泵的基本工作条件：

（1）有周期性变化的密封工作容积；

（2）吸、排油腔时刻分开；

（3）油箱液面大于或等于大气压力。

2. 液压泵的类型

各类液压泵的图形符号如图 4.23 所示，通常按泵的结构可分为三类：齿轮泵（外啮合齿轮泵、内啮合齿轮泵）、叶片泵（单作用叶片泵、双作用叶片泵）、柱塞泵（单柱塞泵、三柱塞泵、直轴式柱塞泵、斜轴式柱塞泵）。

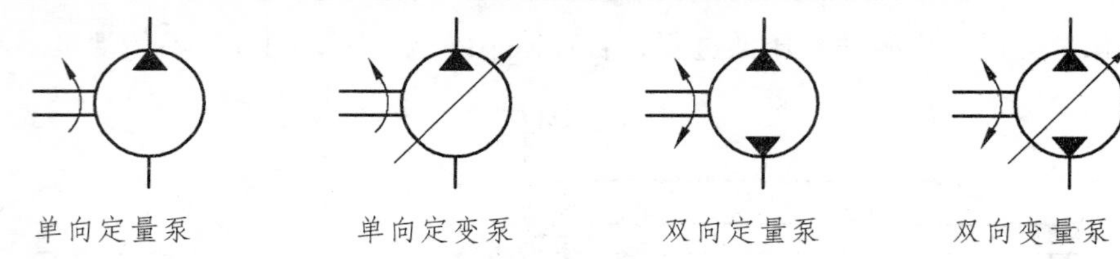

图 4.23　液压泵图形符号

三、液压泵的基本性能参数

1. 压　力

（1）额定压力：液压泵在正常工作条件下，按实验标准规定能连续长时间运转的最高压力，超过此值即是过载（又称铭牌压力，有一确定的值）。

（2）最高允许压力：液压泵短时间可以承受的最高压力，受泵本身结构强度和泄漏的限制。

（3）工作压力：实际运行时的压力（取决于负载）。

压力单位：Pa，MPa，$1\ \text{MPa}=10^6\ \text{Pa}$。

2. 排量和流量

排量 V：泵的主轴每转一周，排出液体的体积（该值由密封工作容积计算得到）。

流量 q：

（1）理论流量 q_t。计算时，不考虑泄漏时液压泵在单位时间内所排出液体的体积，即：

$$q_t = nV \tag{4-1}$$

（2）额定流量：在额定转速、额定压力下，按实验标准规定条件所排出的流量。

（3）实际流量 q：液压泵在单位时间内实际排出的液体体积。

$$q = q_t - \Delta q = nV\eta_V \tag{4-2}$$

$$\eta_V = \frac{q_t - \Delta q}{q_t} = \frac{q}{q_t} \tag{4-3}$$

式中　V——排量，mL/r；

　　q——流量，L/min。

3. 功率

（1）输入功率 P_i：原动机输入给液压泵的功率（机械能驱动液压泵）。

（2）理论功率 P_t。液压系统的功率为 $P = p\,q$。

对于液压泵，其理论功率为：

$$P_t = p\,q_t = pnV \tag{4-4}$$

由于该式没考虑机械损失，容积损失，故称其为理论功率。

（3）输出功率 P_o。液压泵内部有容积损失，实际输出的流量小于理论流量；压力损失很小，一般不计，故输出功率 P_o 为：

$$P_o = p\,q_t\eta_V = pnV\eta_V \tag{4-5}$$

（4）输入功率 P_i：由原动机输入液压泵的功率。原动机输入的功率需克服泵的摩擦阻力，故在能量转换为液压理论功率时有机械能损失。若已知泵的理论功率，则可求得其输入功率为：

$$P_i = \frac{P_t}{\eta_t} = pnq_t \tag{4-6}$$

（5）容积效率 η_v、机械效率 η_m 和总效率 η 的关系：

$$\eta = \eta_V \cdot \eta_m \tag{4-7}$$

巩固拓展

已知轴向柱塞泵的额定压力 $p = 16$ MPa，额定流量 $Q = 330$ L/min，设液压泵的总效率 $\eta = 0.9$，机械效率 $\eta_m = 0.93$。求：

（1）驱动泵所需的额定功率；

（2）计算泵的泄漏流量。

问题探究

根据对径向柱塞泵的结构和工作原理有关知识的学习，判断径向柱塞泵是变量泵还是定量泵？

学习评价

检查自己所取得的成绩，在下表中的☆中画√，看看你能得多少个☆。

项　目	任务完成	交流效果	行为养成
个人评价	☆☆☆☆☆	☆☆☆☆☆	☆☆☆☆☆
小组评价	☆☆☆☆☆	☆☆☆☆☆	☆☆☆☆☆
老师评价	☆☆☆☆☆	☆☆☆☆☆	☆☆☆☆☆
存在问题			
改进措施			

学习领域 4 知识归纳

1. 液压泵的工作原理及主要结构特点（见表 4.3）

表 4.3 液压泵的工作原理及主要结构特点

类 型	结构、原理示意图	工作原理	结构特点
外啮合齿轮泵	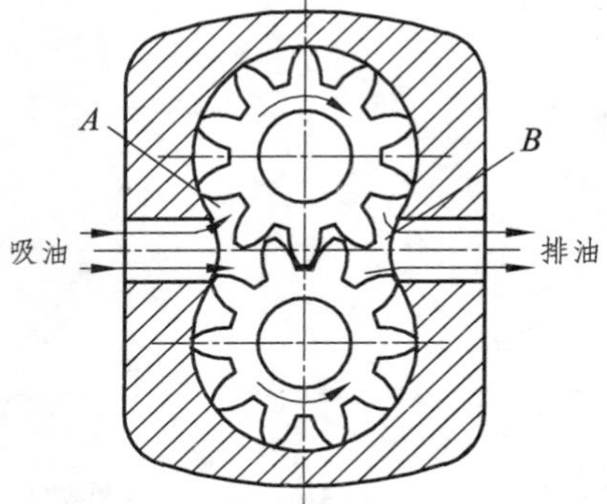	当齿轮旋转时，在 *A* 腔，由于轮齿脱开使容积逐渐增大，形成真空，从油箱吸油，随着齿轮的旋转，充满在齿槽内的油被带到 *B* 腔；在 *B* 腔，由于轮齿啮合，容积逐渐减小，把液压油排出	利用齿和泵壳形成的封闭容积的变化，完成泵的功能，不需要配流装置。不能变量结构最简单、价格低、径向载荷大
内啮合齿轮泵	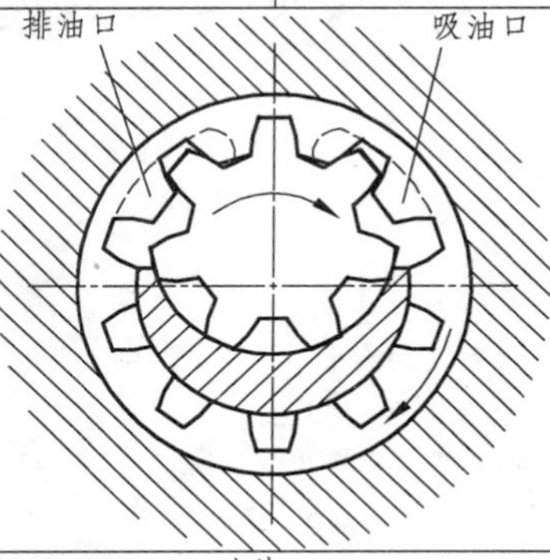	当传动轴带动外齿轮旋转时，与此相啮合的内齿轮也随着旋转。吸油腔由于轮齿脱开而吸油，经隔板后，油液进入压油腔，压油腔由于轮齿啮合而排油	典型的内啮合齿轮泵主要由内齿轮、外齿轮及隔板等组成，利用齿和齿圈形成的容积变化，完成泵的功能。在轴对称位置上布置有吸、排油口。不能变量尺寸比外啮合式略小，价格比外啮合式略高，径向载荷大
叶片泵		转子旋转时，叶片在离心力和压力油的作用下，尖部紧贴在定子内表面上。这样两个叶片与转子和定子内表面所构成的工作容积先由小到大吸油，再由大到小排油，叶片旋转一周时，完成两次吸油和两次排油	利用插入转子槽内的叶片间的容积变化，完成泵的作用。在轴对称位置上布置有两组吸油口和排油口，径向载荷小，噪声较低，流量脉动小
柱塞泵	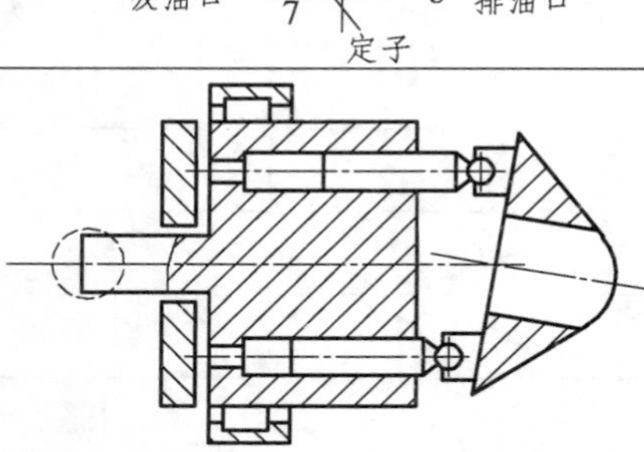	柱塞泵由缸体与柱塞构成，柱塞在缸体内作往复运动，在工作容积增大时吸油，工作容积减小时排油。采用端面配油	径向载荷由缸体外周的大轴承所平衡，以限制缸体的倾斜。利用配流盘配流传动轴只传递转矩，轴径较小。由于存在缸体的倾斜力矩，故制造精度要求较高，否则易损坏配流盘

2. 液压泵的主要性能（见表 4.4）

表 4.4　液压泵的主要性能

性　能	外啮合齿轮泵	双作用叶片泵	限压式变量叶片泵	轴向柱塞泵	径向柱塞泵
输出压力	低压	中压	中压	高压	高压
流量调节	不可以	不可以	可以	可以	可以
输出流量脉动	很大	很小	一般	一般	一般
自吸特性	好	较差	较差	差	差
容积效率	0.70 ~ 0.95	0.80 ~ 0.95	0.80 ~ 0.90	0.90 ~ 0.98	0.85 ~ 0.5
总效率	0.60 ~ 0.85	0.75 ~ 0.85	0.75 ~ 0.85	0.85 ~ 0.95	0.75 ~ 0.92
耐污染油性	不敏感	较敏感	较敏感	敏感	敏感
噪声	大	小	较大	大	大
制造	容易	较容易	较容易	困难	困难
造价	低	中等	较高	高	高
应用范围	机床、工程机械、农业、航空、船舶、一般机械	机床、工程机械、液压机、航空、起重运输机械、注塑机	机床、注塑机	工程机械、运输机械、矿山机械、锻压机械、船舶、航空	机床液压机、船舶

学习领域 4 达标检测

一、填空题

1. 液压泵是一种能量转换装置，它将机械能转换为____________，是液压传动系统中的动力元件。

2. 液压传动中所用的液压泵都是靠密封的工作容积发生变化而进行工作的，所以都属于________________________。

3. 泵每转一弧度，由其几何尺寸计算而得到的排出液体的体积，称为 __________。

4. 在不考虑泄漏的情况下，泵在单位时间内排出的液体体积称为泵的_________。

5. 泵在额定压力和额定转速下输出的实际流量称为泵的__________________。

二、单项选择题

1. 已知齿轮泵实际流量 $Q = 51.5$ L/min，高压腔的最高压力 $p = 2.5$ MPa，吸入压力 $p_0 = 0$，液压泵转速 $n = 1\,450$ r/min，泵的容积效率 $\eta_V = 0.85$，机械效率 $\eta_m = 0.90$，齿轮泵的齿数 $z = 14$，模数 $m = 4$，齿宽 $B = 28$。则驱动主动齿轮所需的转矩为（　　）。

（A）$T = 16.57$ N · m　　（B）$T = 18.47$ N · m

（C）$T = 19.14$ N · m　　（D）$T = 16.23$ N · m

2. 齿轮泵转速 $n = 1\,200$ r/min，理论流量 $Q_0 = 18.14$ L/min，齿数 $z = 8$，齿宽 $B = 30$ mm，$\eta_V = \eta_m = 0.9$，泵的压力 $P_{max} = 50 \times 10^5$ Pa。则齿轮模数是（　　）。

（A）$m=3$　　（B）$m=5$　　（C）$m=4$　　（D）$m=2$

3. 设某一齿轮泵齿轮模数 $m=4$，齿宽 $B=20$ mm，齿数 $z=9$，啮合角$\alpha_h=32°15'$，液压泵的转速 $n=1\ 450$ r/min，高压腔最高压力 $P_{max}=16$ MPa，液压泵自吸工作，泵的容积效率 $\eta_V=0.90$，机械效率 $\eta_m=0.90$。那么齿轮泵平均理论流量和实际流量分别为（　　）。

（A）$Q_0=26.3$ L/min，$Q=29.23$ L/min　　（B）$Q_0=28.23$ L/min，$Q=26.3$ L/min

（C）$Q_0=29.23$ L/min，$Q=28.3$ L/min　　（D）$Q_0=29.23$ L/min，$Q=26.3$ L/min

4. 某齿轮液压马达理论排量 $q_0=10$ mL/r，总效率 $\eta=0.75$，容积效率$\eta_V=0.90$，供油压力 $p=10$ MPa，供油流量 $Q=24$ L/min，则理论转数和实际输出功率为（　　）。

（A）$n=38$ r/s，$p=3$ kW　　（B）$n=36$ r/s，$p=4$ kW

（C）$n=33$ r/s，$p=4$ kW　　（D）$n=36$ r/s，$p=3$ kW

5. 已知轴向柱塞泵的额定压力为 $p=16$ MPa，额定流量 $Q=330$ L/min，设液压泵的总效率为 $\eta=0.9$，机械效率为 $\eta_m=0.39$。则泵的泄漏流量是（　　）。

（A）$Q_c=12$ L/min　　（B）$Q_c=9$ L/min　　（C）$Q_c=10$ L/min　　（D）$Q_c=11$ L/min

三、简答题

1. 试述液压泵工作的必要条件。

2. 试述内啮合齿轮泵的特点。

四、计算题

1. 一个液压齿轮泵的齿轮模数 $m=4$ mm，齿数 $z=9$，齿宽 $B=18$ mm，在额定压力下，转速 $n=2\ 000$ r/min 时，泵的实际输出流量 $Q=30$ L/min，求泵的容积效率。

2. 变量叶片泵的转子半径 $r=41.5$ mm，定子半径 $R=44.5$ mm，叶片宽度 $B=30$ mm，转子与定子间的最小间隙$\delta=0.5$ mm。试求：

（1）排量 $q=16\ cm^3/r$ 时，其偏心量是多少？

（2）此泵最大可能的排量 q_{max} 是多少？

3. 试求理论排量为 40 cm^3/r，排油压力为 21 MPa，机械效率为 90%的液压泵的轴转矩，并计算当转速为 1 800 r/min 时的输入功率。

学习领域 5　液压马达与液压缸

本学习领域是通过让学生拆卸有关的液压马达与液压缸，使学生掌握其结构、类型、特点，归纳出液压马达和液压缸的工作原理。本学习领域主要包括以下学习任务：

（1）分析液压马达的结构和工作原理。

（2）分析液压缸的结构和工作原理。

（3）分析液压马达和液压缸的性能参数。

任务 1　分析液压马达的结构和工作原理

任务案例

拆卸 NJM-1.0 型马达，观察其结构，回答以下问题：

（1）NJM-1.0 型马达由哪些部件组成的？

（2）结合液压马达的特点，分析其工作过程？

任务分析

本任务涉及以下内容：

（1）液压马达的典型结构。

（2）液压马达的工作原理。

（3）液压马达的分类。

（4）液压马达的特点。

任务处理

（1）通过拆装，明确 NJM-1.0 型马达结构。

（2）运转液压马达，分析液压马达的工作原理和特点。

（3）归纳液压马达的类型。

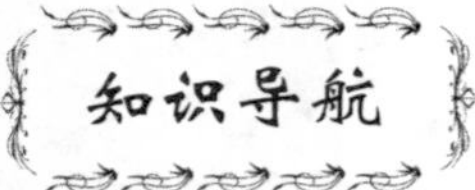

液压缸与液压马达均属于液压系统中的执行装置。从能量转换的角度看，它们都是将液压能转变为机械能的一种能量转换装置。区别在于：液压马达是将液压能变成连续回转的机械能，实现旋转运动；而液压缸则是将液压能变成直线往复运动或摆动的机械能，实现往复直线运动。

一、液压马达的典型结构

液压马达是做连续旋转运动并输出扭矩的液压元件，亦称油马达。它是将液压泵所提供的液压能转变为机械能的能量转换装置。

液压马达目前有轴转型马达和壳转型马达。我国已经设计制造出标准系列产品，分别为NJM系列和NKM系列。下面要学习的是NJM-1.0型马达的典型结构。

如图5.1所示，在缸体5的圆周上，径向布置着一排柱塞滚轮组件（共10套），柱塞6顶着横梁7，横梁可以在缸体的径向槽中滑动，其两端轴颈上装有滚轮4，滚轮采用的是加厚外圆的滚针轴承，凸轮环8对滚轮的反作用力的切向分力直接由横梁的侧面传递给缸体，推动缸体旋转。由于柱塞副不承受侧向力，故能保持稳定的密封间隙和较高的容积效率。

凸轮环8是由结构完全相同的两片组成，它们用螺钉与前端盖2和后端盖9一同固定在壳体12上，两片凸轮环的相对位置由定位销13定位。凸轮环轮廓曲线为等加速率对称型曲线。

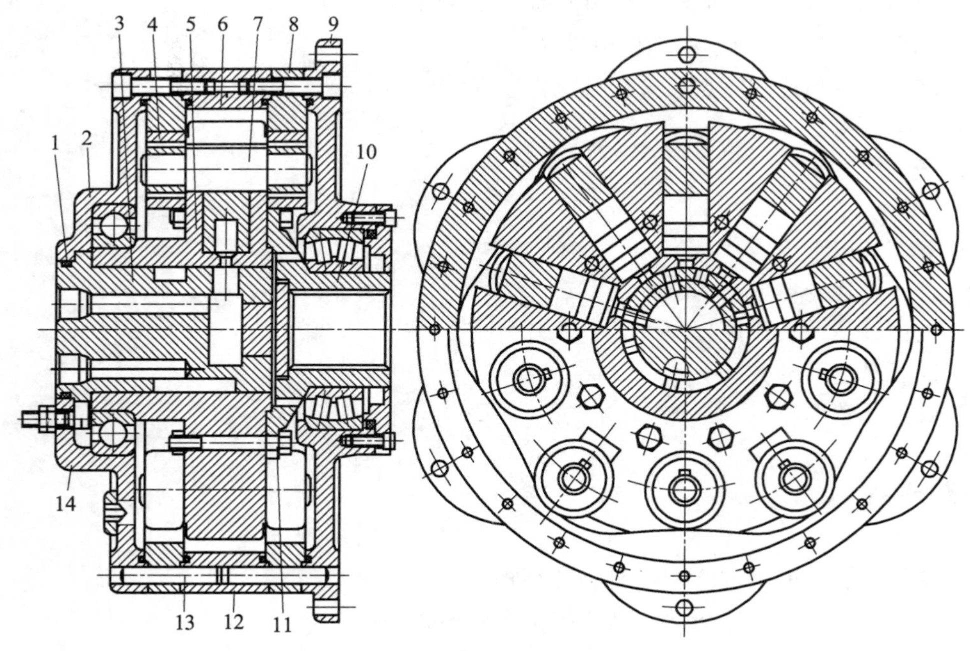

图 5.1　NJM-1.0 型液压马达的结构图

1—O形密封圈；2、9—前后端盖；3—配流轴；4—滚轮；5—缸体；6—柱塞；7—横梁；8—定子（凸轮环）；10—输出轴；11—螺钉；12—壳体；13—定位销；14—微调机构

马达输出轴 10 用螺栓 11 固定在缸体上，它由双列球面滚子轴承支撑在前端盖中，缸体左端的轴颈则由单列球轴承支承在后端盖上。

配流轴 3 为整体无套式，结构简单，加工方便，但通流能力较小。为了减少配流副的间隙泄漏，配流轴与缸体中心孔之间的间隙很小。这时，为了补偿因制造和装配误差，使配流轴与缸体中心线不重合所造成的配合表面偏磨，甚至发生胶合，而将配流轴与后端盖之间作成浮动结构，即采用很大的径向间隙，同时用 O 形密封圈 1 进行密封。为了保证配流轴浮动的灵活性，进、回液管应采用橡胶软管。装配配流轴时，要使其进、回液窗口之间的密封隔墙中线，对准凸轮环曲面过渡区段的中线。否则，将产生冲击或“困油”现象，发生振动和噪声。配流轴的装配相位，可利用微调机构 14 调整，调到马达的噪声和振动最小时，就用螺母将微调机构锁紧，使配流轴定位。

二、液压马达工作原理

下面以内曲线径向柱塞液压马达为例，来说明液压马达的工作原理。用具有特殊内曲线的定子使多个柱塞在轴每转中往复运动多次的径向柱塞马达，称为多作用内曲线径向柱塞式液压马达（简称内曲线马达）。内曲线马达柱塞数多，排量大，输出转矩大，作用次数多，所以具有输出转矩脉动性小，运转平稳，低速稳定性好等优点。因此应用较广泛，但结构复杂，内曲线加工困难。

图 5.2 所示为内曲线马达的工作原理图。缸体（转子）2 内有 Z（$Z=8$）个柱塞 3 径向均匀分布在转子的缸孔内，柱塞的末端与横梁 4 接触，横梁可在缸体内径向滑动，安装在横梁两端轴颈上的滚轮 5 可沿定子内表面滚动。在缸体内，每个柱塞孔底部都有一配流孔与配流轴 6 相通。配流轴固定不动，其上有 $2X$ 个配流窗孔，交替为径向孔和轴向槽，经油管分别与双向液压泵的进、排油口连通。图 5.2 所示为径向配流孔 A 与泵的排油口连通，轴向配流槽 B 与泵的吸油口连通。定子 1 的内表面由 X（$X=6$）段形状相同且用均匀分布的曲面组成。曲面的数目 X 就是马达的作用次数。从每一曲面凹部的顶点处分为对称的两半，一半为进油区段，另一半为回油区段，当液压泵的供油方向确定后，进油区段又可称为工作段，回油段则称为回程段。在图 5.2 中，①、⑤区段为工作段，此区段柱塞向外输出转矩，③、⑦区段为回程段，其余柱塞分别处于内、外止点。

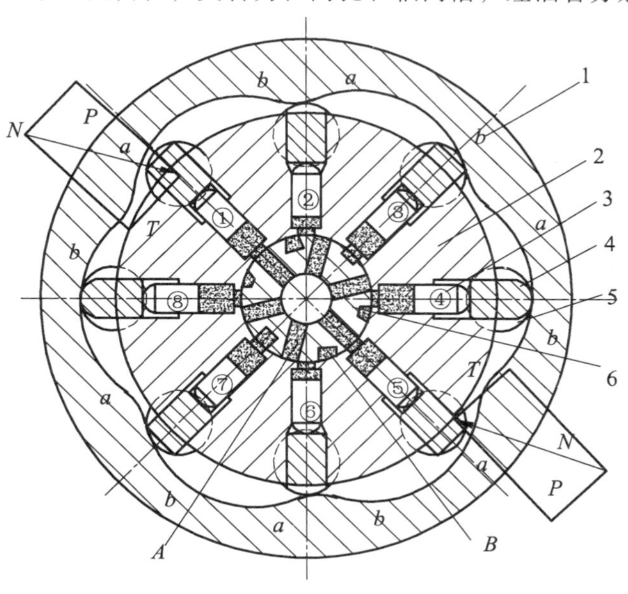

图 5.2　内曲线马达工作原理

A—径向配流孔；B—轴向配流槽；1—定子；2—转子；3—柱塞；4—横梁；5—滚轮；6—配流轴

缸体每旋转一周，每个柱塞往复移动 X 次，因为 X 和 Z 不相等，故任一瞬时总有一部分柱塞处于进、出油段，而使缸体连续转动。当泵的进、回油口互换时，马达将反转。内曲线马达有轴转式、壳转式、定量式、变量式（可调式）单排柱塞式、双排柱塞式、多排柱塞式等多种形式。

三、液压马达的分类

液压马达按结构来分，可分为以下三种：

（1）齿轮马达。包括外啮合渐开线齿轮马达和内啮合摆线齿轮马达等类型。

（2）叶片马达。包括单作用叶片马达和双作用叶片马达等。

（3）柱塞马达。包括轴向柱塞马达和径向柱塞马达两大类，每一类中又有许多不同的结构类型。

液压马达按马达转速不同，可分为以下两种：

（1）额定转速在 500 r/min 以上为高速液压马达。

（2）额定转速小于 500 r/min 为低速液压马达。

高速液压马达有齿轮式、螺杆式、叶片式、轴向柱塞式等；低速液压马达有单作用连杆径向柱塞式和多作用内曲线径向柱塞式等。

液压马达的图形符号如图 5.3 所示。

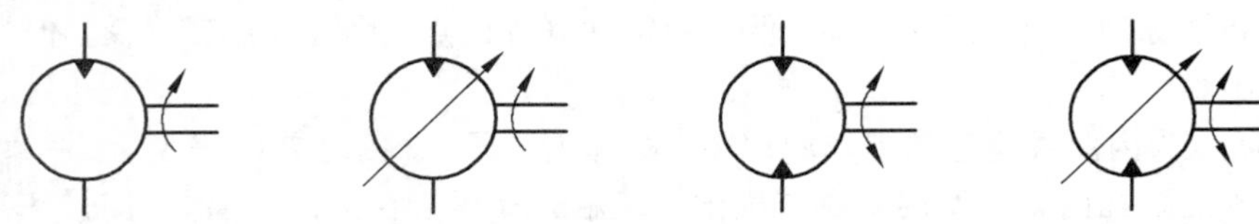

（a）单向定量马达　（b）单向变量马达　（c）双向定量马达　（d）双向变量马达

图 5.3　液压马达图形符号

四、液压马达的特点

从理论上讲，所有的液压泵都可以作为马达使用，但由于主机（负载）的需求不同，所以马达的结构与泵不同。液压马达的特点有：

（1）马达内部结构对称，因此马达可以正、反转；而绝大多数泵不能转。

（2）马达回油压力比大气压力高，因此泄漏油管要单独回油箱。

高速小扭矩马达的主要特点是转速高，扭矩小，转动惯量小，便于起动和制动，调节灵敏度高，一般必须与机械减速装置联合使用。低速马达往往与主机工作机构直接连接。

根据学习内容，填写表 5.1。

表 5.1　液压马达有关知识

设　备	分　类	特　点	工作原理
液压马达			

问题探究

液压马达能当做液压泵来使用吗？

学习评价

检查自己所取得的成绩，在下表中的☆中画√，看看你能得多少个☆。

项　目	任务完成	交流效果	行为养成
个人评价	☆☆☆☆☆	☆☆☆☆☆	☆☆☆☆☆
小组评价	☆☆☆☆☆	☆☆☆☆☆	☆☆☆☆☆
老师评价	☆☆☆☆☆	☆☆☆☆☆	☆☆☆☆☆
存在问题			
改进措施			

任务 2　分析液压缸的结构和工作原理

任务案例

拆卸典型液压缸，观察其结构，回答下面的问题：

（1）液压缸由哪些部分组成？

（2）液压缸中为什么要有排气装置？

任务分析

本任务涉及以下内容：

（1）液压缸的结构组成。

（2）典型液压缸的结构。

（3）液压缸的类型和特点。

任务处理

（1）拆卸双作用伸缩式液压缸，分析其结构。

（2）归纳出液压缸的结构组成。

（3）分析液压缸的工作过程，归纳出液压缸的工作原理。

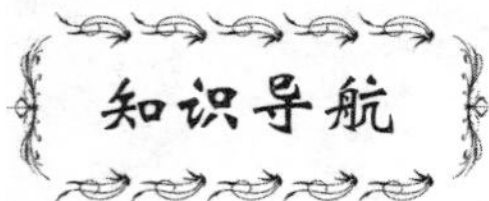

液压缸结构简单，制造容易，工作可靠，应用很广泛。大多数液压缸是将液压泵输出的液压能转变为直线运动的机械能。

按作用可将液压缸分为单作用和双作用两种；按结构又可以将液压缸分为活塞式、柱塞式和摆动式等。后者的输出轴一般可以在小于 300°范围内摆动。下面重点学习机械中常用的液压缸。

一、液压缸的结构组成

一般液压缸由缸体（缸底、缸筒、缸盖）、活塞组件（活塞杆、活塞）、密封装置、缓冲装置和排气装置等组成。

1. 缸筒组件

缸筒组件由缸筒和缸盖组成。缸筒与缸盖的连接形式与其工作压力、缸筒材料和工作条件有关。当工作压力 $p < 10$ MPa 时，缸筒使用铸铁；当工作压力 $p < 20$ MPa 时，缸筒使用无缝钢管；当工作压力 $p > 20$ MPa 时，使用铸钢或锻钢。

图 5.4 所示为常见的几种缸筒与缸盖连接的结构形式。图 5.4（a）所示为法兰连接式，其结构简单，容易加工，装拆容易，但外形尺寸和重量较大。图 5.4（b）所示为半环连接式，其缸筒壁因开了环形槽而削弱了强度，因此有时为了弥补强度的不足而加厚缸壁，这种连接容易加工和拆装，重量较轻，常用于无缝钢管或锻钢制的缸筒上。图 5.4（c）所示为拉杆连接式，这种缸筒最易加工，最易装卸，结构通用性大，但是重量和外形较大。图 5.4（d）所示和图 5.4（e）所示分别为外螺纹连接和内螺纹式。图 5.4（f）所示为焊接式，其优点是结构简单、尺寸小，煤矿机械所用的液压缸多采用这种结构。

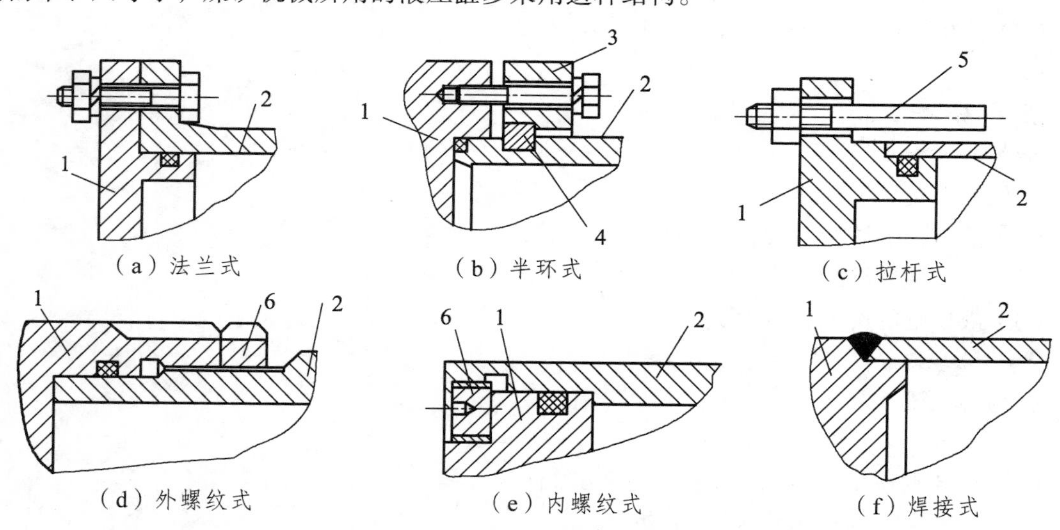

图 5.4 缸体组件的连接形式

1—缸盖；2—缸筒；3—压板；4—半环；5—拉杆；6—防松螺母

2. 活塞组件

活塞组件由活塞、活塞杆和连接件等组成。活塞与活塞杆的连接形式决定于工作压力、安装形式、工作条件等，因此其结构形式较多。图 5.5 所示为常见的几种活塞与活塞杆的连接形式。图 5.5（a）所示整体式连接和图 5.5（b）所示焊接式连接的结构简单、可靠，轴向尺寸紧凑，但整体连接式加工困难，而焊接式连接易产生变形，且它们磨损后必须整体更换，不够经济，故适用于对活塞和活塞杆比值 *D*/*d* 较小、行程较短或尺寸较小的场合。图 5.5（c）和图 5.5（d）所示为半环连接式，这种连接形式强度高，但结构较复杂，因此常用在压力较高且振动较大的场合。图 5.5（e）所示为锥销式连接，这种连接形式的优点是加工容易、装配简单，但其承载能力小，应用时需要采取防止脱落措施，它适用于载荷较轻的场合，如磨床等。图 5.5（f）所示和图 5.5（g）所示为螺纹式连接，该连接形式结构简单，拆装方便，但一般需配备螺母防松装置。由于活塞在缸筒内作往复运动，所以必须选用优质材料。对于整体式活塞，一般采用 35 号或 45 号钢；装配式的活塞采用灰口铸铁、耐磨铸铁或铝合金等材料，有特殊需要时可在钢活塞坯外面装上青铜、黄铜和尼龙等耐磨套，以延长活塞的使用寿命。活塞杆无论是实心还是空心，其材料都常采用 35 号钢或 45 号钢等材料，当冲击振动很大时，也可采用 55 号钢或 40Cr。活塞杆要在导向套内做往复运动，为了提高活塞杆的耐磨能力和防锈能力，常在其外圆表面镀铬。

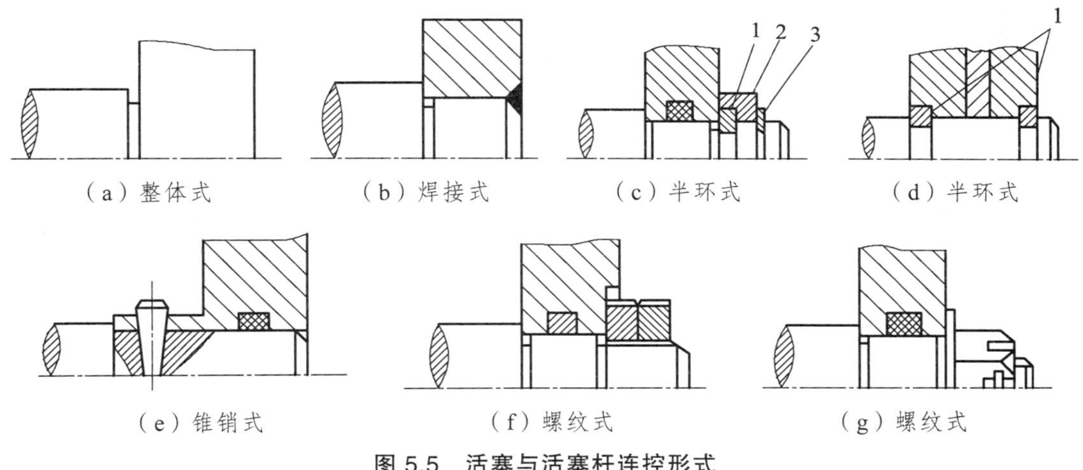

图 5.5　活塞与活塞杆连控形式

1—半环；2—轴套；3—弹簧圈

3. 密封装置

液压缸中密封装置的种类很多，常用的密封有以下几种：

（1）间隙密封。

间隙密封是依靠两运动件配合面间微小的间隙来防止泄漏而起密封作用的，如图 5.6 所示。为了提高这种装置的密封能力，常在活塞的表面上制出几条细小的环形槽，以增大油液通过间隙时的阻力。它结构简单，摩擦阻力小，耐高温，但泄漏大，加工要求高，磨损后不能自动补偿。常用于尺寸较小、压力较低、运动速度较高的液压缸中，其间隙值δ可以取 0.02 ~ 0.05 mm。

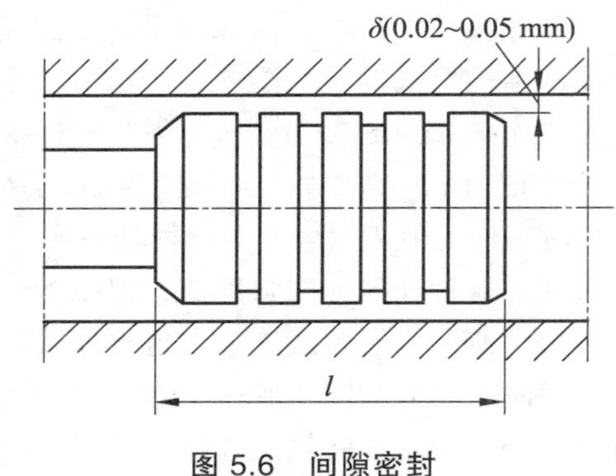

图 5.6　间隙密封

（2）O 形密封圈。

O 形密封圈是一种截面形状为圆形的密封元件，一般是由耐油橡胶制成的，如图 5.7（a）所示。O 形密封圈是装在沟槽中，利用预压变形和受油压作用后的变形而产生密封作用的。它的密封性随着油压力的增加而提高，并且在磨损后具有自动补偿的能力。由于 O 形密封圈具有结构简单，密封性能良好，摩擦力小和安装方便等优点，因此在液压缸中应用广泛。但是当静密封压力 p>32 MPa 或动密封压力 p>10 MPa 时，O 形密割圈有可能被压力油挤进间隙而损坏。为防止这一现象发生，应在 O 形密封圈低压侧安装挡圈，如图 5.7（b）所示；当双向承受压力油作用时，则两侧都要放置挡圈，如图 5.7（c）所示。

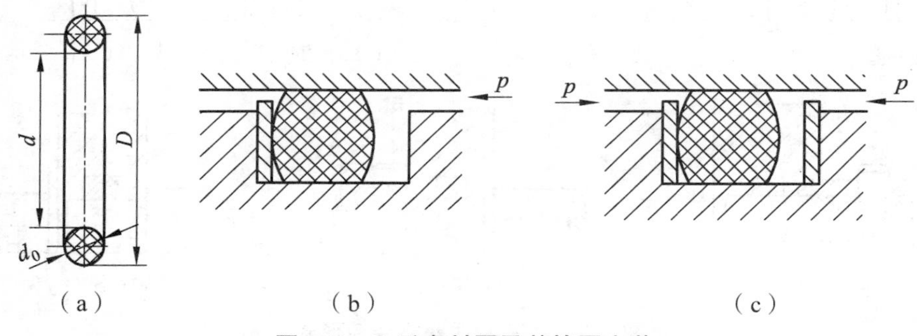

图 5.7　O 形密封圈及其挡圈安装

（3）唇型密封圈。

唇形密封圈是依靠密封圈的唇口受油液压力作用后变形，使唇边紧贴密封面而起密封作用的，油液压力越高，密封作用越好，并且具有磨损后自动补偿的能力，常见的唇型密封圈有 Y 形、Yx 形和 V 形等。

① Y 形密封圈。Y 形密封圈如图 5.8（a）所示，是用耐油橡胶压制而成的。安装密封圈时，应使唇边对着油压高的一侧。当压力变化较大或压力及滑动速度较高时，为防止 Y 形圈翻转，应设置支承环。支撑环上开有小孔，使压力油同时作用在内、外唇边上，以增强密封效果，如图 5.8（b）所示。

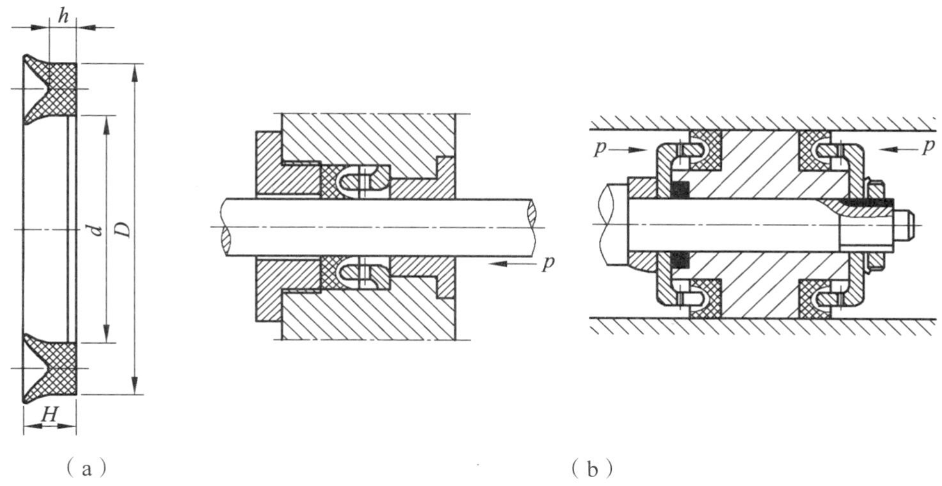

（a）　　　　　　　　　　（b）

图 5.8　Y 形密封圈及其支承环的使用

Y 形密封圈常用在工作压力不高于 20 MPa、工作温度为 – 30 ~ 100 °C、滑动速度不大于 0.5 m/s 的场合。

② Yx 形密封圈。Yx 形密封圈是在 Y 形密封圈基础上改进设计而成的，通常用聚氨酯材料压制而成，其内外唇长短不等，受力后容易使唇边封住元件，故其密封性能比 Y 形密封圈优越。Yx 形密封圈分孔用和轴用两种。

③ V 形密封圈。V 形密封圈如图 5.9 所示，它是由多层涂胶织物压制而成的。这种密封圈由支承环、密封环和压环组成。当压环压紧密封环时，支承环使密封环产生变形而起密封作用。当工作压力小于 10 MPa 时，使用一套即足以保证密封性；当工作压力大于 10 MPa 时，可以根据压力的大小，适当增加密封环的数量，就可以在更高压力下保持密封性。安装时要注意 V 形密封圈的 V 形口一定要面向压力高的一侧。

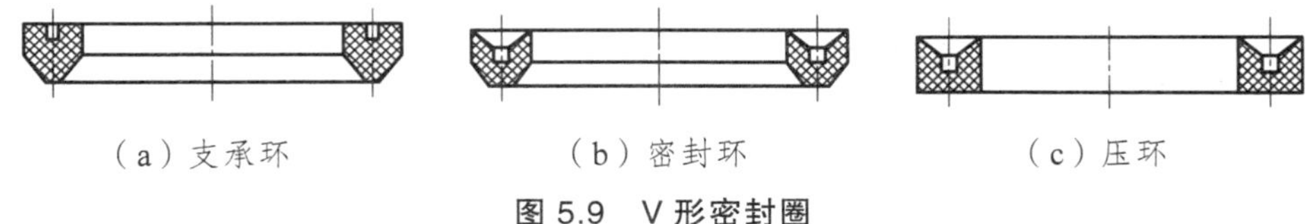

（a）支承环　　（b）密封环　　（c）压环

图 5.9　V 形密封圈

V 形密封圈适宜在工作压力不高于 50 MPa、温度 – 40 ~ 80 °C 的条件下工作。

（4）组合密封装置。

组合密封装置是由 2 个以上元件组成。常见的是由钢和耐油橡胶压制而成的组合密封装置。随着液压技术的发展，新近出现了聚四氟乙烯与耐油橡胶组成的橡塑组合密封装置。

橡塑组合密封装置如图 5.10 所示，它由 O 形密封圈和聚四氟乙烯做成的格来圈或斯特圈组合而成。图 5.10（a）所示为格来圈（方形断面）和 O 形密封圈组合的装置，用于孔表面的密封；图 5.10（b）所示为斯特圈（阶梯形断面）和 O 形密封圈组合的装置，用于轴表面的密封。

这种组合密封装置是利用 O 形密封圈的良好弹性变形性能，通过预压缩所产生的预压力使格来圈（或斯特圈）贴紧在密封表面上而起密封作用。它综合了橡胶与塑料的优点，不仅密封可靠，摩擦力低而稳定，而且使用寿命比普通橡胶密封高上百倍，因而获得了广泛的应用。

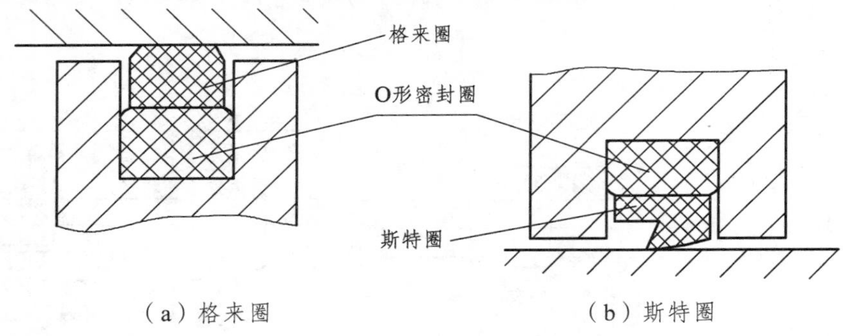

（a）格来圈　　（b）斯特圈

图 5.10　橡塑组合密封装置

4. 缓冲装置

当液压缸运动部件的质量较大，运动速度较快时，为避免因惯性力较大而在行程终点产生活塞与缸盖或缸底的撞击，一般在液压缸的两端设有缓冲装置，常见的形式如图 5.11 所示。

缓冲装置的基本原理：在运动部件接近终点位置时，增大缸的排油阻力，从而降低运动部件的移动速度。此排油阻力又称为缓冲压力。图 5.11（a）所示为可调节流缓冲装置，调节针形节流阀开口大小可改变缓冲压力；图 5.11（b）所示为可变节流缓冲装置，随着活塞行程的终了，其上的轴向节流沟槽（该沟槽截面为变截面三角形）的通流截面逐渐减小，缓冲压力增大；图 5.11（c）和（d）所示为间隙缓冲装置，当活塞运动接近缸盖时，封闭在活塞与端盖间的油液从环状间隙（或锥形间隙）挤压出去，于是形成缓冲压力，使活塞运动速度减慢。

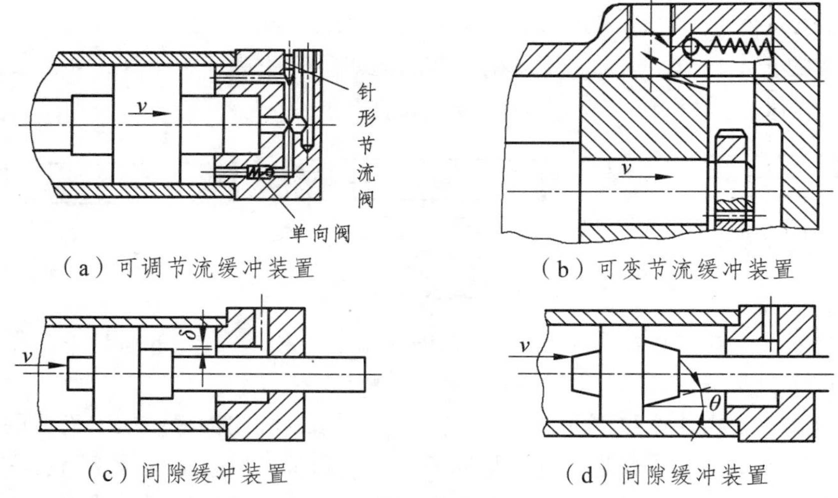

（a）可调节流缓冲装置　　（b）可变节流缓冲装置

（c）间隙缓冲装置　　（d）间隙缓冲装置

图 5.11　液压缸的缓冲装置

5. 排气装置

由于油液中混入空气或液压缸在安装过程中和停止使用时有空气侵入，在油缸的最高部位常会聚集空气，若不排除，液压缸在运行过程中，会因空气的压缩性而产生低速爬行和噪声等不正常现象。因此，液压缸上常设有排气装置。

排气装置目前常用两种形式：一种是在缸盖的最高部位开排气孔，用长管道接向远处排气阀排气；另一种是在缸盖最高部位安放排气塞。图 5.12 所示为排气塞。拧开排气塞，使工作台全行程空载往返数次，空气便被排净，然后将排气塞拧紧即可。

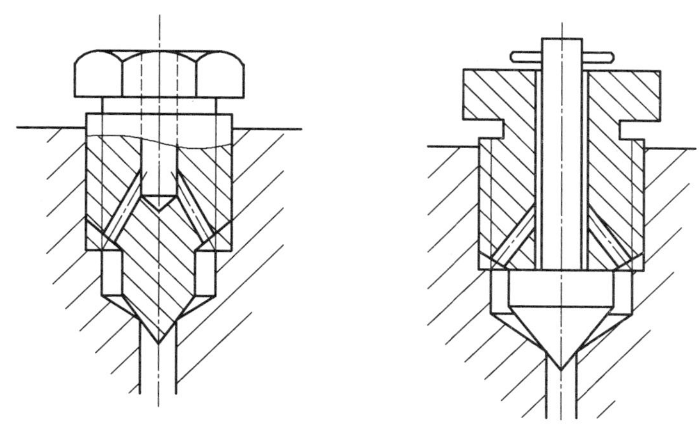

图 5.12　排气塞

二、几种典型的液压缸结构

1. 柱塞式液压缸

图 5.13 所示柱塞式液压缸由缸筒 1、柱塞 2、导向套 3、密封圈 4 和压盖 5 等零件组成。它只能实现一个方向的运动，回程靠重力、弹簧力或其他外力推动。为了得到双向运动，可以成对、反向布置使用。采煤机的机身调斜使用了此类型的液压缸。由于柱塞与导向套配合，可以保证良好的导向，柱塞与缸筒内壁不接触，因而缸筒内壁的精度要求很低，甚至可以不加工，且工艺性好，成本低。

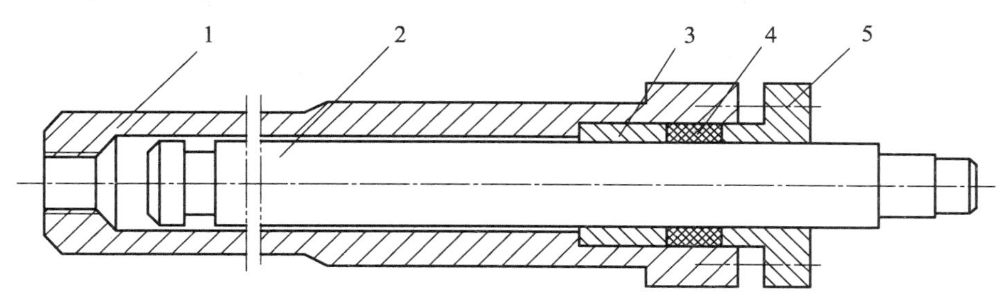

图 5.13　柱塞式液压缸

1—缸筒；2—柱塞；3—导向套；4—密封圈；5—压盖

2. 双作用伸缩式液压缸

图 5.14 所示为双伸缩液压缸。若 *a* 口进液（无杆腔），*b* 口（有杆腔）排液，则外活柱 5（外活塞杆）先推出；完全推出后，压力将会升高而打开底阀 13，向内活柱 12 无杆腔供液；若 *c* 口排液，则内活柱 12 推出；若 *b*、*c* 口同时进液，*a* 口排液，则活塞杆将会返回。

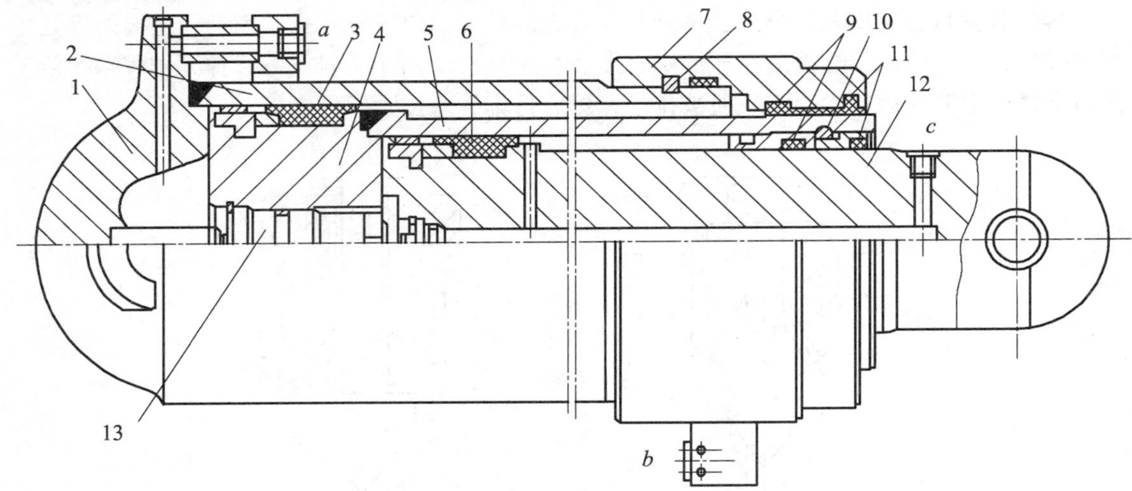

图 5.14 双伸缩液压缸

1—缸底；2—缸筒；3，6—鼓型密封组件；4—活塞；5—外活塞杆（外活柱）；7—缸盖（兼导向套）；8—方钢丝卡键；9—蕾型密封；10—半环（三瓣）；11—防尘圈；12—内活塞杆（内活柱）

3. 内供液液压缸

图 5.15 所示为内供液液压缸，适用于缸体移动而活塞杆固定的场合。进出油口在液控单向阀 7 的直径方向（图中未显示），油口 *b* 通有杆腔，油口 *a* 通无杆腔。MG 系列采煤机摇臂调高采用此液压缸，缸体移动可以避免煤块、岩石冲撞活塞杆。

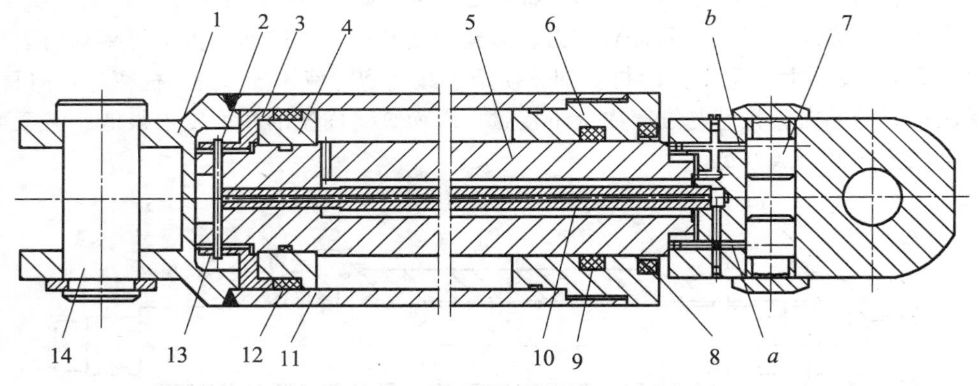

图 5.15 内供液液压缸

1—缸底；2—挡圈；3—挡套；4—活塞；5—活塞杆；6—缸盖；7—双向液控单向阀；8—防尘圈；9—蕾型密封；10—中心油管（无缝钢管）；11—缸筒；12—鼓型密封组件；13—销轴；14—销轴

4. 组合液压缸

组合液压缸有多种形式，如弹簧复位液压缸、增压缸（器）、齿条液压缸等。

图 5.16 所示为双齿条回转液压缸。它是由中空轴齿轮 5、铣有轮齿的活塞杆齿条 6、缸体 2、液压锁 1 和回转机构箱体等组成。

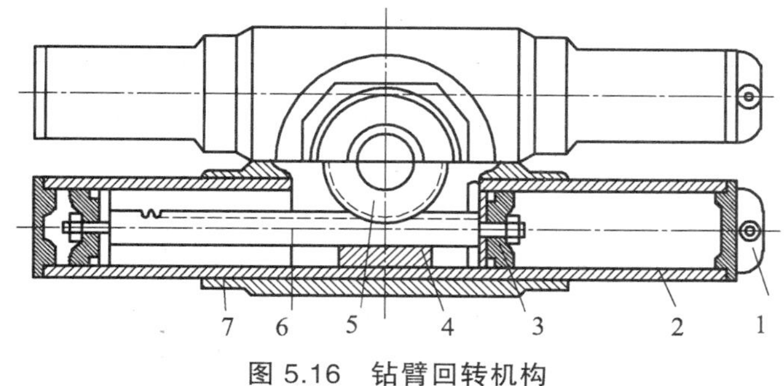

图 5.16　钻臂回转机构

1—液压锁；2—油缸；3—活塞；4—衬套；5—齿轮；6—齿条；7—导套

AM50 掘进机和凿岩台车上钻臂回转机构采用了双齿条回转液压缸，它使得机械设备结构紧凑，外廓尺寸较小，且运转工作平稳和灵活。

三、液压缸的类型和特点

液压缸的种类繁多，其类型见表 5.2。

表 5.2　液压缸的类型、图形符号和工作特点

名　称			图形符号	工作特点
单作用液压缸		单活塞杆液压缸		活塞单向运动，由外力使活塞反向运动
				活塞单向运动，由弹簧使活塞复位
		柱塞液压缸		柱塞仅单向运动，由外力使柱塞反向运动
		伸缩液压缸		有多个互相联动的套筒，其行程可较长，由外力使套筒返回
双作用液压缸	单活塞杆	单活塞杆液压缸		活塞双向运动，行程终了时不减速。活塞往复的作用力和速度皆差别较大
		不可调单向缓冲式液压缸		活塞终了时减速制动，减速值不变

续表 5.2

名称			图形符号	工作特点
双作用液压缸	单活塞杆	可调单向缓冲式液压缸	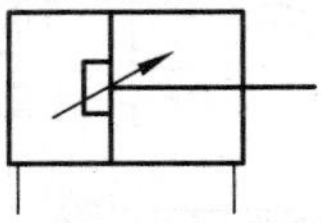	活塞终了时减速制动，但减速值可调节
		差动液压缸	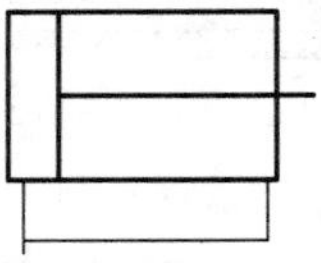	液压缸有杆腔的回油与液压泵输出油液一起进入无杆腔，能提高运动速度
	双活塞杆	双活塞杆液压缸	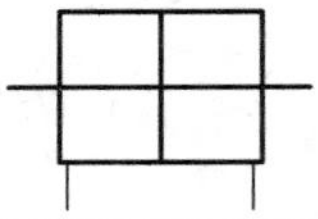	活塞往复移动速度和行程皆相等
		双向液压缸	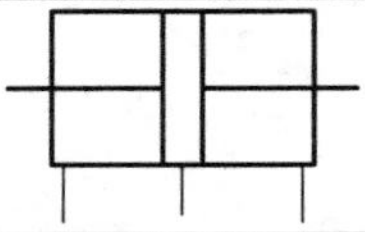	两个活塞同时向相反方向运动
	伸缩液压缸		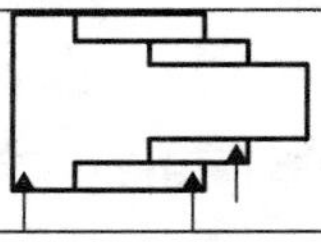	有多个互相联动的套筒，套筒可双向运动，缸的行程可变
组合液压缸	串联液压缸		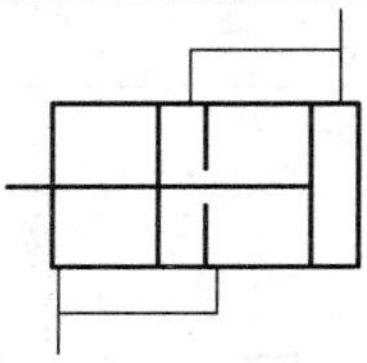	液压缸直径受限制，而长度不受限制时，可获得较大的推力
	增压缸（增压器）		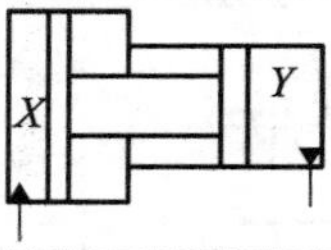 X Y	由两个不同的压力室 *X* 和 *Y* 组成，可提高 *Y* 室中油液的压力
	多位液压缸		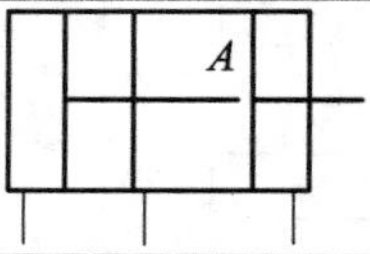 A	活塞 *A* 有三个位置
	齿条活塞液压缸		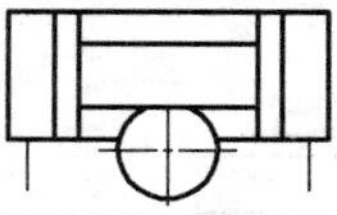	活塞经齿条传动，小齿轮便产生回转运动
	齿条柱塞液压缸		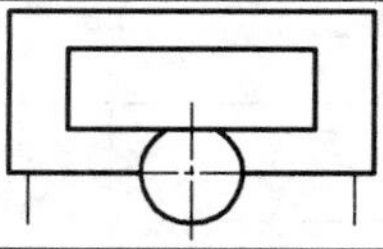	柱塞经齿条传动小齿轮，便产生回转运动
摆动马达	单叶片摆动马达		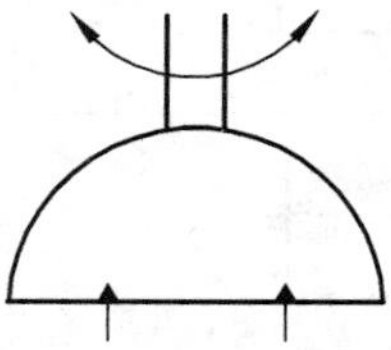	摆动马达也叫摆动液压缸，把液压能变为回转的机械能，输出轴只能做小于 360°的摆动
	双叶片摆动马达			摆动马达也叫摆动液压缸，把液压能转变为回转的机械能，输出轴只能做小于 180°的摆动

巩固拓展

根据学习内容，解决下面的问题：液压缸的结构组成是怎样的？

问题探究

比较液压缸和液压马达的异同点。

学习评价

检查自己所取得的成绩，在下表中的☆中画√，看看你能得多少个☆。

项　目	任务完成	交流效果	行为养成
个人评价	☆☆☆☆☆	☆☆☆☆☆	☆☆☆☆☆
小组评价	☆☆☆☆☆	☆☆☆☆☆	☆☆☆☆☆
老师评价	☆☆☆☆☆	☆☆☆☆☆	☆☆☆☆☆
存在问题			
改进措施			

任务3　分析液压马达和液压缸的性能参数

任务案例

结合液压马达和液压缸的结构，回答下面的问题：

（1）如何表达液压马达的性能？

（2）如何表达液压缸的性能？

任务分析

本任务涉及以下内容：

（1）液压马达的性能参数。

（2）液压缸的性能参数。

任务处理

（1）通过观看液压系统的运行，分析液压马达的性能参数。

（2）通过观看液压系统的运行，分析液压缸的性能参数。

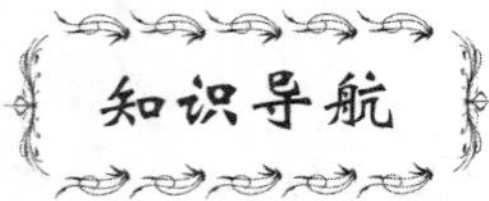

一、液压马达的性能参数

1. 压　力

（1）工作压力。

工作压力是指输入油液的实际压力，其大小取决于液压马达的负载。液压马达进口压力与出口压力的差值叫做液压马达的压差。

（2）额定压力。

额定压力是指按实验标准规定，能使液压马达连续正常运转的最高压力，即液压马达在使用中允许达到的最大工作压力，若超过该值马达就过载。

2. 排量和流量

（1）排量 V_M。

排量就是马达转一周所输入的油液体积。排量取决于密封工作腔的几何尺寸，与转速无关。排量不变的液压马达为定量液压马达，反之为变量液压马达。

（2）流量 q_M。

液压马达的流量是液压马达达到要求转速时，单位时间内输入的油液体积，即单位时间进入马达的进口流量，称为实际流量。实际流量按下式计算：

实际流量 = 转速流量 + 泄漏量

其中，用于旋转所需的流量可以依据其排量计算得到，即 $q_t = n_M V_M$，称其为理论流量。

3. 容积效率和转速

因为液压马达存在泄漏，所以输入马达的实际流量 q 必然大于理论流量 q_t，故液压马达的容积效率为：

$$\eta_{mv} = (q - \Delta q)/q = q_t/q$$

或

$$q = q_t/\eta_{mv} \tag{5-1}$$

4. 效率和转矩

如图 5.17 所示为效率与转矩计算原理图。液压马达工作时总存在摩擦损失，故实际输出转矩 T 必然小于理论转矩 T_t，液压马达输出转矩为：

$$T = T_i \eta_{Mm} = \Delta p V \eta_{Mm} / 2\pi \tag{5-2}$$

液压马达计算步骤：

（1）已知负载转矩（为实际转矩），由（5-2）计算理论转矩 T_t；

（2）估选Δp，由式（5-2）计算马达所需的排量，然后从手册中选择马达。

（3）由马达排量、实际最大转速用式（5-1）可算实际需要的流量，即液压泵的输出流量。

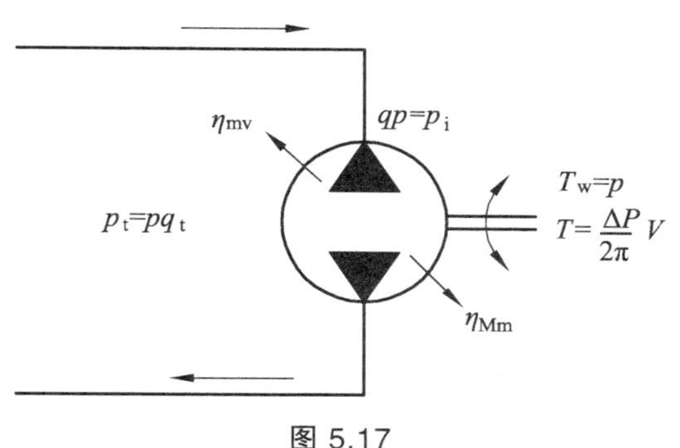

图 5.17

二、液压缸的性能参数

液压缸的主要性能参数有输出力 F 和输出速度 V。由图 5.18 可知，液压缸有三个油压作用面积。

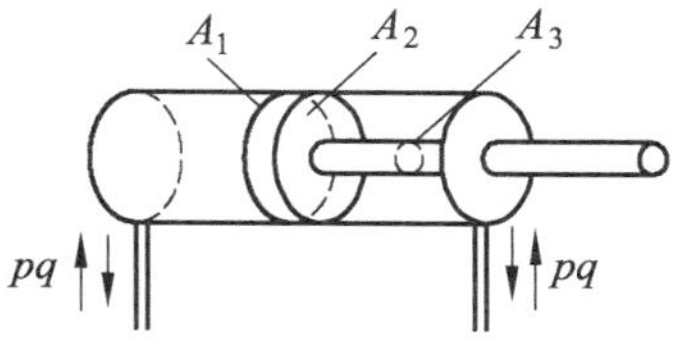

（1）无杆腔供液时：

$$F_1 = pA_1 = p\frac{\pi}{4}D^2 \tag{5-3}$$

$$V_1 = \frac{4q}{\pi D^2} \tag{5-4}$$

图 5.18

（2）有杆腔供液时：

$$F_2 = PA_2 = P\frac{\pi}{4}(D^2 - d^2) \tag{5-5}$$

$$v_2 = \frac{4q}{\pi(D^2 - d^2)} \tag{5-6}$$

（3）无杆腔和有杆腔同时供液时：

$$F_3 = PA_3 = P\frac{\pi}{4}d^2 \tag{5-7}$$

$$v_3 = \frac{4q}{\pi d^2} \tag{5-8}$$

若考虑液压缸本身的摩擦阻力，则在上述力的计算中乘以机械效率即可。

对比式（5-3）、（5-7）及（5-4）、（5-8）可知：同一液压缸，差动连接时与普通连接时相比，其推力减小而推速增加。

在设计液压系统时，对于差动连接的液压回路，欲使其推、拉速度（或推、拉力）相同，可从下面推导过程得出活塞与活塞杆直径的比例关系：

令　$v_3 = v_2$

即　$\dfrac{4q}{\pi D^2} = \dfrac{4q}{\pi(D^2 - d^2)}$

得 $$D^2 = 2d^2$$

即 $$D = \sqrt{2}d \tag{5-9}$$

由上面推导可知以 $\sqrt{2}d$ 尺寸确定活塞直径 D，通过差动连接的推和普通连接的拉，即可使液压缸的推拉力、速度分别相同。

巩固拓展

已知差动液压缸如图 5.19 所示，若无杆腔面积 $A_1 = 50\ \text{cm}^2$，有杆腔面积 $A_2 = 25\ \text{cm}^2$，负载 $F = 27.6 \times 10^3\ \text{N}$，机械效率 $\eta_m = 0.92$，容积效率 $\eta_V = 0.95$。试求：

（1）供油压力；

（2）所需供油量；

（3）液压缸的输入功率。

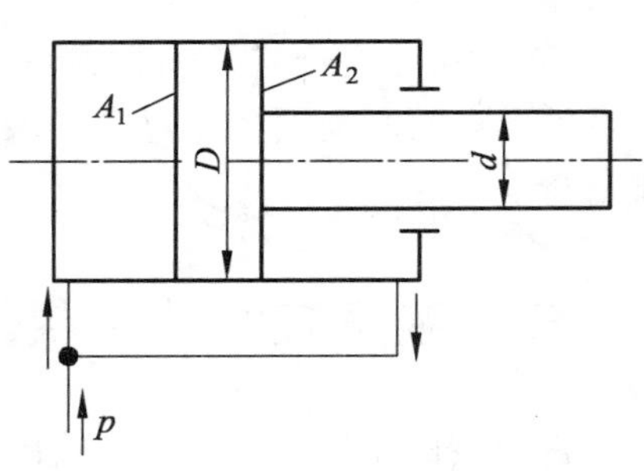

图 5.19

检查自己所取得的成绩，在下表中的☆中画√，看看你能得多少个☆。

项　目	任务完成	交流效果	行为养成
个人评价	☆☆☆☆☆	☆☆☆☆☆	☆☆☆☆☆
小组评价	☆☆☆☆☆	☆☆☆☆☆	☆☆☆☆☆
老师评价	☆☆☆☆☆	☆☆☆☆☆	☆☆☆☆☆
存在问题			
改进措施			

学习领域 5 知识归纳

一、液压马达的分类

液压马达按结构来分，可分为以下三种：

（1）齿轮马达：包括外啮合渐开线齿轮马达和内啮合摆线齿轮马达等类型；

（2）叶片马达：包括单作用叶片马达和双作用叶片马达等；

（3）柱塞马达：包括轴向柱塞马达和径向柱塞马达两大类，每一类中又有许多不同的结构类型。

液压马达按马达转速不同，可分为以下两种：

（1）额定转速在 500 r/min 以上为高速液压马达；

（2）额定转速小于 500 r/min 的为低速液压马达。

高速液压马达有齿轮式、螺杆式、叶片式、轴向柱塞式等；低速液压马达有单作用连杆径向柱塞式和多作用内曲线径向柱塞式等。

二、液压马达的特点

（1）马达内部结构对称，因此马达可以正、反转；而绝大多数泵不能转。

（2）马达回油压力比大气压力高，因此泄漏油管要单独回油箱。

三、液压缸的结构组成

液压缸由缸体（缸底、缸筒、缸盖）、活塞组件（活塞杆、活塞）、密封装置、缓冲装置和排气装置等组成。

四、液压马达的性能参数

液压马达的性能参数包括压力（工作压力、额定压力）、排量和流量、容积效率和转速、效率和转矩。

五、液压缸的性能参数

液压缸的性能参数包括输出力、输出速度。

学习领域 5 达标检测

一、填空题

1. 液压马达是将__________________转换为__________________的装置，可以实现连续的旋转运动。

2. 低速液压马达的基本形式是__________________，高速液压马达的基本形式是__________________。

3. 液压缸是将液压能转变为机械能，用来实现的执行元件。

二、单项选择题

1. 已知一差动液压缸的内径 $D = 100$ mm，活塞杆直径 $d = 70$ mm，$Q = 25$ L/min，$p = 2$ MPa。在图 5.20 所示情况下，可推动的负载 W 及其运动速度 v 是（　　）。

（A）$W = 7\,693$ N，$v = 0.108$ m/s

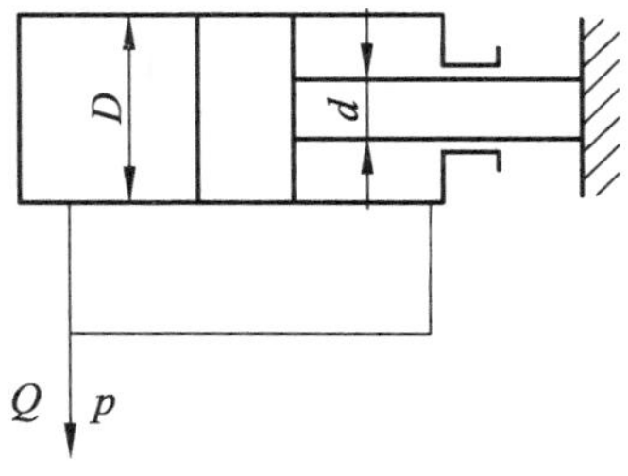

图 5.20

（B）$W = 6\ 693$ N，$v = 0.108$ m/s

（C）$W = 7\ 693$ N，$v = 0.008$ m/s

（D）$W = 5\ 693$ N，$v = 0.408$ m/s

2. 五缸曲轴连杆式液压马达柱塞直径 $d = 0.1$ m，额定工作压力 $p_s = 21$ MPa，则作用在该马达轴承上的径向载荷为（　　）。

（A）$\sum F = 0.001 \times 10^6 \sim 0.289 \times 10^6$（N）

（B）$\sum F = 0.251 \times 10^6 \sim 0.289 \times 10^6$（N）

（C）$\sum F = 0.451 \times 10^6 \sim 0.289 \times 10^6$（N）

（D）$\sum F = 0.651 \times 10^6 \sim 0.289 \times 10^6$（N）

3. 图 5.21 所示为差动液压缸，输入流量 $Q = 25$ L/min，压力 $p = 5$ MPa。如果 $d = 5$ cm，$D = 8$ cm，那么活塞移动的速度为（　　）。（忽略液压缸泄漏及摩擦损失）

（A）$v = 0.516$ m/s　　（B）$v = 11.212$ m/s

（C）$v = 0.212$ m/s　　（D）$v = 12.212$ m/s

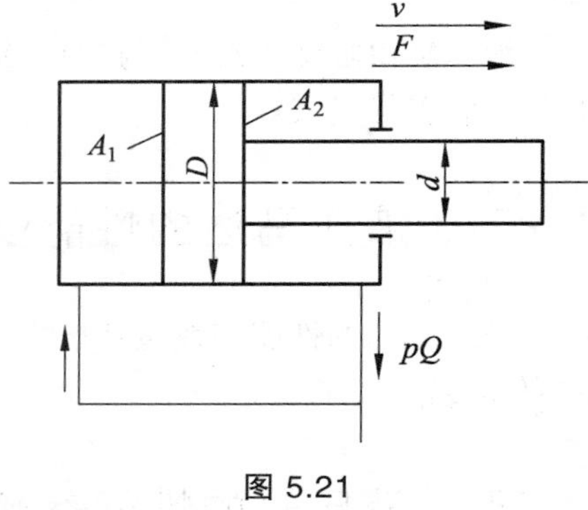

图 5.21

三、简答题

1. 说明内曲线油马达的工作原理。

2. 液压马达的主要性能参数有哪些？

3. 液压缸的推力和速度的大小取决于什么？

4. 液压缸基本参数的计算包括哪些内容？

四、计算题

1. 一水平放置的液压缸如图 5.22 所示，活塞直径 $D = 63$ mm，活塞杆直径 $d = 28$ mm，缓冲凸台直径 $d_1 = 35$ mm，缓冲行程 $L = 25$ mm，工作部件的总质量 $m = 2\ 000$ kg，运动速度 $v = 0.3$ m/s。试求当摩擦力 $F = 950$ N，工作压力 $p = 7.0 \times 10^6$ Pa 时，液压缓冲腔的最大缓冲压力。

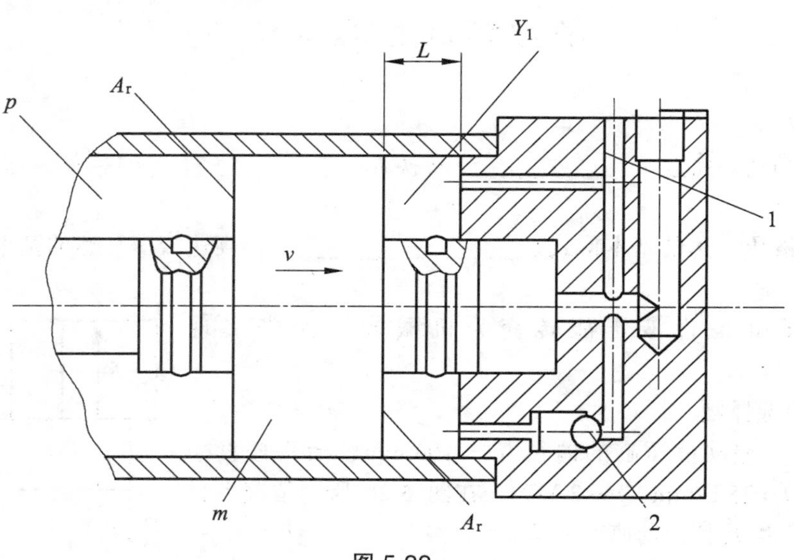

图 5.22

2. 图 5.23 所示为串联液压缸，A_1 和 A_2 均为有效工作面积，W_1 和 W_2 为两活塞杆的外负载，在不计压力损失的情况下，求 p_1、p_2、v_1 和 v_2。

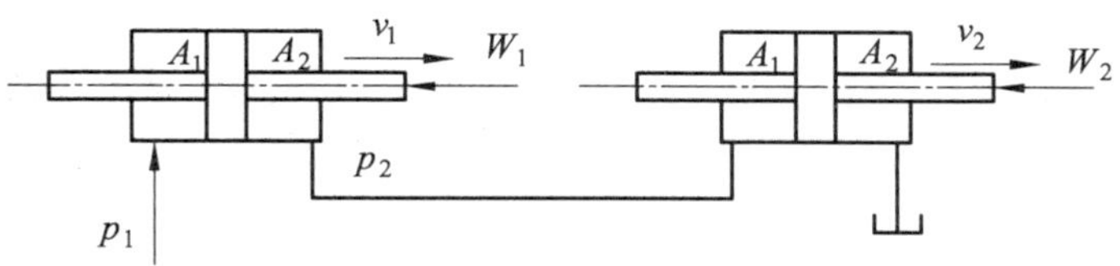

图 5.23

学习领域6　液压控制阀

本学习领域是通过拆卸有关的液压控制阀，掌握其结构、类型、应用场合，归纳出液压控制阀的工作原理，主要包括以下学习任务：

（1）分析方向控制阀的结构及其阀芯机能。

（2）分析压力控制阀的结构和工作原理。

（3）分析流量控制阀的结构和工作原理。

任务1　分析方向控制阀的结构及其阀芯机能

任务案例

观察三位四通手动换向阀，回答以下问题：

（1）手动换向阀各个阀口的连通情况是怎样的？

（2）阀芯有哪几种工作位置？

任务分析

本任务涉及以下内容：

（1）方向控制阀的定义、分类。

（2）单向阀的结构及工作原理。

（3）换向阀的结构、工作原理及机能特点。

任务处理

（1）观察三位四通手动换向阀，分析其油口的连通情况。

（2）根据三位四通手动换向阀的工作位置，分析换向阀的特点。

（3）归纳换向阀的类型。

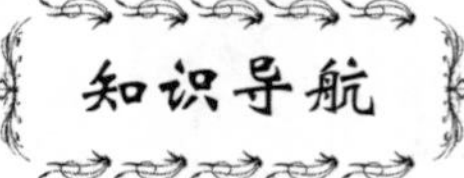

控制油液流动方向的阀称为方向控制阀（简称方向阀）。常用的方向控制阀有单向阀和换向阀。

一、单向阀

1. 普通单向阀

单向阀的作用是使油液只能向一个方向流动，不能反向流动，简单说就是单向导通、反向截止。单向阀一般由阀体、阀芯和弹簧等零件构成。性能要求：正向流动阻力损失小，反向时密封性好，动作灵敏。

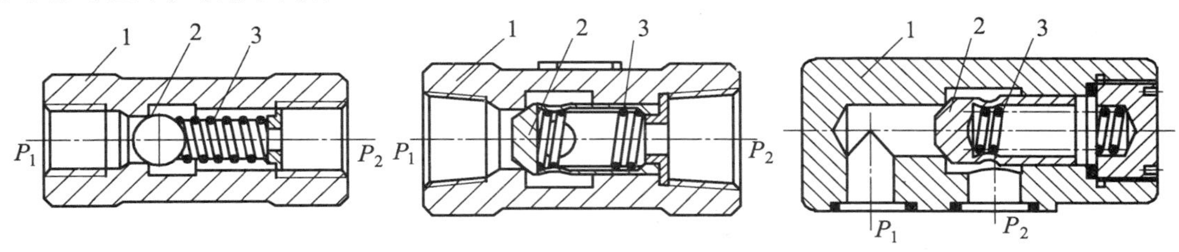

图 6.1　单向阀

1—阀体；2—阀芯；3—弹簧

一般单向阀的开启压力在 0.035 ~ 0.05 MPa，作背压阀使用时，更换刚度较大的弹簧，可使开启压力达到 0.2 ~ 0.6 MPa。

单向阀的阀芯分为钢球式[见图 6.1（a）]和锥式[见图 6.1（b）、（c）两种]。

钢球式结构简单，价格低，但密封性较差，一般仅用在低压、小流量的液压系统中；锥式阀芯阻力小，密封性好，使用寿命长，多用于高压、大流量的液压系统中。

单向阀的连接方式分为管式螺纹连接[见图 6.1（a）、（b）]和板式连接[见图 6.1（c）]等。

2. 液控单向阀

（1）液控单向阀的结构。

下面以 KDF_2 型球形液控单向阀（见图 6.2）为例来说明液控单向阀的结构：

阀口密封面为阀球 8 与阀座 7 的接触面，最大额定工作压力可达 60 MPa。减振阀 10 的作用是减小阀球在高压下启闭时的振动和噪声。

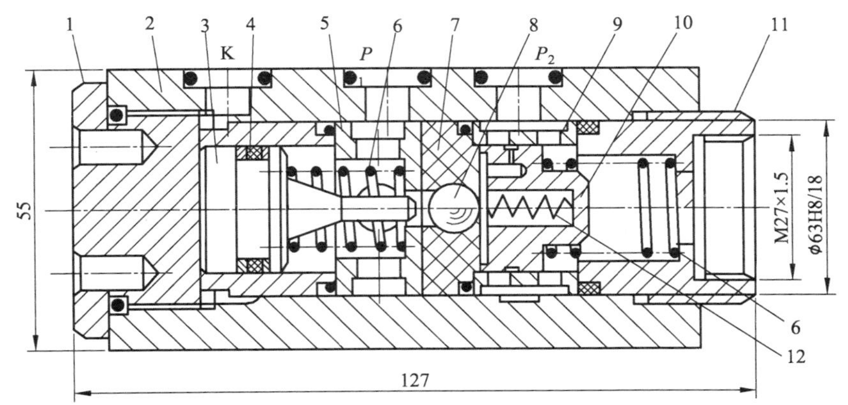

图 6.2　KDF_2 型液控单向阀

1—螺堵；2—阀体；3—顶杆；4—O 形圈和挡圈；5—弹簧座；6、12—弹簧；7—阀座；8—阀球；9—压套；10—减振阀；11—端堵

（2）液控单向阀工作原理。

图 6.6（a）示为液控单向阀的结构。当控制口 K 处无压力油通入时，它的工作和普通单向阀一样，压力油只能从进油口 P_1 流向出油口 P_2，不能反向流动。当控制口 K 处有压力油通入时，控制活塞 1 右侧 a 腔通泄油口（图中未画出），在液压力作用下活塞向右移动，推动顶杆 2 顶开阀芯，使油口 P_1 和 P_2 接通，油液就可以从 P_2 口流向 P_1 口。图 6.3（b）所示为其图形符号。

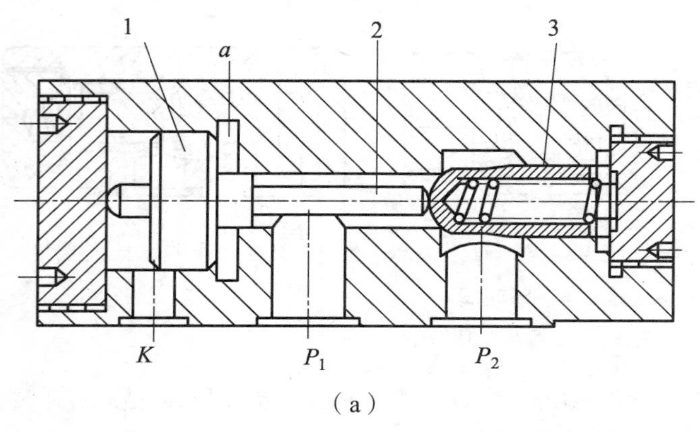

（a）

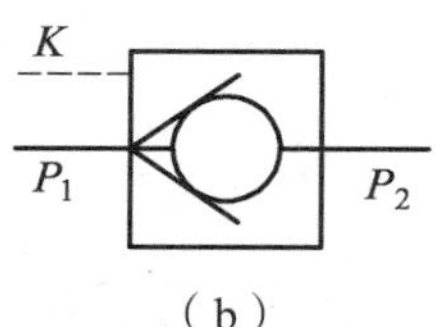

（b）

图 6.3　液控单向阀

1—活塞；2—顶杆；3—阀芯

对液控单向阀的基本要求是密封可靠、启闭灵敏、液阻小、寿命长。

二、换向阀

1. 换向阀的作用与类型

换向阀是利用阀芯对阀体的相对运动，使油路接通、关断或变换油流的方向，从而实现液压执行元件及其驱动机构的启动、停止或变换运动方向。它的作用是：改换油液流动方向，从而改变执行元件的运动方向 。换向阀的类型如下：

按阀芯配流方式分：

（1）滑阀式。阀芯在阀体内轴向滑动，实现油流换向。

（2）转阀式。阀芯在阀体内转动实现油流换向。

（3）座阀式。多个阀芯相互配合，离开或压在阀座上而实现油流换向。

按操纵方式分：手动阀、机动阀、电动阀、液动阀以及电液组合阀等。

按阀芯在阀体内的停留位置分：二位阀、三位阀、四位阀、五位阀等。

按阀体上的阀口数量（所控制的通路数）分：二通阀、三通阀、四通阀、五通阀等。

2. 换向阀的结构

（1）手动换向阀。

利用手动杠杆来改变阀芯位置，实现换向，分为弹簧自动复位和弹簧钢珠定位两种，如图 6.4 所示。

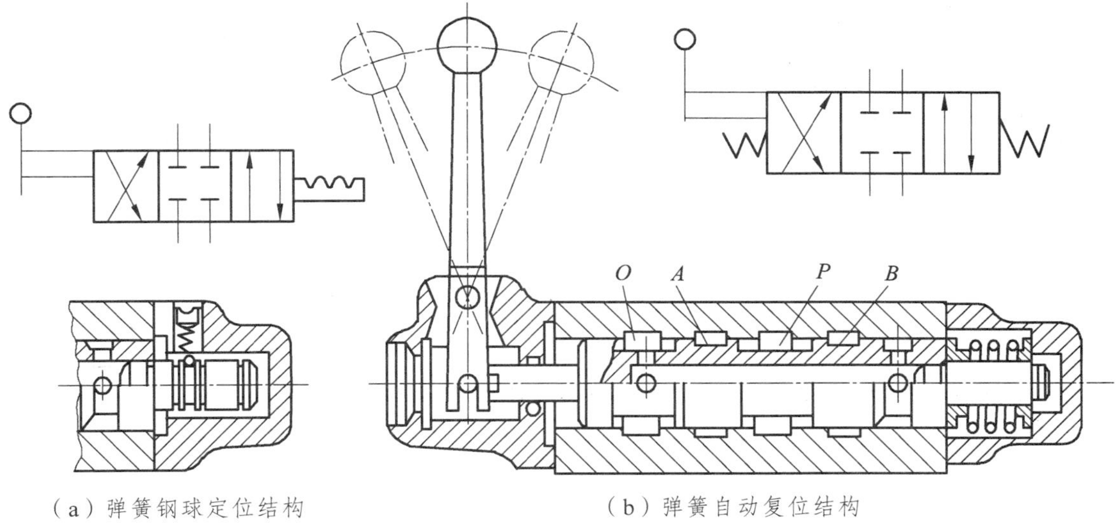

（a）弹簧钢球定位结构　　（b）弹簧自动复位结构

图 6.4　手动换向阀（三位四通）

（2）机动换向阀。

机动换向阀又称行程阀，主要用来控制机械运动部件的行程，借助于安装在工作台上的挡铁或凸轮迫使阀芯运动，从而控制液流方向，如图 6.5 所示。

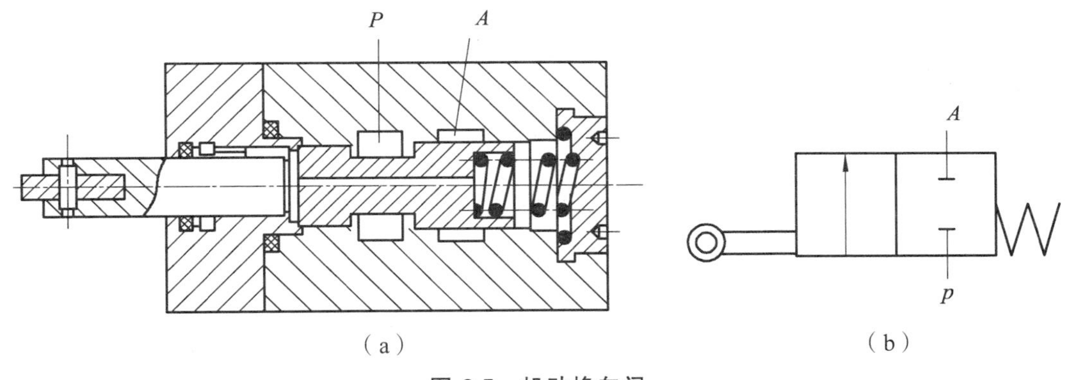

（a）　　（b）

图 6.5　机动换向阀

（3）电磁换向阀。

利用电磁铁的通电吸合与断电释放而直接推动阀芯来控制液流方向。它是电气系统和液压系统之间的信号转换元件。

图 6.6 所示为三位四通电磁换向阀的结构原理和图形符号。由图 6.6（a）可看出，当右端电磁铁通电、左端电磁铁断电时，阀芯左移，油口 *P* 通 *B*，*A* 通 *O*；当左端电磁铁通电、右端电磁铁断电时，阀芯右移，油口 *P* 通 *A*，*B* 通 *O*；当左、右电磁铁皆断电时，阀芯在两端弹簧作用下处在中间位置（即图示位置），此时，*A*、*B*、*P*、*O* 四油口互不相通。图 6.6（b）所示为其图形符号。

电磁换向阀按使用电源的不同，可分为交流和直流两种。交流电磁阀的电源电压为 220 V，直流电磁阀的电源电压为 24 V。

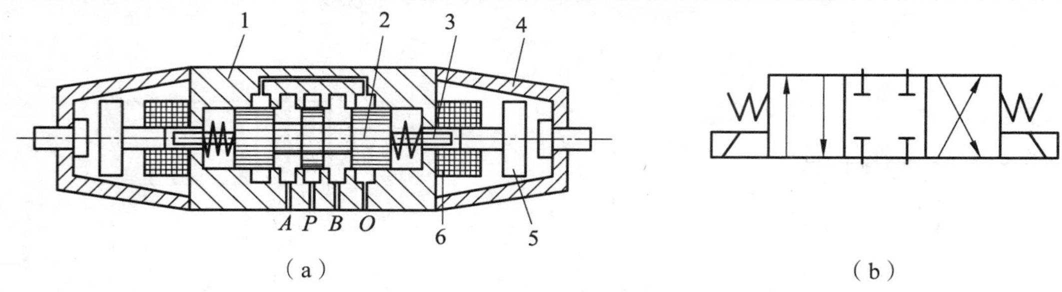

（a）　　　　　　　　　　（b）

图 6.6　三位四通电磁阀的结构原理和图形符号

1—阀体；2—阀芯；3—推杆；4—罩壳；5—衔铁；6—线圈

因电磁吸力有限，电磁换向阀只适用于小流量通过，一般不超过 63 L/min，当流量过大时，则应采用液动换向阀或电液动换向阀。

（4）液动换向阀。

液动换向阀是利用控制油路的压力油来改变阀芯位置的换向阀，分为可调式和不可调式两种，图 6.7（a）所示为换向时不可调的液动换向阀的结构。图 6.7（b）所示为换向时不可调的液动换向阀的图形符号。当控制油口 K_1 通入压力油时，油口 P 通 A，B 通 O；当控制油口 K_2 通入压力油时，油口 P 通 B，A 通 O；当两控制油口 K_1、K_2 均不通入压力油时，A、B、P、O 四油口互不相通。

当换向性能要求较高时，可在阀的两端各装一只单向节流阀，如图 6.7（c）所示。这样，可以调节阀芯的移动速度，控制换向时间，减小液压冲击。

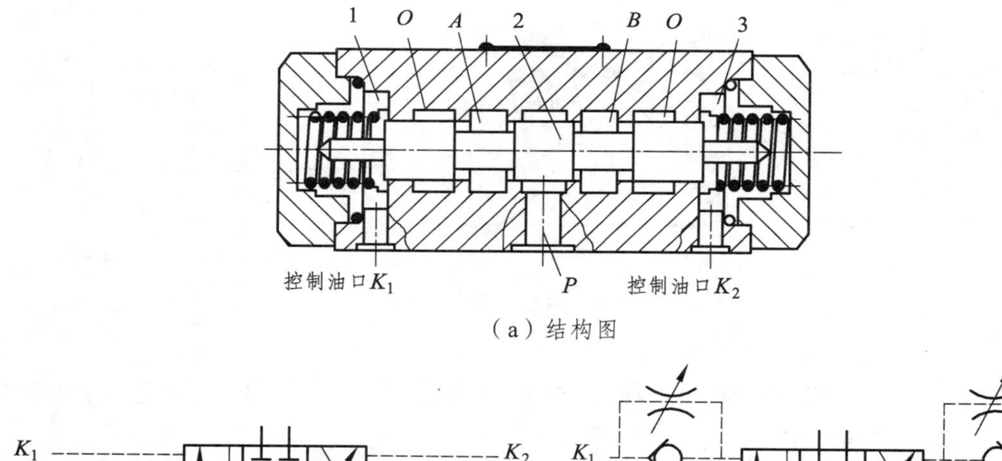

（a）结构图

K_1　K_2　　　　K_1　K_2

（b）不可调式　　　　（c）可调式

图 6.7　液动换向阀

1，3—控制腔；2—阀芯

（5）电液换向阀。

由电磁滑阀和液动滑阀组成。电磁阀起先导作用，可以改变控制液流方向，从而改变液动滑阀阀芯的位置。一般用于大中型液压设备中，结构如图 6.8 所示。

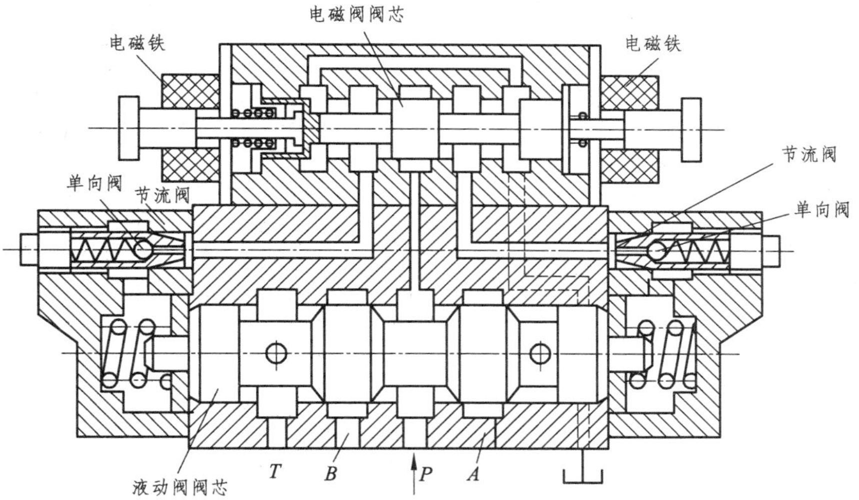

（a）

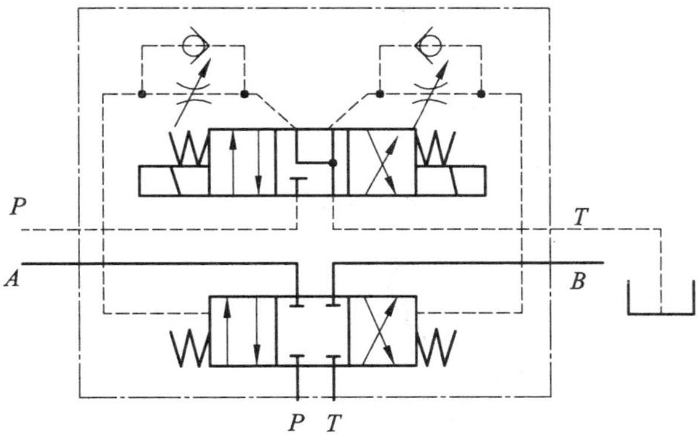

（b） 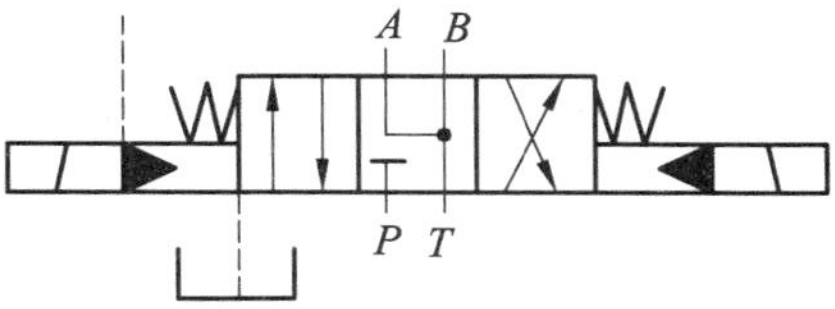 （c）

图 6.8 电液换向阀

3. 工作原理

图 6.9 所示为滑阀式换向阀的工作原理图。阀体上开有轴向孔、沉割槽，其中沉割槽通阀体的外接油口，阀芯上开环形槽。操纵阀芯轴向移动，即可使压力液体向所需要的油口流动。

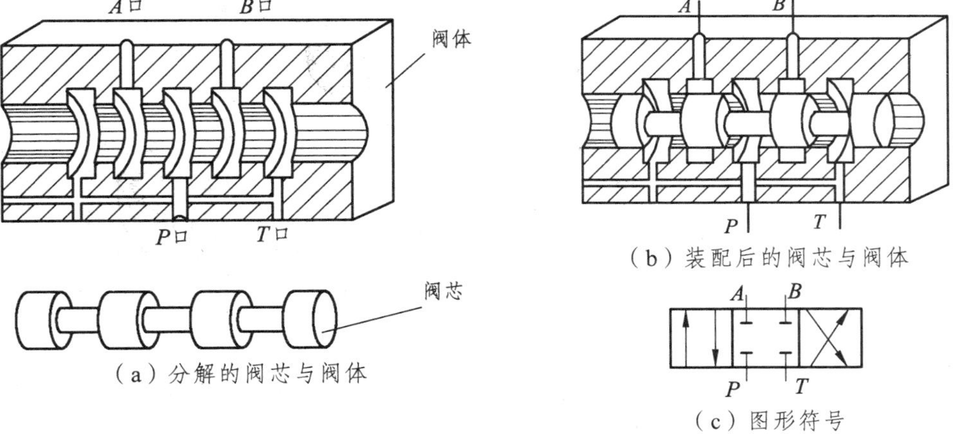

（a）分解的阀芯与阀体

（b）装配后的阀芯与阀体

（c）图形符号

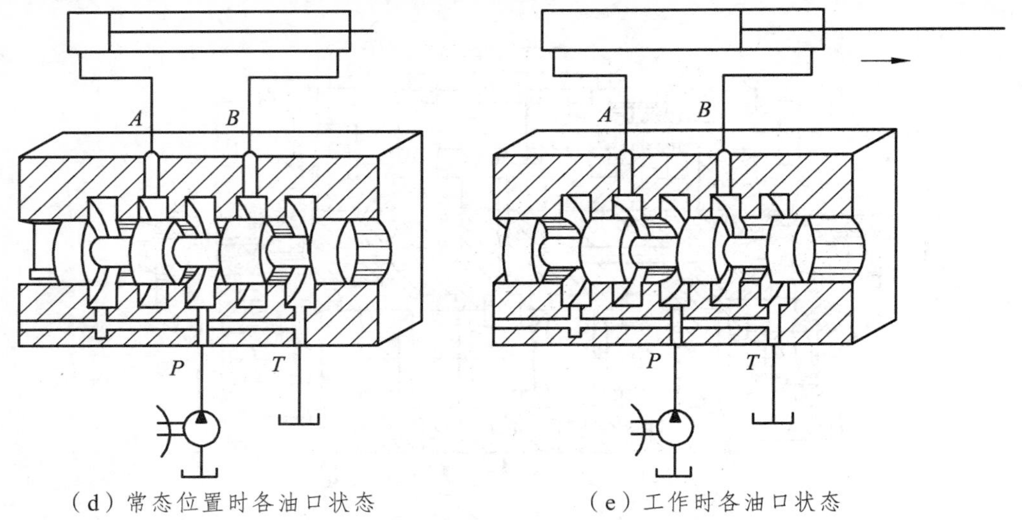

（d）常态位置时各油口状态　　（e）工作时各油口状态

图 6.9　滑阀式换向阀工作原理

4. 换向阀的图形符号（见表 6.1）

在换向阀的图形符号中注意常态位置、位数、通数这几个概念。

常态位置：停机时阀的位置。常态位置有“管口”符号。

位数：阀芯操纵后停留的位置数。在符号中一个方块表示一个停留位置。

通数：外接管路数。在符号中，管口用短线表示，且必须画在常态位置上。

箭头表示“连通”，但无“单向流动”的含义，即没有阻止液体逆向流动的功能。

工作位置“管口数”与常态位置的数应相等。

表 6.1　常用换向阀的结构原理和图形符号

名　称	结构简图	图形符号	备　注
二　位 二通阀	A　P	A P	能控制油路的通与断； 常态位置时，阀口关闭，为常闭型；若管口画在左位，则表示常态位置时，阀口开通，为常开型
二　位 三通阀	A　P　B	A　B P	可以使 P 口压力液流向 A 或流向 B；常态位置时，P 与 A 通。 注意：两位所表示的三个油口相对位置应相同
三　位 五通阀	T A P B T	A　B TPT	对于五通阀，P 口在中间，也在实际阀体轴线方向的中间；执行元件往复运动时，回液油路可以不同

5. 换向阀的性能特点

（1）滑阀的中位机能。

阀芯处在常态位置时，各油口的连通情况称为换向阀的中位机能。其常用的有“O”型、“H”型、“P”型、“K”型、“M”型等，见表 6.2。

表 6.2　滑阀常用机能

型　别	结构简图	图形符号	中位机能主要特点及作用
O 型	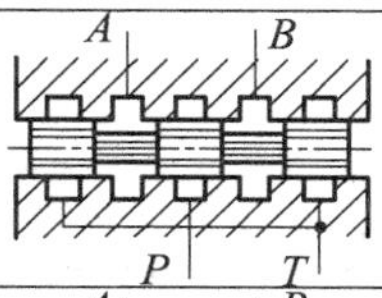 A B P T	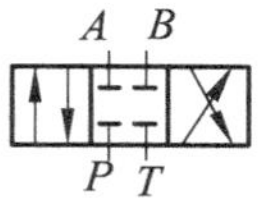 A B P T	各油口相互不连通；油泵不能卸荷；不影响换向阀之间的并联；可以将执行元件短时间锁紧（有间隙泄漏）
Y 型	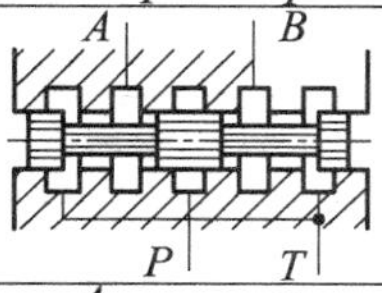 A B P T	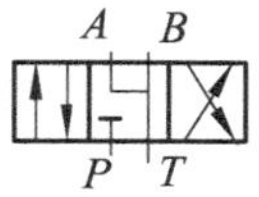 A B P T	*A*，*B*，*T* 油口之间相互沟通；油泵不能卸荷；不影响换向阀之间的并联；执行元件处于浮动状态
H 型	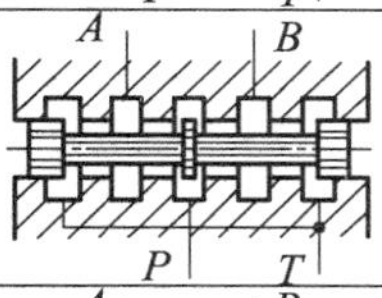 A B P T	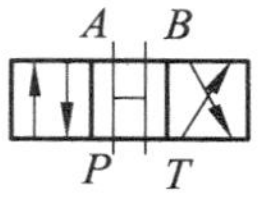 A B P T	各油口相互沟通；油泵处于卸荷状态；影响换向阀之间的并联；执行元件处于浮动状态
M 型	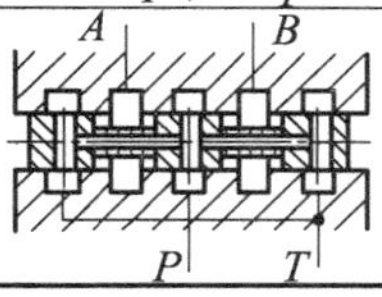 A B P T	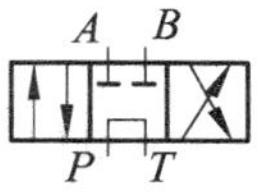 A B P T	*A* 与 *B*、*P* 与 *T* 油口相互沟通；油泵可以卸荷；影响换向阀之间的并联；可以将执行元件短时间锁紧

通常从以下几个方面观察换向阀的机能特点：

① 各个阀口的连通情况；

② 压力液是否卸荷；

③ 是否影响多个换向阀的并联；

④ 换向阀下游执行元件是锁紧还是浮动；

⑤ 此外，还可以判断执行元件的启动或制动是否平稳。

（2）滑阀的液动力。

由液流的动量定律可知，油液通过换向阀时，作用在阀芯上的液动力有稳态液动力和瞬态液动力两种。

① 稳态液动力：阀芯移动完毕，开口固定后，液流流过阀口时因动量变化而作用在阀芯上有使阀口关小的趋势的力，与阀的流量有关。

② 瞬态液动力：滑阀在移动过程中，阀腔液流因加速或减速而作用在阀芯上的力，与移动速度有关。

（3）液压卡紧现象。

卡紧原因：脏物进入缝隙；温度升高，阀芯膨胀；但主要原因是滑阀副几何形状和同心度变化而引起的径向不平衡力的作用，其主要包括：

① 阀芯和阀体间无几何形状误差，轴心线平行但不重合；

② 阀芯因加工误差而带有倒锥，轴心线平行但不重合；

③ 阀芯表面有局部突起。

减小径向力不平衡的措施：

① 提高制造和装配精度；

② 阀芯上开环形均压槽。

巩固拓展

根据学习内容，填写表 6.3。

表 6.3

阀的类型	分　类	特　点	工作原理	图形符号
单向阀				
换向阀				

问题探究

换向阀的导通、截止与执行元件的工作有什么关系？

学习评价

检查自己所取得的成绩，在下表中的☆中画√，看看你能得多少个☆。

项　目	任务完成	交流效果	行为养成
个人评价	☆☆☆☆☆	☆☆☆☆☆	☆☆☆☆☆
小组评价	☆☆☆☆☆	☆☆☆☆☆	☆☆☆☆☆
老师评价	☆☆☆☆☆	☆☆☆☆☆	☆☆☆☆☆
存在问题			
改进措施			

任务 2　分析压力控制阀的结构和工作原理

任务案例

拆卸直动式溢流阀，回答下面的问题：

（1）直动式溢流阀有哪几个接油口？

（2）如何调整溢流阀的溢流压力？

任务分析

本任务涉及以下内容：

（1）溢流阀的结构、组成、工作原理及性能特点。

（2）减压阀的结构、组成、工作原理及应用。

（3）顺序阀的结构、工作原理及应用。

（4）压力继电器的结构、工作原理及应用。

任务处理

（1）拆卸直动式溢流阀，分析压力控制阀的工作原理。

（2）比较各种压力控制阀的结构和应用场合。

知识导航

在液压系统中，用来控制油液压力或利用油液压力来控制油路通断的阀统称为压力控制阀。这类阀的共同特点：都是利用液压力和弹簧力相平衡的原理进行工作的。压力控制阀主要有溢流阀、减压阀、顺序阀、压力继电器等。

一、溢流阀

溢流阀的作用是控制系统中的压力基本恒定，实现稳压、调压或限压。在液压系统中用来维持定压是溢流阀的主要用途，它常用于节流调速系统中和流量控制阀配合使用，调节进入系统的流量，并保持系统的压力基本恒定。用于过载保护的溢流阀一般称为安全阀，常用的溢流阀有直动型和先导型两种。

1. 溢流阀的结构

（1）直动式溢流阀。

直动型溢流阀的结构和图形符号如图 6.10 所示。阀芯在弹簧的作用下压在阀座上，阀体上开有进出油口 P 和 T，油液压力从进油口 P 作用在阀芯上。当液压力小于弹簧力时，阀芯压在阀座上不动，阀口关闭；当液压力超过弹簧力时，阀芯离开阀座，阀口打开，油液便从出油口 T 流回油箱，从而保证进口压力基本恒定。调节弹簧的预压力，便可调整溢流压力。

直动型溢流阀结构简单，灵敏度高，但压力受溢流量的影响较大，不适于在高压、大流量下工作。因为当溢流量的变化引起阀口开度（即弹簧压缩量）发生变化时，弹簧力变化较大，溢流阀进口压力也随之发生较大变化，故直动型溢流阀调压稳定性差。

滑阀式安全阀的优点：密封性能好；逐渐卸载，溢流稳定，振动小，在顶板缓慢下沉时，溢流量小，而急剧下沉时，径向小孔较快越过阀座孔，溢流量又较大；在开启之前阀芯已在运动之中，故不会发生黏着超调。缺点：阀芯行程大，调压弹簧长，故外廓尺寸较大。

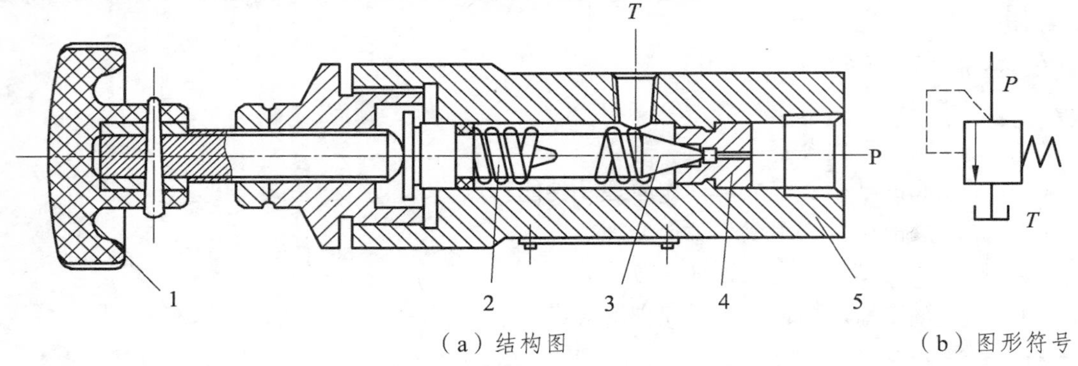

（a）结构图　　　　（b）图形符号

图 6.10　直动型溢流阀

1—手轮；2—调压弹簧；3—阀芯；4—阀座；5—阀体

金属弹簧安全阀，当弹簧疲劳破坏时阀就失灵。充气式安全阀（见图 6.11）可以克服这一缺点，但需要定期补入压缩氮气，并调至规定压力值。

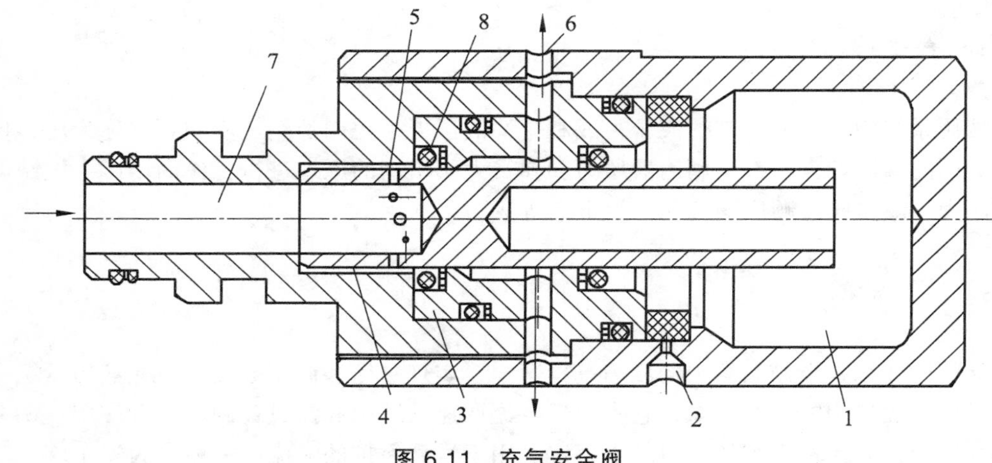

图 6.11　充气安全阀

1—气室；2—充气孔；3—阀座；4—阀芯；5—进液孔；6—卸载孔；7—通立柱无杆腔孔；8—O 形圈

（2）先导式溢流阀。

图 6.12 所示为 Y 型溢流阀。这种溢流阀在结构上可分为两部分，左面是主滑阀部分，右面是先导调压阀部分。它是利用主滑阀两端油的压力差来使主滑阀阀芯移动的，油腔 p 和进油口相通，油腔 d 和回油口相通。压力油从进油腔 p 进入，通过孔 g 作用于阀芯 5 的下端，同时又经阻尼小孔 e 进入阀芯的上腔，并经孔 b、孔 a 作用于先导调压锥阀 3 上。当系统压力 p 较低，还不能打开先导调压阀时，锥阀 3 关闭，没有油液流过阻尼小孔 e，所以阀芯 5 两端的油压相等，复位弹簧 4 使溢流口封闭；当系统压力升高到能够打开先导阀的调压值时，锥阀 3 被压缩，则阀口打开，压力油通过阻尼小孔 c 经锥阀 3 弹簧腔流回油箱。阻尼孔右侧的油压 p_1 小于左侧的油压 p，主阀芯 5 右移，使主阀口被顶开，油腔 P 和油腔 T 连通，油液流回油箱，实现溢流作用。用调节螺帽 1 调节弹簧 2 的压紧力，就可以调整溢流阀溢流时进油口处的压力。

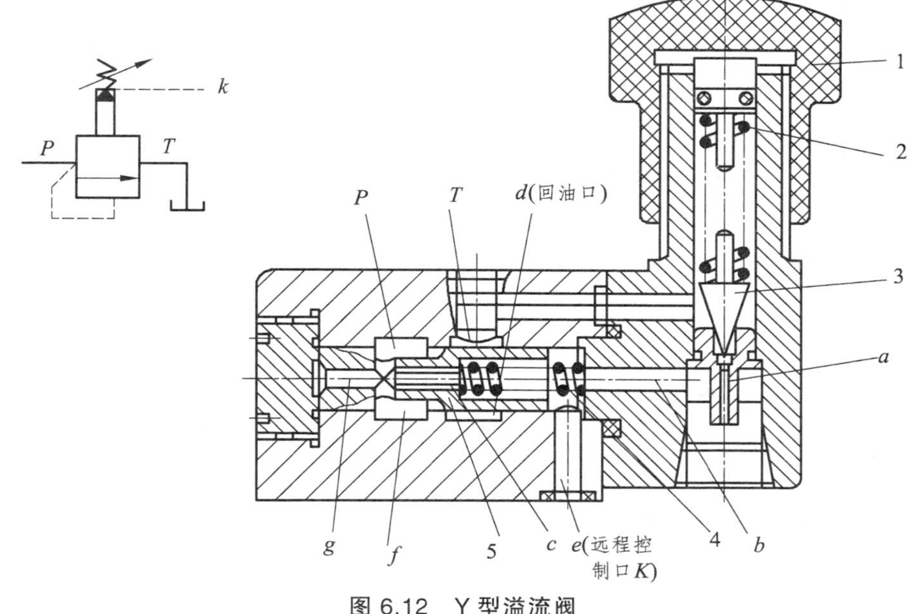

图 6.12　Y 型溢流阀

1—调压手把；2—调压弹簧；3—先导阀阀芯；4—主阀复位弹簧；5—主阀芯

2. 溢流阀的工作原理

溢流阀在系统中的作用：使液压系统保持恒定的压力，起溢流稳压作用；另外可用于防止系统过载，起限压作用。图 6.13 所示为溢流阀的工作原理图。阀芯上端受到由调压螺钉调节的弹簧力 F 的作用，下端受到系统压力所产生的液压作用力 PA 的作用。由图可知，当 $PA<F$ 时，阀芯在弹簧力作用下下移，阀口关闭，没有油液流回油箱；当外界负载变大，系统压力升高到 $PA>F$ 时，弹簧压缩，阀芯上移，阀口打开，部分油液流回油箱，限制了系统压力的继续升高；当阀芯上移一定距离后，若 $PA=F$ 时，阀芯便在某一平衡位置上不动。如忽略阀芯质量和其移动时产生的摩擦力等，系统压力便保持在 $P=F/A$ 的数值。

由于外界负载的变化，系统压力是不断变化的，因此阀芯在油压力 P 和弹簧力 F 的作用下，相应地上下波动，使系统压力控制在调定值附近。实际工作过程中，阀口开度 δ 值变化很小，弹簧力 F 也可近似地视为常数，故系统的压力基本上保持定值。

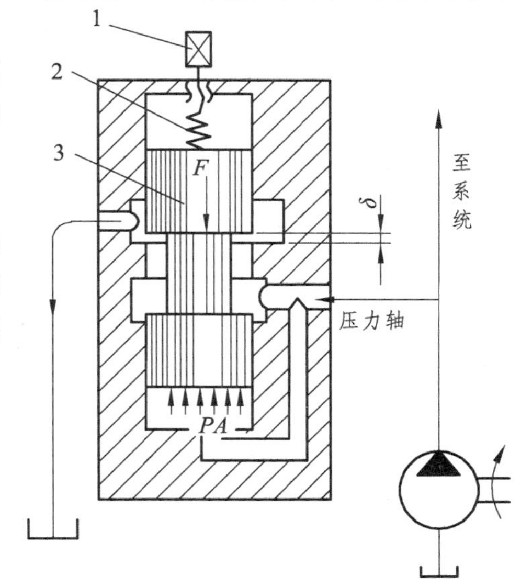

图 6.13　溢流阀的工作原理

1—调压螺钉；2—弹簧；3—阀芯

3. 溢流阀的应用

在液压系统中，溢流阀的主要用途有：

（1）作溢流阀用，使系统的压力保持恒定。

（2）作安全阀用，对系统起过载保护作用。

（3）作背压阀用，接在系统的回油路上，产生一定的回油阻力，以改善执行装置的运动平稳性。

（4）作卸荷阀用，由先导式溢流阀和二位二通电磁阀配合使用，可使系统卸荷。

（5）作远程调压阀用，用管道将先导式溢流阀的遥控口接至调节方便的远程调压阀进口处，以实现远程控制的目的。

下面以 $ZHYF_2$ 型安全阀（见图 6.14）为例说明溢流阀的应用。在图 6.14 中，左端接立柱或千斤顶承载腔。阀处于关闭状态时，在调压弹簧 5 的作用下，柱塞式阀芯 6 的径向小孔位于特制 O 形圈之左侧。当缸内压力升高时，阀芯右移，当径向小孔正对着 O 形圈时，工作液体使 O 形圈外胀，不会挤入小孔或被孔缘磨坏。径向小孔刚越过密封圈时，压力液开始溢流。但由于径向小孔还在阀座孔中，溢流阻力较大，流量较小；径向小孔完全越出阀座时，溢流量达到最大。

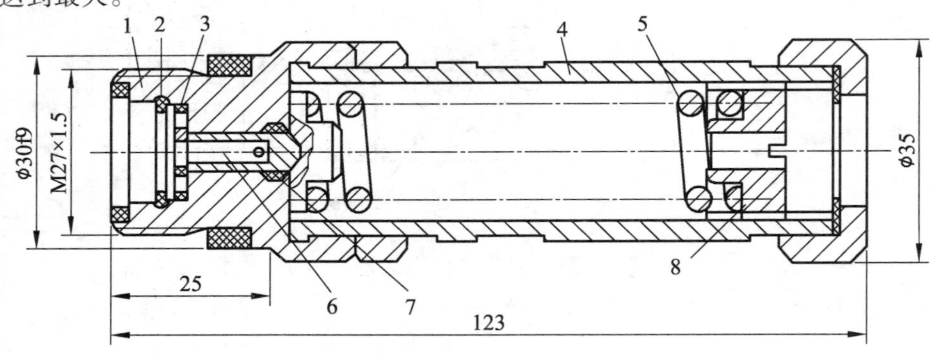

图 6.14　$ZHYF_2$ 型安全阀

1—阀体；2—挡圈；3—滤网；4—阀壳；5—弹簧；6—阀芯；7—特制 O 形密封圈；8—调压螺堵

4. 溢流阀的性能

溢流阀的性能主要有以下几个方面：

（1）压力调节范围。

压力调节范围是指调压弹簧在规定的范围内调节时，系统压力能平稳地上升或下降，且压力无突跳及迟滞现象时的最大和最小调定压力。溢流阀的最大允许流量为其额定流量，在额定流量下工作时溢流阀应无噪声。溢流阀的最小稳定流量取决于它的压力平稳性要求，一般规定为额定流量的 15%。

（2）启闭特性。

启闭特性是指溢流阀在稳态情况下从开启后到闭合的过程中，被控压力与通过溢流阀的溢流量之间的关系。它是衡量溢流阀定压精度的一个重要指标，一般用溢流阀处于额定流量、调定压力 p_s 时，开始溢流的开启压力 p_k 及停止溢流的闭合压力 p_B 分别与 p_s 的百分比来衡量，前者称为开启比，后者称为闭合比。

（3）卸荷压力。

当溢流阀的远程控制口及与油箱相连时，额定流量下的压力损失称为卸荷压力。

二、减压阀

减压阀是使出口压力（二次压力）低于进口压力（一次压力）的一种压力控制阀，其作用是降低液压系统中某一回路的油液压力，使用一个油源能同时提供两个或几个不同压力的输出。减压阀在各种液压设备的夹紧系统、润滑系统和控制系统中应用较多。此外，当油压不稳定时，在回路中串入一减压阀可得到一个稳定的、较低的压力。

1. 结构及工作原理

减压阀有直动式和先导式两种，最常用的是先导式减压阀。

先导型减压阀的典型结构及图形符号如图 6.15 所示。压力油由阀的进油 P_1 流入，经减压阀口 f 减压后，由出口 P_2 流出。出口压力油经阀体与端盖上的通道及主阀芯上的阻尼孔 e 流到主阀芯的上腔和下腔，并作用在先导阀芯上。当出口油液压力低于先导阀的调定压力时，先导阀芯关闭，主阀芯上、下两腔压力相等，主阀芯在弹簧作用下处于最下端，减压口 f 开口量 x 最大，阀处于非工作状态。当出口压力达到先导阀调定压力时，先导阀芯移动，阀口打开，主阀弹簧腔的油液便由外泄口 L 流回油箱。由于油液在主阀芯阻尼孔内流动，所以使主阀芯两端产生压力差，主阀芯在压差作用下，克服弹簧力抬起，减压阀口 f 减小，压降增大，使出口压力下降到调定值。综上所述，减压阀是以出口油压作为控制信号，利用反馈原理自动调整减压缝隙（主阀阀口）的大小，改变液流阻力以保证出口油压力基本恒定。调节调压弹簧的预压缩量即可调节减压阀的出口压力。

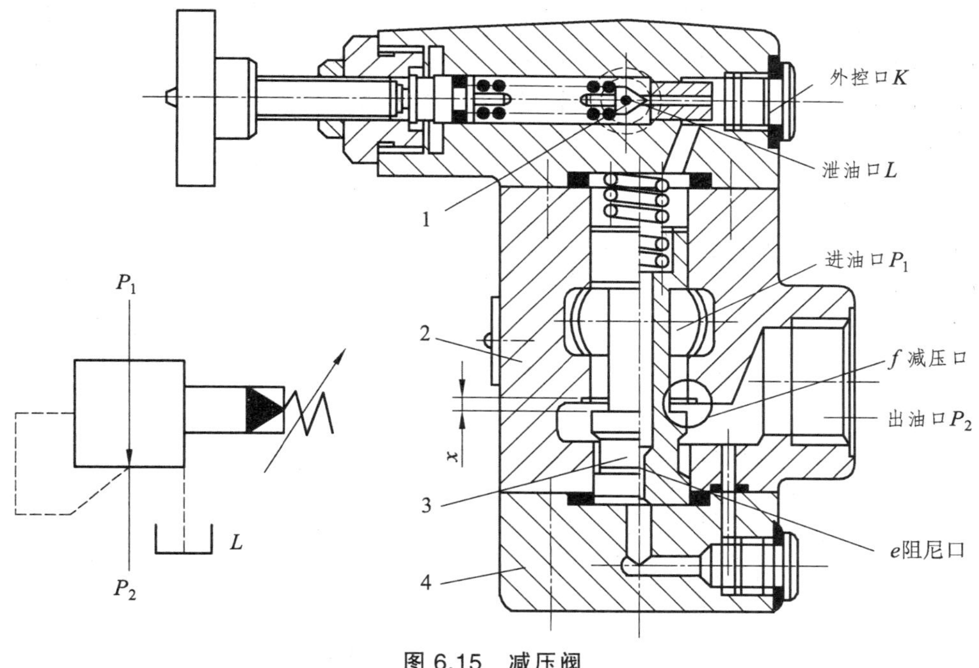

图 6.15　减压阀

1—先导阀阀芯；2—阀体；3—主阀阀芯；4—阀端盖

2. 减压阀的应用

（1）降低液压泵输出油液的压力，供给低压回路使用，如控制回路，润滑系统，夹紧、定位和分度等装置回路。

（2）稳定压力。减压阀输出的二次压力比较稳定，供给执行装置工作可以避免一次压力油波动对它的影响。

（3）与单向阀并联实现单向减压。

（4）远程减压。减压阀遥控口 K 接远程调压阀可以实现远程减压，但必须是远程控制减压后的压力在减压阀调定的范围之内。

3. 减压阀与溢流阀的区别

将先导式减压阀和先导式溢流阀进行比较，它们之间有如下几点不同之处：

（1）减压阀保持出口处压力基本不变，而溢流阀保持进口处压力基本不变。

（2）在不工作时，减压阀进、出油口互通，而溢流阀进出油口不通。

（3）为保证减压阀出口压力调定值恒定，它的导阀弹簧腔需通过泄油口单独外接油箱；而溢流阀的出油口是通油箱的，所以它的导阀的弹簧腔和泄漏油可通过阀体上的通道和出油口相通，不必单独外接油箱。

三、顺序阀

顺序阀用来控制液压系统中各执行元件动作的先后顺序。依控制压力的不同，顺序阀又可分为内控式和外控式两种。前者用阀的进油口压力控制阀芯的启闭，后者用外来的控制压力油控制阀芯的启闭（液控顺序阀）。顺序阀也有直动式和先导式两种，前者一般用于低压系统，后者用于中高压系统。由图 6.10、6.16 可见，顺序阀和溢流阀的结构基本相似，只是顺序阀的出油口通向系统的另一压力油路，而溢流阀的出油口通油箱。此外，由于顺序阀的进、出油口均为压力油，所以它的泄油口 L 必须单独外接油箱。

1. 结构和工作原理

图 6.16（a）所示为直动式内控顺序阀的工作原理图。为了减小调压弹簧的刚度，不使控制油直接作用于阀芯下端面，而是使控制油作用于阀芯下端处的直径较小的控制柱塞 A 上。当进口油压 P_1 低于调压弹簧的调定压力时，阀芯在弹簧力的作用下处于最下端，阀口关阀，

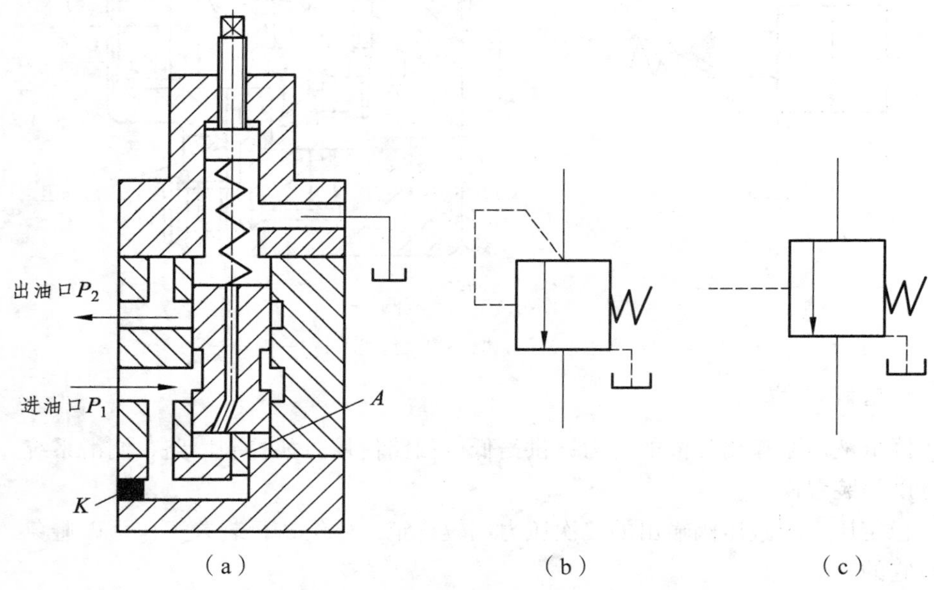

图 6.16　直动式顺序阀原理图及图形符号

出油口无压力油输出。当进口油压 P_1 达到或超过弹簧的调定压力时，柱塞才有足够的力量克服弹簧力而使阀芯上移，将阀口打开，压力为 P_2 的压力油自出油口输出。图 6.16（b）所示为这种阀的图形符号。

如果将图 6.16（a）中阀的下盖转过 90°，并打开螺堵 K，在该处接上控制油管并输入控制油，则阀的启闭便可由外部的控制油控制。以此种方式工作的顺序阀，称为外控式顺序阀，其图形符号如图 6.16（c）所示。

2. 顺序阀的应用

顺序阀在液压系统中的主要应用有：

（1）用于实现多个执行装置的顺序动作。

（2）用于压力油卸荷，作双泵供油系统中低压泵的卸荷阀。

（3）与单向阀组合成单向顺序阀，用于有平衡配重立式的液压装置，作为平衡阀用。

四、压力继电器

压力继电器是一种将油液的压力信号转换成电信号的电液控制元件。当油液压力达到压力继电器的调定压力时，即发出电信号，以控制电磁铁、电磁离合器、继电器等元件动作，使油路卸压、换向、执行元件实现顺序动作，或关闭电动机，使系统停止工作，起安全保护作用等。

压力继电器的正确位置是在液压缸和节流阀之间。

1. 结构和工作原理

图 6.17 所示为单柱塞式压力继电器。当 P 口所接油路的压力达到弹簧 3 调整值时，柱塞

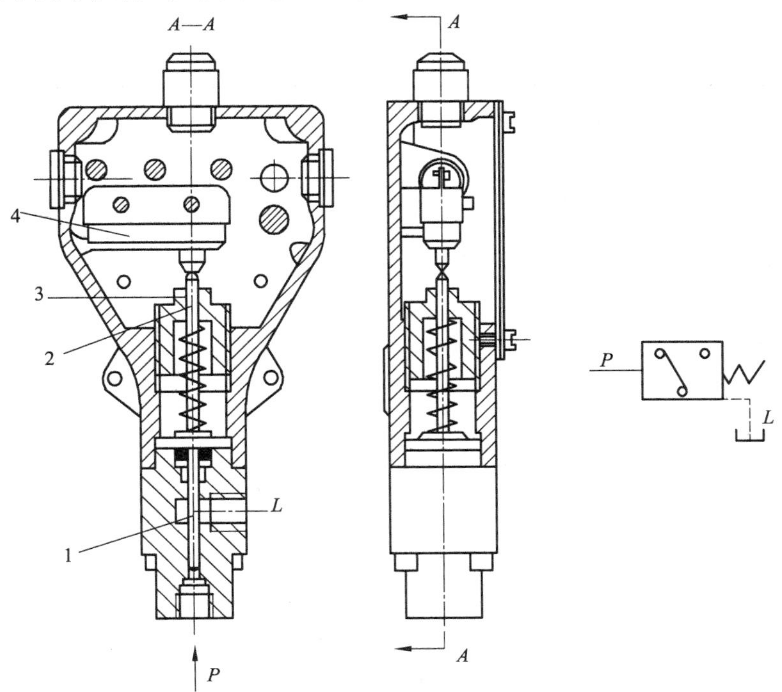

图 6.17　压力继电器

1 和顶杆 2 上升并触动微动开关 5 而发出电信号。注意，油路压力在压力继电器的调压范围之内时，才能使压力继电器工作可靠。由于柱塞和顶杆上下移动所受的摩擦力方向相反，使得压力继电器的开启（顶杆上推）压力比其闭合（顶杆返回）压力高。两压力的差值称为（压力继电器的）通断区间。为避免系统压力波动而引起压力继电器时通时断，应使通断调节区间足够大。为此，有的产品通断区间可以调节。

2. 压力继电器的应用

压力继电器在液压系统中的用途很广，主要用途有：

（1）用于安全保护。

（2）用于控制执行装置的动作顺序。

（3）用于液压泵的启闭或卸荷。

巩固拓展

根据学习内容，填写表 6.4。

表 6.4

压力控制阀的类型	结　构	工作原理	应用场合
直动式溢流阀			
先导式溢流阀			
先导式减压阀			
直动式顺序阀			
单柱塞式压力继电器			

问题探究

如何保持减压阀出口处的压力不变？

学习评价

检查自己所取得的成绩，在下表中的☆中画√，看看你能得多少个☆。

项　目	任务完成	交流效果	行为养成
个人评价	☆☆☆☆☆	☆☆☆☆☆	☆☆☆☆☆
小组评价	☆☆☆☆☆	☆☆☆☆☆	☆☆☆☆☆
老师评价	☆☆☆☆☆	☆☆☆☆☆	☆☆☆☆☆
存在问题			
改进措施			

任务3　分析流量控制阀的结构和工作原理

任务案例

拆卸单向节流阀，回答下面的问题：

（1）单向节流阀有哪几个接油口？

（2）单向节流阀是如何对流量进行控制的？

任务分析

本任务涉及以下内容：

（1）流量控制阀的图形符号；

（2）节流阀；

（3）调速阀；

（4）分流集流阀。

任务处理

（1）拆卸单向节流阀，结合其结构分析流量控制阀的工作原理。

（2）比较节流阀、调速阀、分流集流阀的结构。

知识导航

液压系统中执行元件运动速度的大小，由输入执行元件的油液流量的大小来确定。流量控制阀就是依靠改变阀口通流面积（节流口局部阻力）的大小或通流通道的长短来控制流量的控制阀。常用的流量控制阀有普通节流阀、压力补偿和温度补偿调速阀、溢流节流阀和分流集流阀等。

一、流量控制阀的图形符号（见图6.18）

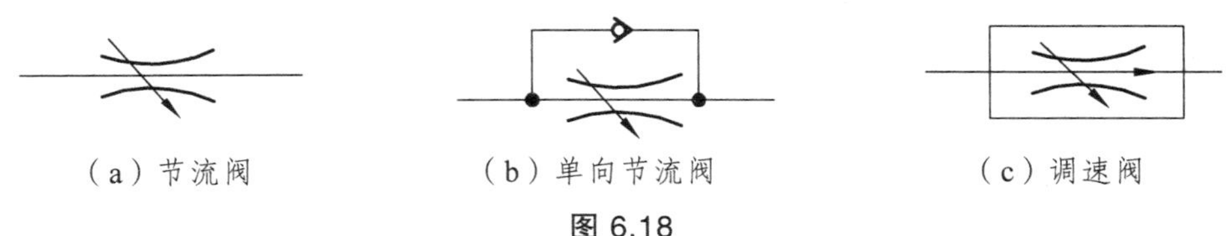

（a）节流阀　（b）单向节流阀　（c）调速阀

图6.18

二、节流阀

1. 节流阀的结构和工作原理

图 6.19 所示为单向节流阀。工作中，向下转动调节螺母 1 时，阀口通流面积增大（下压弹簧）；向上转动螺母 1 时，阀芯受复位弹簧 4 的作用力而向上移动，使阀口通流面积减小。将出油口 P_2 与液压缸连通，即可以对液压缸进行调速。单向节流阀允许油液倒流，回油液体压下单向阀而完全打开阀口，从而使液压缸快速返回。一般节流阀对进出油口都有明确的标记。

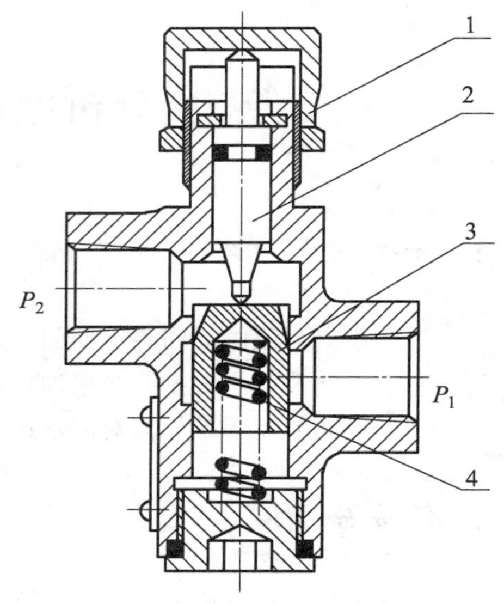

图 6.19 单向节流阀

1—调节螺母；2—顶杆；3—三角槽式阀芯；4—复位弹簧

2. 节流阀的应用

普通节流阀由于负载和温度的变化对其流量稳定性影响较大，因此只适用于负载和温度变化不大或速度稳定性要求较低的液压系统。其主要应用有：

（1）应用在定量泵与溢流阀组成的节流调速系统中，起节流调速作用。

（2）在流量一定的某些液压系统中，改变节流阀节流口的通流截面积将导致阀的前后压力差改变。此时，节流阀起负载阻尼作用，简称为液阻。节流口通流截面积越小，则阀的液阻越大。

（3）在液流压力容易发生突变的地方安装节流阀，可延缓压力突变的影响，起保护作用。

三、调速阀

调速阀是由节流阀和减压阀串联而成的组合阀。节流阀用以调节调速阀的输出流量，减压阀能使节流阀前后的压力差ΔP 不随外界负载而变化，保持定值，从而使流量达到稳定。

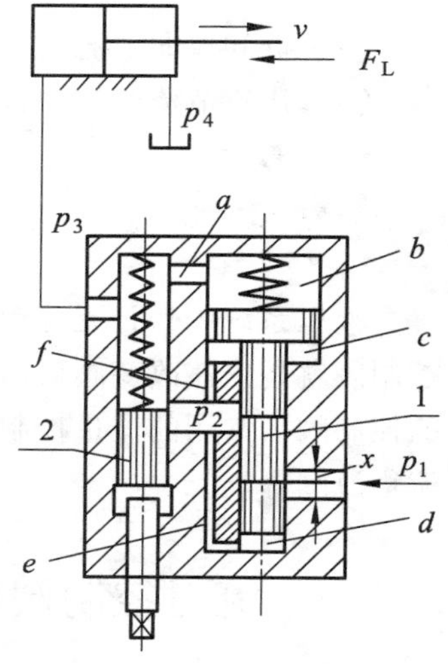

图 6.20 调速阀

1—减压阀芯；2—节流阀芯
x—减压缝隙

1. 调速阀的结构和工作原理

调速阀的结构原理如图 6.20 所示。调速阀是由定差减压阀与节流阀串联而成，节流阀处于下游。节流阀用于调节流量，定差减压阀则用于稳定节流阀进出口的压力差。有了定差减压阀，当节流口通流面积 A 确定后，p_3↑→阀芯 1 下移→减压缝隙 x 增大→Δp_x↓→p_2↑，即 p_3 增大，p_2 也增大，使Δp_{xJ}保持稳定，从而使 q 稳定；同理，p_3 减少时，减压缝隙减小，仍保持节流阀进出口压力差值稳定，从而保持流量稳定。由此可知，调速阀的流量特性优于节流阀。

2. 温度补偿调速阀

上述调速阀已能基本上不受外部负载变化的影响，但当流量较小时，因节流口的通流截面积较小，油的黏度变化对流量变化的影响增大，所以当油温升高后，油的黏度变小时，流量会增大，使流量不稳定。为了减小温度变化对流量的影响，可以采用温度补偿调速阀。

温度补偿调速阀与普通调速阀的主要区别在于：节流阀阀芯上方安装了一个温度补偿杆，如图 6.21 所示。温度补偿杆是用热膨胀系数较大的高强度聚氯乙烯塑料做成的，当油温升高时，油的黏度减小，流量本应增加，但由于温度补偿杆受热而伸长，推动节流阀阀芯移动，关小了节流口，在一定程度上补偿了由于油温升高后油液黏度变小的影响。

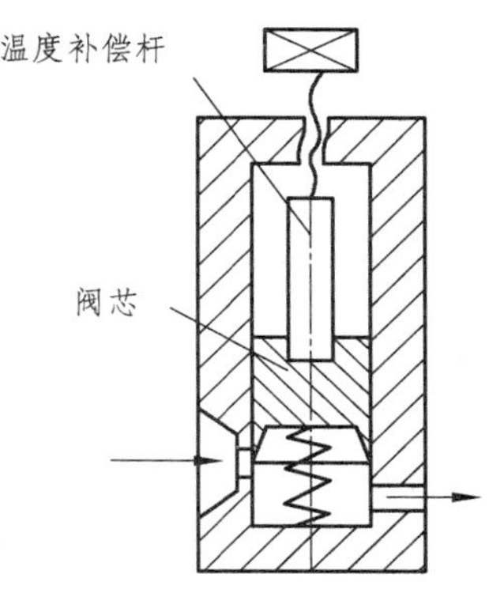

图 6.21　流量的温度补偿原理

四、分流集流阀

1. 定义及分类

分流集流阀是用来保证多个执行装置速度同步的流量控制阀，又称同步阀。通过它控制两个或多个执行装置的进油或出油的流量分配，不管执行装置的负载如何变化，都要求能保持相同的运动速度，即速度同步。根据流量分配的不同，分流集流阀分为等量分流和比例分流两种，等量分流阀的各支分流流量相等，比例分流阀的各支分流流量不相等，相互间成一定的比例关系。根据油液流动的方向，分流集流阀分为分流阀、集流阀和分流集流阀三种。

2. 结构和工作原理

图 6.22（a）所示为分流阀的工作原理图。压力油从进油口流入，然后分成两路，一路经固定节流口 1 和可变节流口 3，从出油口 Ⅰ 流出；另一路经固定节流口 2 和可变节流口 4，从出油口 Ⅱ 流出。两固定节流口 1、2 前的油压力均为 p_o，而两固定节流口 1、2 后的油压力分别为 p_1 和 p_2，若 p_1 和 p_2 相等，则两固定节流口 1、2 前后的压力差ΔP 相等。因分流阀的两固定节流口尺寸完全相同，故它们的节流系数 K 相等，通流截面积也相等。依据通用节流方

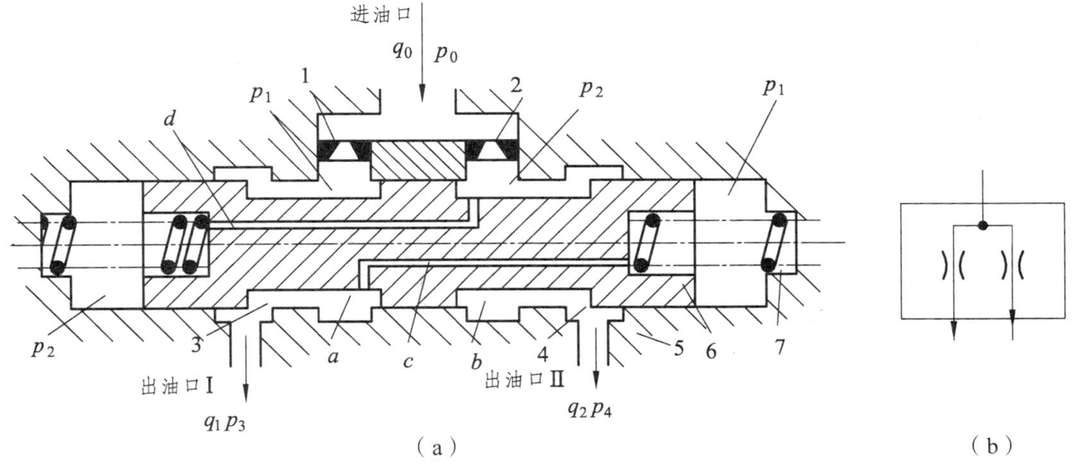

图 6.22　分流阀的工作原理

1，2—固定节流口；3，4—可变节流口；5—阀体；6—阀芯；7—弹簧

程 $q = cA\Delta p^m$ 可知，通过两个固定节流口的流量相等。根据流动液体的连续性方程，通过固定节流口 1 的流量为通过出油口Ⅰ的流量 q_1，通过固定节流口 2 的流量为通过出油口Ⅱ的流量 q_2，则 $q_1 = q_2$。由以上分析可知，只要 $p_1 = p_2$，则同一供油系统向两个几何尺寸相同的执行装置（如活塞杆液压缸）供油时，则两执行装置保持速度同步。

由图 6.22 看出，p_1、p_2 分别受出油口Ⅰ、Ⅱ油压力 p_3 和 p_4 的影响。当两个几何尺寸完全相同的执行装置的负载相等时，两出油口压力 $p_3 = p_4$，此时 $p_1 = p_2$，则两执行装置速度同步。若执行装置的负载变化导致出油口的压力 p_3 和 p_4 不相等，如 $p_3>p_4$，由于 p_3 增大，阀芯左端的压力 p_1 也随之增大，使 $p_1 > p_2$，又由于 p_1 和 p_2 被分别反馈作用到阀芯的右端和左端，其压力差 $p_1 - p_2$ 将使阀芯向左移动，可变节流口 3 的通流截面增大，液阻减小，可变节流口 4 的通流截面减小，液阻增大，于是 p_1 随即下降，而 p_2 随即升高，直到 $p_1 = p_2$ 时为止，阀芯受力重新平衡，并稳定在新的位置上工作。显然，尽管由于两个可变节流口的通流截面积不相等，两个可变节流口的压力降也不相等，但恰好能保证两个固定节流口前后的压力降相等（亦即 $p_1 = p_2$），因而两个出油口的流量相等，即 $q_1 = q_2$。图 6.20（b）所示为分流阀的图形符号。

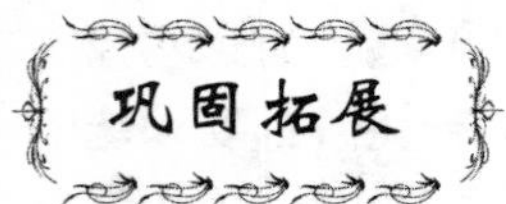

根据学习内容，填写表 6.5。

表 6.5

流量控制阀的类型	结　构	工作原理
节流阀		
普通调速阀		
温度补偿调速阀		
分流集流阀		

问题探究

如何解决在液压系统中液压泵满功率运行且执行元件速度较低的现象？

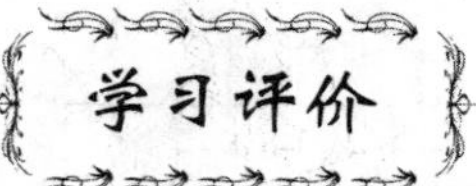

检查自己所取得的成绩，在下表中的☆中画√，看看你能得多少个☆。

项　目	任务完成	交流效果	行为养成
个人评价	☆☆☆☆☆	☆☆☆☆☆	☆☆☆☆☆
小组评价	☆☆☆☆☆	☆☆☆☆☆	☆☆☆☆☆
老师评价	☆☆☆☆☆	☆☆☆☆☆	☆☆☆☆☆
存在问题			
改进措施			

阅读材料

流量控制阀的节流口形式及流量特性。

流量控制阀的节流口形式有多种，图 6.23 所示为几种常用的节流口。

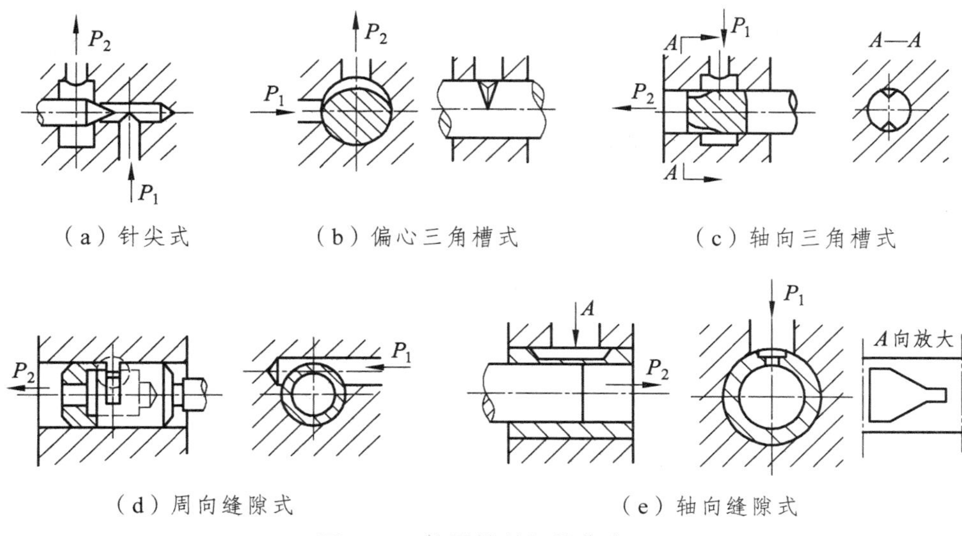

图 6.23 流量控制阀的节流口

1. 节流阀的流量特性

由于实用的节流阀阀口都介于薄壁孔和细长孔之间，故节流阀的流量特性可用小孔一般流量公式表达：

$$q = CA\Delta p^m \tag{6-1}$$

式中 A——节流口通流面积；

Δp——节流阀进出口油液的压力之差；

C——系数，取决于节流口结构形式、液体流态、油液性质等因素，对于薄壁小孔，$C = C_q（2/\rho）^{1/2}$；对于细长孔，$C = d_2/（32\ \mu L）$；

m——指数，对于薄壁小孔紊流态时，$m = 0.5$；对于细长孔，$m = 1$；介于二者之间的节流口，$0.5 < m < 1$。

由式（6-1）可知，节流阀的流量与通流面积 A、Δp 有关。节流阀的出口压力往往是负载压力，也就是说节流阀通流量会受负载影响，负载压力增大时，流量会减小。此外，由系数 C 的选取可看出，若节流阀的阀口形状接近于细长孔，油液温度变化引起的黏度改变也会影响节流阀的流量。由此可知薄壁孔节流阀的流量特性较好，常将它用于中低压调速回路中。

2. 节流阀最小稳定流量

节流阀能保证正常工作（无断流，且流量变化不大于 10%）的最小流量为节流阀最小稳定流量。实验表明，保持阀的进出口压差、油温和黏度不变，将节流口逐步减小到很小时，通过的流量就会出现时大时小的周期性脉动现象，甚至断流，这种现象叫做节流口阻塞。一般认为产生阻塞的主要原因是油液中含有杂质或者是油液在高温下产生生成物，经过阀口时黏附堆积，被冲掉后又堆积，导致流量脉动甚至断流。节流口阻塞会影响执行元件速度的稳定性，因此在选用节流阀时，要注意调速回路的实际最小流量应大于阀的最小稳定流量。还应注意限制阀口的压差，对油液进行精细过滤。

考虑到节流阀的流量特性，常将节流阀用于负载变化小或对速度稳定性要求不高的液压回路中。

学习领域6知识归纳

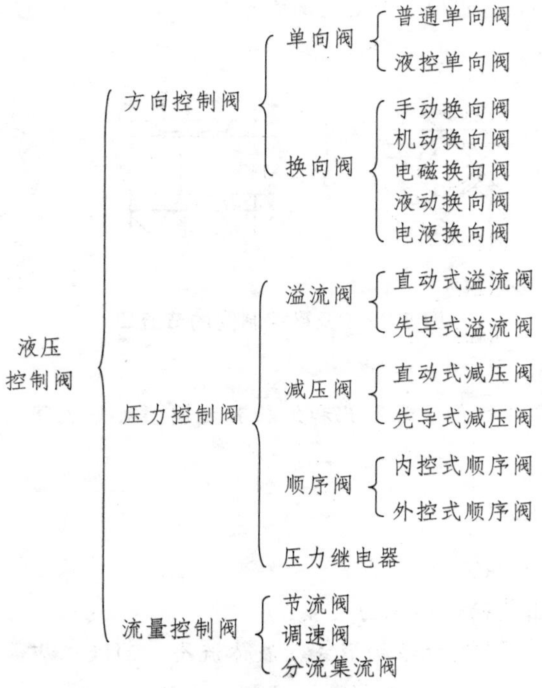

学习领域6达标检测

一、填空题

1. 液压控制阀按用途分为 ______、______、______三类。
2. 液压控制阀按连接方式可分为 ______、______、______、______、______五类。
3. 根据结构不同，溢流阀可分为______________、________________两类。
4. 直动型溢流阀可分为____________、______________、___________三种形式。
5. 顺序阀的功用是以______________使多个执行元件自动地按先后顺序动作。

6. 流量控制阀是通过改变____________局部阻力的大小，从而实现对流量的控制。

7. 减压阀是使出口压力低于进口压力的________________。

8. 定压输出减压阀有________________和________________两种结构形式。

二、简答题

1. 控制阀在液压系统中起什么作用？通常分为哪几大类？它们有哪些共同点？应具备哪些基本要求？

2. 方向控制阀在液压系统中起什么作用？常见的类型有哪些？

3. 试举例说明先导式减压阀的工作原理，并说明减压阀在液压系统中有何应用。

4. 试比较减压阀与溢流阀的主要区别有哪些？

5. 顺序阀有何功用？主要应用在什么场合？

6. 调速阀为什么能保证通过它的流量稳定？

学习领域7　液压辅助元件

本学习领域是通过让学生观察、拆卸有关的液压辅助元件，了解相关结构、作用及应用，做到会正确的安装液压辅助元件。本学习领域主要包括以下学习任务：

（1）正确选用、安装蓄能器和过滤器。

（2）分析其他液压辅助元件的结构。

任务1　正确选用、安装蓄能器和过滤器

任务案例

观察重锤式蓄能器和网式过滤器，回答以下问题：

（1）重锤式蓄能器的结构是怎样的？

（2）网式过滤器是如何起过滤作用的？

任务分析

本任务涉及以下内容：

（1）蓄能器的结构、工作原理、功用及使用时的注意事项。

（2）过滤器的结构、选用及使用位置。

（3）过滤器的主要参数。

任务处理

（1）观察蓄能器和过滤器。

（2）分析其结构和功能。

（3）正确选用和使用蓄能器、过滤器。

知识导航

液压系统中的辅助元件是指除液压动力元件、执行元件、控制元件之外的其他组成元件，

它们是组成液压传动系统必不可少的一部分，对系统的性能、效率、温升、噪声和寿命的影响极大。这些元件主要包括蓄能器、过滤器、油箱、管件和密封件等。

一、蓄能器

蓄能器是一种储存压力液体的液压元件。当系统需要时，蓄能器可以将所存的压力液体释放出来，输送到系统中去工作；而当系统中工作液体过剩时，这些多余的液体又会克服蓄能器中加载装置的作用力，进入蓄能器而储存起来。根据加载方式的不同，蓄能器可分为重力加载式（亦称重锤式）、弹簧加载式（亦称弹簧式）和气体加载式三类。常见的蓄能器是气体加载的气囊式蓄能器。

1. 蓄能器的功用

蓄能器在液压系统中的功用：

（1）短期大量供油。

在液压系统的一个工作循环中，若大流量工作时间很短，而小流量工作时间很长（如有些切削加工中的液压进给系统），便可采用蓄能器来供油。这样，系统可选用流量较小的液压泵和功率较小的电动机，从而节约能耗和降低温升。

（2）系统保压。

某些液压系统，达到一定的压力时需要液压缸保压（如建井用吊盘采用液压缸固定），这时泵可卸荷，而使用蓄能器提供压力油来补偿系统中的泄漏并保持一定压力，以节约能耗和降低温升。

（3）应急能源。

在停电或原动机发生故障时，蓄能器可作为液压系统的应急能源。

（4）缓和冲击压力。

当液压阀突然启闭或换向时，可能在液压系统中产生冲击压力，在产生冲击压力的部位加接蓄能器，可使冲击压力得到缓和。

（5）吸收脉动压力。

泵的输出口并接一蓄能器，可使泵的流量脉动以及因之而引起的压力脉动减小。

上述五项功用中，前三项属于辅助能源，后两项则属于减少压力冲击，改善性能的辅助装置。

2. 常用蓄能的基本结构与工作原理

（1）重锤式蓄能器。

重锤式蓄能器的基本结构如图 7.1 所示。它是利用重锤 2，通过柱塞 1 对缸体 3 中的液体加载。因此，缸体中液体压力的大小，取决于重锤的质量和柱塞的直径，并且可以保持恒定不变。重锤蓄能器的优点：结构简单，压力恒定，容量大，压力高等。它的主要缺点：体积大、笨重，反应不灵敏。因此它只适用于大型的固定设备，如矿山提升机和轧钢设备的液压系统等。

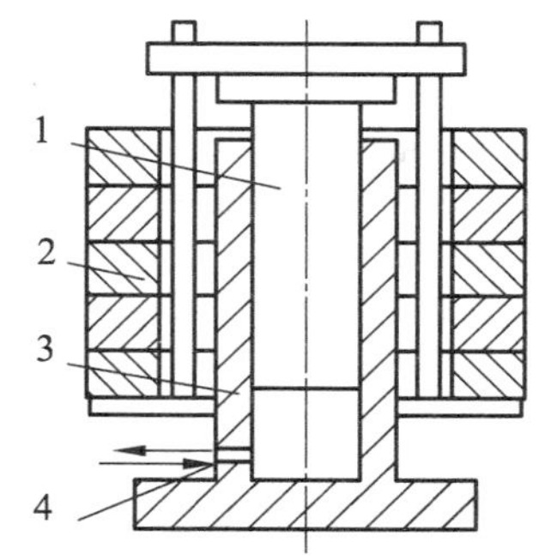

图 7.1　重锤式蓄能器

1—柱塞；2—重锤；3—缸体；4—油口

（2）气体加载式蓄能器。

气体加载式蓄能器可以分为隔离式和非隔离式两大类。后者由于液体与加载气体直接接触，缺点较多，在一般的液压传动系统中很少应用，而前者应用很广泛。

常用的隔离式气体加载蓄能器结构形式有以下两种：

① 活塞式蓄能器。国产 HXQ 系列活塞式蓄能器的结构如图 7.2 所示。气腔 3 内充有压缩空气，左侧空腔与系统的压力管路连通而充满工作液体，称为液腔。压缩空气则通过活塞向液体加载。

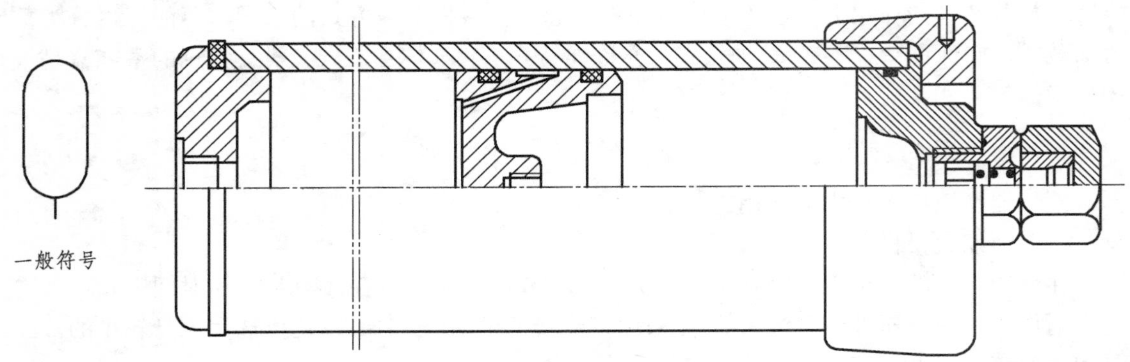

图 7.2 活塞式蓄能器

活塞式蓄能器的优点：结构简单，寿命长。它的缺点：活塞质量大，运动时的摩擦阻力大，因此反应不够灵敏，而且对气体的密封也较困难，容易向液体中渗透。

② 气囊式蓄能器。图 7.3 所示为 XNQ-L25/320 型气囊式蓄能器的结构，它装在综采工作面乳化液泵站的乳化液箱内，用于缓解柱塞泵的流量脉动。其外壳 4 为均质无缝的高压容器，里面装有波纹形橡胶气囊 5，右侧装有充气阀 3，左侧装有托阀 6，充气阀 3 与胶囊模压成一体。使用前，首先由充气阀充入一定压力的氮气，然后将其左端与泵站液压系统连接。整个气囊由容器左端的大孔装入，托阀 6 的作用是在液体全部排尽时，防止气囊胀出壳体之外。

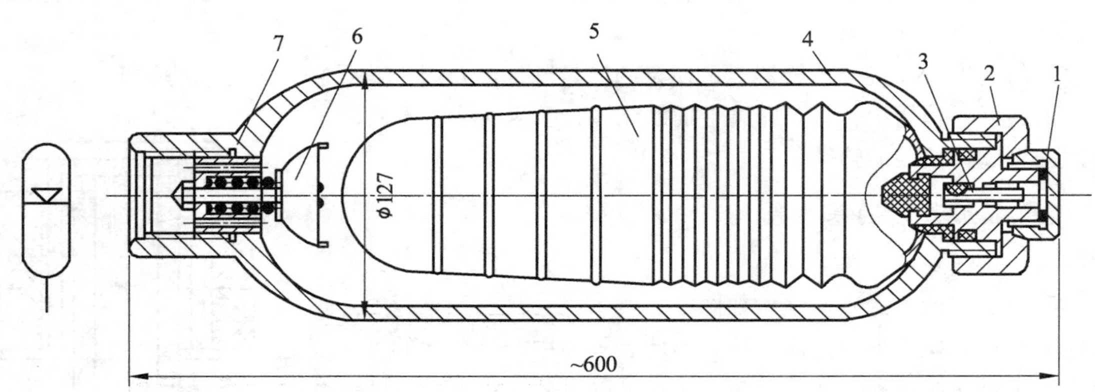

图 7.3 XNQ-L25/320 型蓄能器

1—螺盖；2—压帽；3—充气阀；4—壳体；5—气囊；6—托阀；7—阀座

乳化液泵工作时，高压乳化液从进液口进入蓄能器，并压缩气囊，当乳化液泵站压力升高时，则又有一部分乳化液进入蓄能器左腔，胶囊进一步被压缩，从而平缓了管路压力的升高。当乳化泵站压力下降时，充有氮气的气囊就膨胀，蓄能器左腔中的一部分乳化液被挤入管路系统，从而补偿了系统中的压力降低。

3. 使用蓄能器时的注意事项

（1）非隔离式气体加载蓄能器需要垂直安装，气体在上部，油液处于下部，以避免气体随油液一起排出。

（2）装在管路上的蓄能器必须用支承架固定。

（3）蓄能器与管路系统之间应安装截止阀，以便在系统长期停止工作以及充气或检修时，将蓄能器与主油路切断。蓄能器与液压泵之间还应安装单向阀。以防止液压泵停转时蓄能器内的压力油倒流。

4. 蓄能器的安装

蓄能器在液压系统中的功用不同，其安装位置也不同。因此，安装蓄能器时应注意以下几点：

（1）吸收液压冲击或压力脉动时，蓄能器宜放在冲击源或脉动源旁；补油保压时，蓄能器宜放在尽可能接近有关的执行装置处。

（2）蓄能器一般应垂直安装，油口向下。皮囊式蓄能器原则上应垂直安装，油口向下，只有在空间位置受限时才允许倾斜或水平安装。

（3）装在管路上的蓄能器，承受着油压的作用，须用支架或支撑板加以固定。

（4）蓄能器与管路系统之间应设置截止阀，供充气和检修时使用，还可以用于调整蓄能器的排出量。蓄能器与液压泵之间应设置单向阀，以防止液压泵停车或卸荷时，蓄能器内的压力油倒流回液压泵。

（5）充气式蓄能器中应使用惰性气体（一般为氮气），允许的工作压力视蓄能器的结构形式而定。蓄能器是压力容器，使用时必须注意安全，搬动和装拆时应先将蓄能器内部的压缩气体排出。

二、过滤器

过滤器的功能是滤去油液中的杂质和沉淀物，保持油液的清洁，保证液压系统正常工作。在液压系统故障中，近 70%是由油液污染引起的，故在液压系统中必须使用过滤器。

1. 过滤器的主要参数

过滤器的主要参数有过滤精度、通流量和过流压力损失。

（1）过滤精度。

过滤精度是指滤油器对各种不同尺寸污染颗粒的滤除能力。衡量过滤精度的指标有多种，如过滤比、绝对精度、名义精度等。

过滤比是指过滤器上游油液单位容积中大于某一给定尺寸的颗粒数与下游油液单位容积中大于同一尺寸的颗粒数之比。过滤比能确切地反映过滤器对不同尺寸颗粒污染物的过滤能力。

国际标准化组织已将过滤比作为评定过滤器过滤精度的性能指标。其表达式为：

$$\beta = \frac{\text{上游尺寸大于}\times\text{的颗粒尺寸}}{\text{下游尺寸大于}\times\text{的颗粒尺寸}} \tag{7-1}$$

目前广泛应用的过滤精度指上游被滤除的最小球形颗粒尺寸（μm），它使用方便，且较直观。

（2）过滤器的通流量与压力损失。

选用的过滤器通流量过小时，会导致清洗或更换周期太短，也会增加压力损失；但若其通流量过大，虽然可以减少压力损失，但其体积会加大，从而影响液压系统元件的布置。一般所选过滤器的通流量应是实际流量的 2 ~ 3 倍。

2. 过滤器的类型及其特点

过滤器类型按滤芯材料和结构形式的不同，可分为网式过滤器、线隙式过滤器、纸芯式过滤器、烧结式过滤器及磁性过滤器等。

（1）网式过滤器。

图 7.4 所示为网式过滤器，在塑料或金属筒形骨架 1 上包着一层或两层铜丝网 2，过滤精度由网孔大小和层数决定。这种过滤器的特点是：结构简单，通流能力大，清洗方便，压力损失小（一般小于 0.025 MPa），缺点是过滤精度低（一般过滤精度为 0.08 ~ 0.18 mm）。

网式过滤器一般装在液压系统的吸油管路入口处，避免吸入较大的杂质，以保护液压泵。

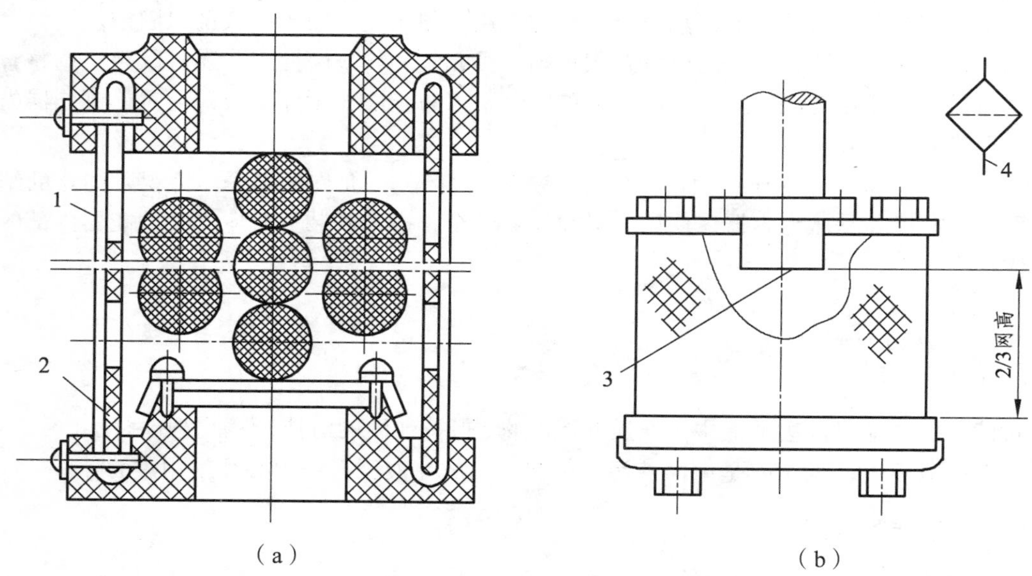

图 7.4 网式过滤器

1—骨架；2—铜丝网；3—吸液管口；4—粗过滤器符号

（2）线隙式过滤器。

线隙式过滤器的滤芯通常用铜丝、铝丝或不锈钢丝缠绕在骨架上而成，利用线丝之间形成的缝隙滤除杂质。如图 7.5 所示，过滤器的过滤元件是边长为（0.50±0.02）mm 的等边三角形不锈钢丝，它绕在铝制骨架上，形成 0.08 ~ 0.12 mm 的过滤缝隙。滤芯两端盖上铝制前端盘 3 与端盘 6，并装在由端座 2、后座 7 和四根螺钉 8 及两根管套构成的框架中。与前端盘 3 用圆柱销连接的小轴 1 从前扣座 2 伸出。转动小轴，滤芯随之转动。在滤芯顺时针转动时，装在其外面框架螺钉 8 上的簧片与刮板 5 即可清除阻在滤芯上的脏物。

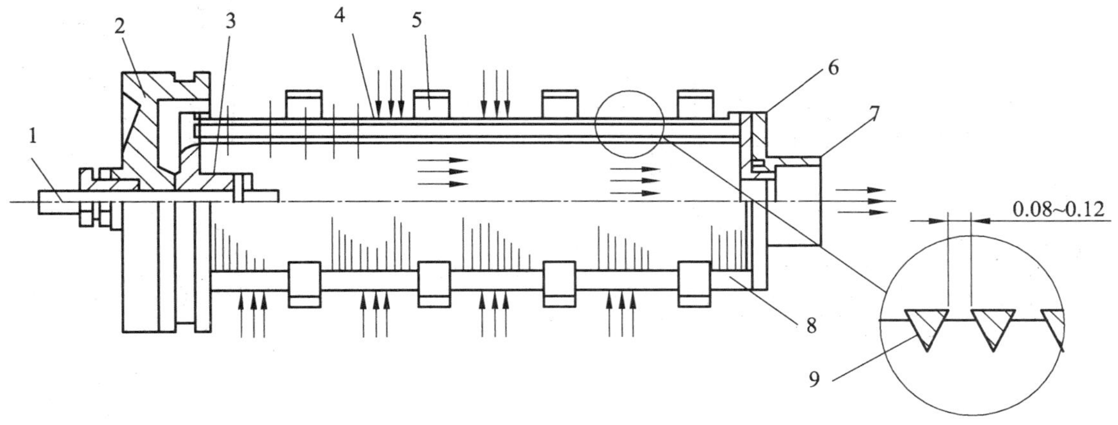

图 7.5　线隙式过滤器

1—小轴；2—前扣座；3—前端盘；4—骨架；5—簧片与刮板；6—端盘；7—后座；8—螺钉；9—三角金属丝

线隙式滤油器过滤精度一般为 0.03 ~ 0.1 mm。承压较高，可用于排油管路上，若用于吸油油管路上，应使实际流量为其通流量的 2/3 ~ 1/2，以防过流压力损失太大。

（3）纸芯过滤器。

纸芯是以酚醛树脂或纯木浆制成，用纸中微孔对油液进行过滤。为增加通流面积，将滤纸和同尺寸的钢丝网叠放，按 W 形反复折叠形成桶状滤芯，这样既可以减少其外形尺寸，又增加其强度。

纸质过滤器的主要优点是过滤精度高，一般为 0.005 ~ 0.03 mm，最小可达 0.001 mm，压力损失一般为 0.01 ~ 0.04 MPa。其不足之处是：它的强度低，容易堵塞，不能清洗重复用，需经常更换滤芯。纸质过滤器广泛用于各种重要的液压回路中，如采煤机液压系统的补油回路通常都使用它。图 7.6 所示为一带发讯装置的纸芯过滤器，发讯装置会在纸芯脏堵到一定程度时及时发出电控讯号，防止因杂质堵塞，导致通流量不足而影响系统正常，同时也防止因堵塞引起滤油器进出口压力差增大而将纸芯冲破，造成更麻烦的后果。图 7.7 所示为发讯装置的原理，图中 P_1 口、P_2 口分别与滤油器的进出油口连通，若滤油器堵塞超量，则 P_1 口油压力将会升高，其作用力会克服弹簧 5 与 P_2 口油压力而向下压活塞 2，这将使磁铁 4 向下移动，吸合感簧管中的簧片，从而使发讯装置发出电信号。

（4）烧结式过滤器。

常用的金属烧结式滤油器的滤芯材料有青铜、低碳钢或镍铬粉末。滤芯可以做成杯状、管状、碟状和板状等（图 7.8 所示为管状滤芯）。这种过滤器靠其粉末颗粒间的间隙微孔滤油。选择不同粒度的粉末烧结成不同厚度的滤芯，可以获得不同的过滤精度（0.01 ~ 0.1 mm）。烧结式过滤器的优点：过滤精度高，滤芯的强度高，抗液压冲击性能好，能在较高温度下工作，有良好的抗腐蚀性；制造简单。缺点：易堵塞，难清洗，压力损失大（0.03 ~ 0.2 MPa）；使用中烧结颗粒可能会脱落。烧结式过滤器一般用于要求过滤质量较高的液压系统中（如液压绞车辅助泵排油口就使用此滤油器)。

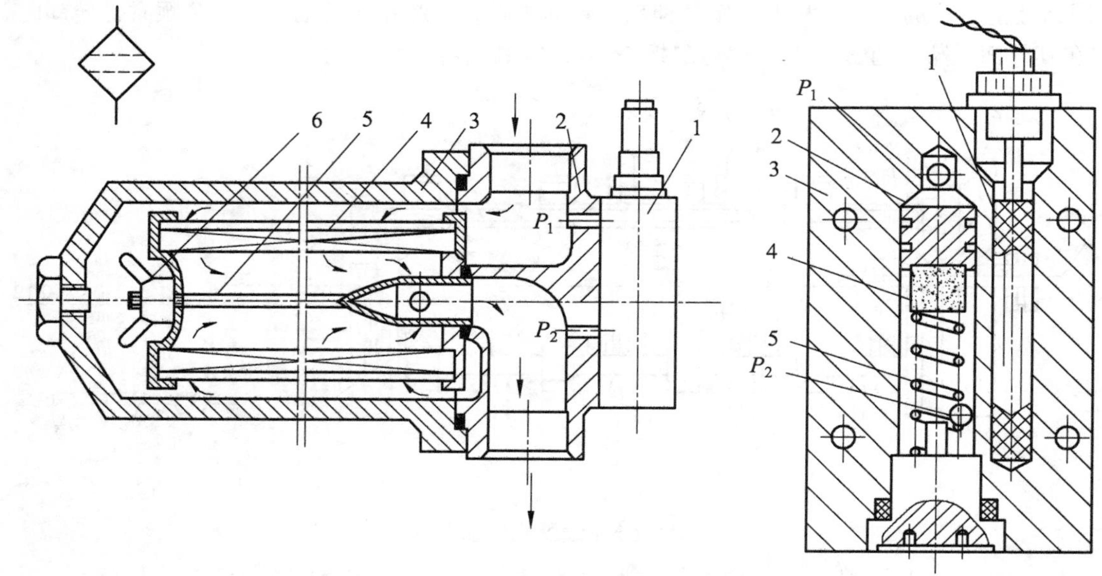

图 7.6　纸芯过滤器

1—堵塞发讯装置；2—滤芯座；3—壳体；4—纸滤芯；5—拉杆；6—螺母

图 7.7　过滤器堵塞发讯装置

1—感簧管；2—活塞；3—壳体；4—永久磁铁；5—弹簧

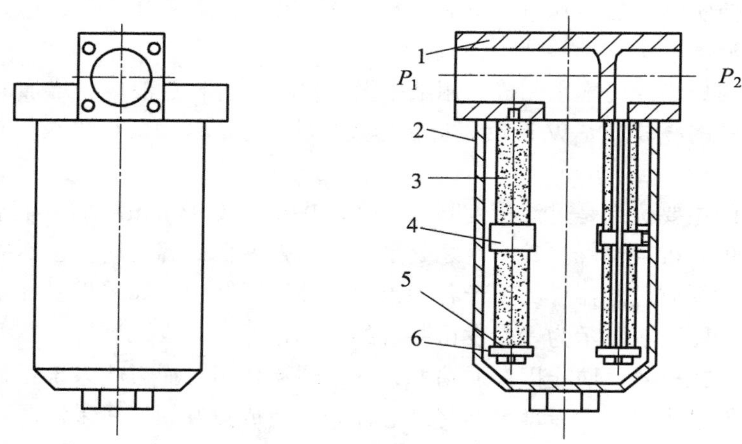

图 7.8　烧结式滤油器

1—滤芯座；2—壳体；3—滤芯；4—连接环；5—压盖；6—螺栓

(5)磁性过滤器。

磁性过滤器靠磁性材料把混在油中的铁质杂质吸住，达到过滤目的。其优点是过滤效果好；缺点是对其他污染物不起作用，所以常把它与其他种类的过滤器配合使用。

3. 过滤器的选用及其使用位置

(1)过滤器的选用。

过滤器应满足系统(或回路)的使用要求、空间要求和经济性。选用时应注意以下几点：

① 应满足系统的过滤精度要求。

② 应满足系统的流量要求，能在较长的时间内保持足够的通液能力。

③ 工作可靠，满足承压要求。

④ 滤芯抗腐蚀性能好，能在规定的温度下长期工作。

⑤ 滤芯清洗、更换简便。

（2）过滤器的使用位置。

过滤器在液压系统中安装的位置，通常有以下几种情况：

① 安装在泵的吸油管路上。这种安装位置主要是保护泵不至于吸入较大的颗粒杂质，但由于一般泵的吸油口不允许有较大阻力，因此只能安装压力损失较小的粗级或普通精度等级的过滤器。

② 安装在泵的压油管路上。这种安装位置主要用来保护除泵以外的其他液压元件。油与过滤器在高压下工作时，滤芯及壳体应能承受油路上的工作压力和冲击压力。为防止过滤器堵塞而使液压泵过载或引起滤芯破裂，可以并联安全阀和设堵塞发信装置。

③ 安装在回油路上。这种安装位置适用于液压执行元件在脏湿环境下工作的系统，可在油液流入油箱以前滤去污染物。由于回油路压力低，故可采用强度较低的精过滤器。

④ 安装在系统的分支油路上。当泵流量较大时，若仍采用上述各种油路过滤杂质，则要求过滤器的通流面积大，使得过滤器的体积较大。为此，在相当于总流量 20% ~ 30% 的支路上安装一小规格过滤器对油液进行过滤，不会在主油路上造成压力损失，但不能保证杂质不进入系统。

⑤ 单独过滤系统。这种设置方式是用一个液压泵和过滤器组成一个独立于液压系统之外的过滤回路，它可以经常清除系统中的杂质，定时对油箱的油液进行过滤。

为了获得较好的过滤效果，在液压系统中往往综合运用上述几种安装方法。安装过滤器时应当注意，一般过滤器都只能单向使用（滤芯的外围进油，中心出油），进出油口不能反接，以利于滤芯清洗和安全。因此，过滤器不能安装在液流方向可能变换的油路上。必要时可增设过滤器和单向阀，以保证双向过滤。目前双向过滤器也已经开始使用。

根据学习内容，填写表 7.1。

表 7.1

设　备	结　构	应　用
重锤式蓄能器		
气体加载式蓄能器		
网式过滤器		
线隙式过滤器		
纸芯过滤器		
烧结式过滤器		
磁性过滤器		

问题探究

在液压系统中如何判断过滤器的堵塞?

学习评价

检查自己所取得的成绩，在下表中的☆中画√，看看你能得多少个☆。

项　目	任务完成	交流效果	行为养成
个人评价	☆☆☆☆☆	☆☆☆☆☆	☆☆☆☆☆
小组评价	☆☆☆☆☆	☆☆☆☆☆	☆☆☆☆☆
老师评价	☆☆☆☆☆	☆☆☆☆☆	☆☆☆☆☆
存在问题			
改进措施			

任务2　分析其他液压辅助元件的结构

任务案例

观察蛇形管水冷却器，回答下面的问题：

（1）蛇形管水冷却器在液压系统中起什么作用?

（2）蛇形管水冷却器的进水管和出水管分别在什么位置?

任务分析

本任务涉及以下内容：

（1）冷却器的结构、作用。

（2）油箱的结构要点。

（3）液压传动中常用密封件的类型、结构及工作原理。

任务处理

（1）观察一个液压系统，分析液压辅件所在的位置、结构。

（2）分析液压辅件的工作原理。

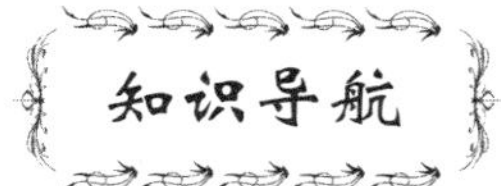

一、冷却器

1. 冷却器的作用

油液的工作温度一般保持在 30 ~ 50 °C 时比较理想，最高不超过 70 °C，否则不仅会使油液黏度降低，增加泄漏，而且能加速油液变质。当油液依靠油箱冷却后，油温仍超过 70 °C 时，就需采用冷却器。冷却器符号如图 7.9 所示。

冷却器类型按冷却介质分可分为风冷、水冷和氨冷等。

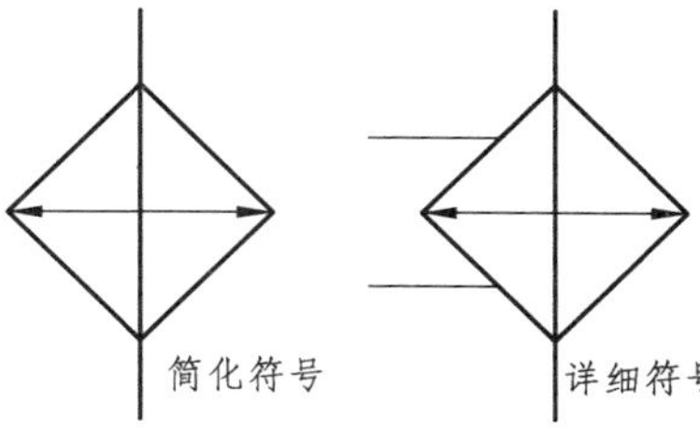

简化符号　　详细符号

图 7.9　冷却器图形符号

2. 冷却器的结构特点

冷却器按其结构特点可分为蛇形管冷却器、多管式冷却器、翅片式冷却器等。

（1）风扇冷却器。

风冷是使用风扇产生的高速气流，通过散热器将油箱的热量带走，从而降低油温。这种冷却方法结构简单，但是冷却效果差。

（2）蛇形管水冷却器。

图 7.10 是在油箱内敷设蛇形管通入循环水的蛇形管冷却器。蛇形管一般使用壁厚 1.15 mm、外径 15 ~ 25 mm 的紫铜管盘旋制成。采用这种冷却方法结构简单，但由于油箱中油液只能自己对流冷却，所以效果较差。

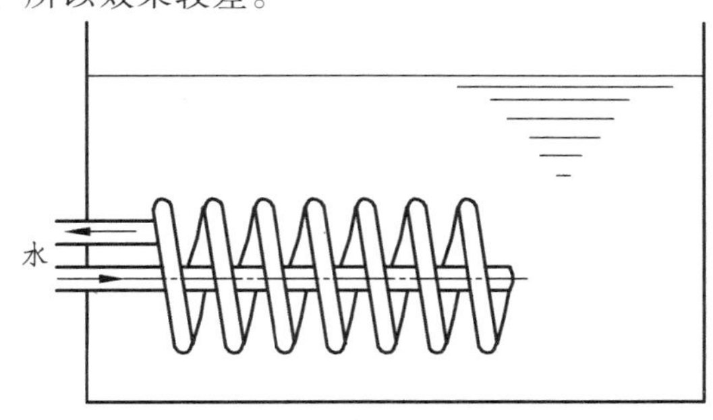

图 7.10　蛇形管冷却器

（3）多管水冷却器。

多管水冷却器是一种强制对流的冷却器，在使用时应使液流方向与水流方向相反，这样可提高冷却效果。

图 7.11 所示为 ZLQFW 型卧式冷却器结构，其传热系数为 $12.1 \times 10^5 \sim 14.6 \times 10^5$ J/m^{2}h °C，最高允许温度 80 °C，工作介质压力 16×10^5 Pa，冷却介质压力为 8×10^5 Pa，该冷却器体积小，散热面积大，维修方便，管板在一头浮动，不致由于热膨胀产生故障，冷却管束能从壳体取出，便于维修、清洗、检查。浮动管板端采用单独密封，保证冷却介质与被冷却介质不混淆。水腔中装有防电化腐蚀的锌棒，能延长维护周期和使用寿命。该冷却器在液压绞车上已采用。

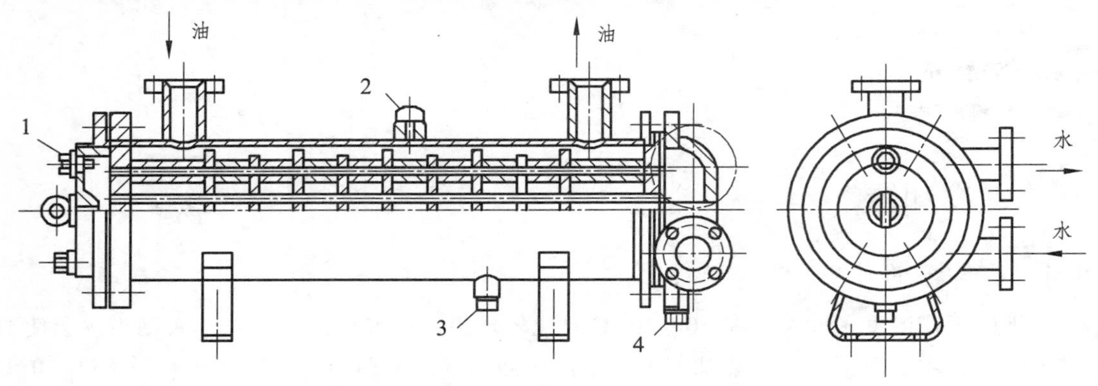

图 7.11　ZLQFW 型卧式冷却器结构

1—水排气孔；2—油排气孔；3—放油孔；4—放水孔

图 7.12 所示为一种多管式冷却器，它的外壳和两端法兰构成密封圆筒，内有 92 根紫铜吸热管穿过。在两端法兰与端盖之间用隔板把紫铜管分成四个区间。左端只有 Ⅰ、Ⅱ区间是沟通的；而右端则Ⅰ、Ⅲ区间和Ⅱ、Ⅳ区间分别沟通。这样，冷却水便形成如下流通路径：冷却水→*A* 口→左Ⅲ区→紫铜管→右Ⅲ区→转到右Ⅰ区→紫铜管→左Ⅰ区→左Ⅱ区→紫铜管→右Ⅱ区→右Ⅳ区→紫铜管→左Ⅳ区→*B* 口流出，这样，冷却水四次通过紫铜管，加长了吸热过程，增强了冷却效果。

该冷却器用于采煤机牵引液压系统的热交换回路，为了提高散热效果，冷却水流量不应小于 20 L/min。为保证使用安全，冷却器的试验压力对水压而言不低于 6.5 MPa，对油压而言不低于 4 MPa。

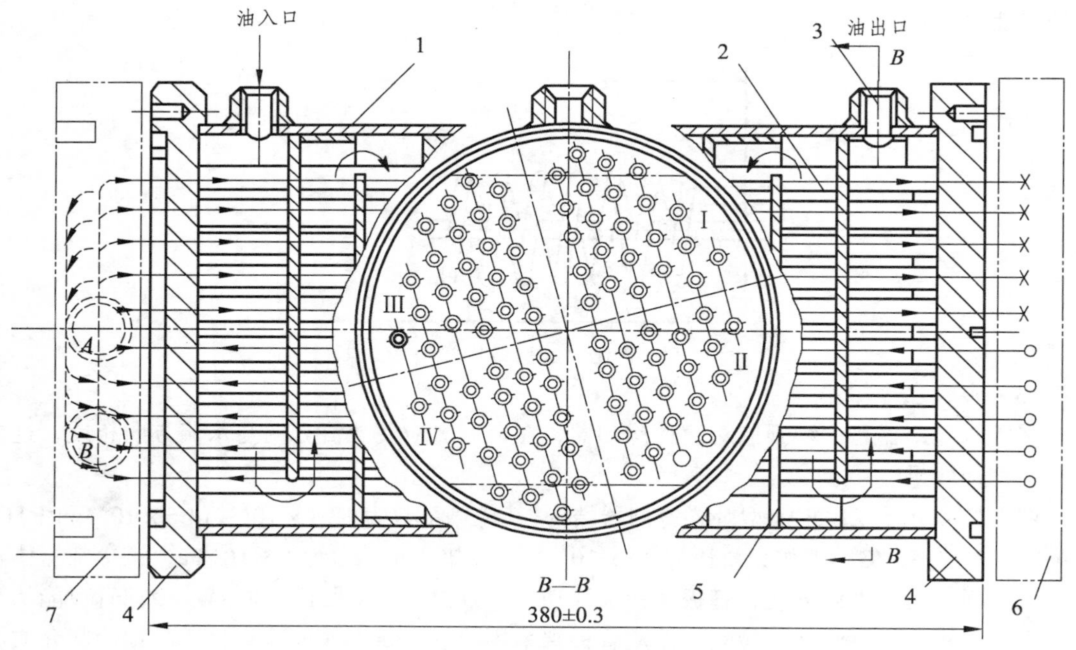

图 7.12　多管式冷却器

1—外壳；2—吸热管；3—油管接口；4—法兰；5—隔板；6，7—端盖

二、油　箱

油箱的基本作用是储存液压系统的工作液体、散热、沉淀杂质、分离液体中的水和气体。油箱有开式、闭式和充气式，机械设备的液压系统多采用开式。

1. 油箱结构要点

（1）必须具有足够的有效容积。油箱的有效容积是指液面高度为油箱高度的 80%时的油箱容积。油箱有效容积能够容纳液压系统停止工作时所返回的全部油液，具有沉淀杂质，分离水、气的功能，还应有足够的散热效果。对于固定设备的油箱，应具有大于 3 倍液压泵流量的有效容积；对于行走装置的油箱，应具有大于 1～2 倍液压泵流量的有效容积。对于空间无限制的液压系统，其油箱容积可适当加大；而对于大、中功率液压系统，应对液压系统进行热平衡计算来确定油箱的有效容积，若油箱散热面积无法达到热平衡要求，就必须有强制散热的措施，例如，液压绞车等就采用冷却器对油液降温。

（2）在油箱上，应使液压泵的吸液口和系统回液口的距离尽可能远些，且两者之间应设隔板以利于沉淀杂质，分离水、气。隔板高度不得低于液面高度的 3/4。

（3）液压泵的吸液管口至箱底高度应大于二倍吸液管管径，至箱壁距离应大于吸液管径的三倍。吸液管口上通常都装设网式过滤器，其通过能力应为泵流量的二倍以上。管口一般都切成 30°左右的斜口，以尽可能减少吸液阻力。

（4）系统回液管应位于最低液面之下，以减少空气的混入，同时不能距箱底太近。一般应大于其管径的二倍。为提高散热效果，最好将管端切成 45°斜口，并使此斜口面向箱壁或专设的隔板。

（5）注油口都应设置滤网；在箱内最好装置永久磁铁，以吸附铁质杂屑。

（6）为防止系统工作时，因油箱内液面波动造成的压力变化，油箱应设置通气孔和空气滤清器。

（7）为便于观察工作液体的数量和温度，油箱上还应装置液位指示器和温度计等。

（8）油箱结构应当便于清洗，其底部最好有适当的斜度，并在最低处开设放油孔；箱盖上应开设适当的手孔或人孔。同样要考虑油箱的吊、搬运输结构措施，如吊耳、滑橇等。

2. 油箱结构举例

BYT-1.6 型防爆液压绞车油箱结构如图 7.13 所示。在油箱内设有一块隔板 5，把油箱分

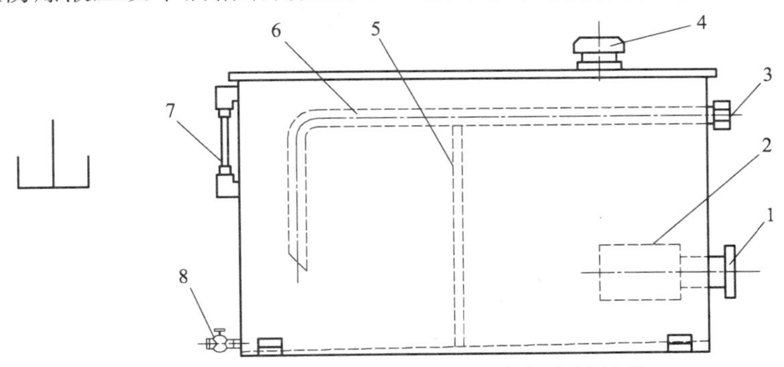

图 7.13　BYT-1.6 型防爆液压绞车油箱结构

1—吸油口；2—粗过滤器；3—回油口；4—空气滤清器；5—隔板；6—回油管；7—油位计；8—放油阀

成吸油区和回油区两部分。吸油区和回油区的大小可以相等，也可把回油区做得大一些，以利杂质的沉淀。油箱底部设有放油阀门 8，底板向放油口稍倾斜，以便于清洗和排除污物。在油箱侧面容易观察到的地方设置油位指示器 7 和温度计（未显示）。在油箱上部留有通气孔并安装空气滤清器 4，使油箱内的压力保持为大气压。油箱上盖可以打开，供安装、清洗用，平时用螺钉和密封材料密封，以防灰尘进入油箱。

三、液压传动常用密封件

液压传动的能量都是在密闭的容积和管道内的，密封的好坏直接影响液压系统的工作性能和效率。

1. 密封类型

按密封的工作形式可分为固定密封、往复运动密封、旋转运动密封。

按密封的工作机理可分为间隙密封和接触密封。

（1）间隙密封。

间隙密封是靠密封表面之间很小的配合间隙来实现密封的（如滑阀式换向阀的阀芯与阀体之间的密封）。密封的效果取决于间隙大小、密封面长度、密封两端压力差和表面加工质量。这种密封不用任何专用的密封元件，所以结构简单，尺寸小。但是，它对尺寸精度、几何形状精度和表面光洁度的要求高。由于温度和变形等原因，间隙密封有时会产生别劲或卡阻等现象。由于有间隙存在，不能完全避免泄漏，但间隙内充满油液，密封件在运动时摩擦阻力小，寿命长，结构简单。在容许有少量泄漏的地方采用这种密封方式是合理的，间隙密封不需要密封件。

（2）接触密封。

接触密封是在需要密封的接触面间，装专用的密封元件，靠密封元件的弹性力和工作介质的压力达到密封目的。密封件使用的材料有橡胶（丁晴、聚胺酯、氯丁等）、夹织物橡胶、塑料（聚四氟乙烯）、皮革、金属等。

对密封件的主要要求是：

① 在一定的工作压力和温度范围内，具有良好的密封效果，泄漏量尽可能小。

② 摩擦力稳定，摩擦系数小，不会引起运动零件的爬行和卡死现象。

③ 耐磨性好，寿命长，在一定程度上能自动补偿被密封件的磨损和几何精度的误差。

④ 耐油性、抗腐蚀性好，不损坏被密封零件的表面。

⑤ 制造容易，维护简单。

在液压装置中接触密封常用的密封件有 O 形、Y 形、Y_X形、山形、V 形密封圈和活塞环等。一般的 O 形圈、Y 形圈、油封，都用丁晴橡胶制造，活塞环则用金属制成。

2. 密封圈结构及工作原理

（1）O 形密封圈。

O 形密封圈采用橡胶材料，属于挤压密封。O 形密封圈的密封原理如图 7.14 所示。在没有液压力作用时，O 形密封圈（必须）处于预压缩状态，如图 7.14（a）所示；有液压力作用时，O 形圈被挤到槽的一侧，处于自封状态，如图 7.14（b）所示。

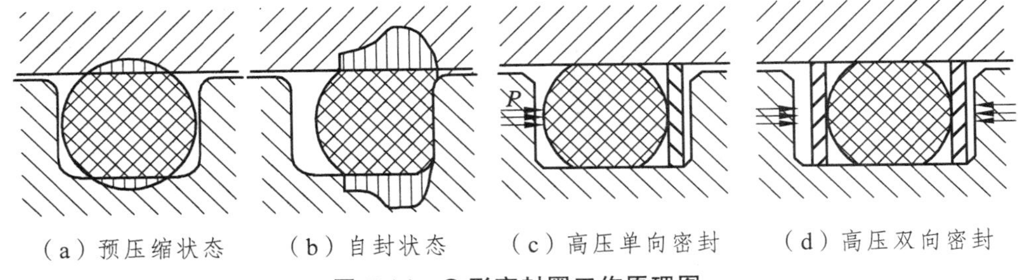

（a）预压缩状态　（b）自封状态　（c）高压单向密封　（d）高压双向密封

图 7.14　O 形密封圈工作原理图

O 形密封圈用于固定密封时，可承受 100 MPa 甚至更高的液体压力，而用于动密封时，可以承受 35 MPa 以下的压力。由图 7.14（b）可看出，在液压作用力较大时，O 形圈有可能被挤入间隙而出现卡阻现象。一般用于动密封时，液压力超过 10 MPa，或者用于静密封，工作介质压力超过 35 MPa 时，应设置挡圈，以延长 O 形密封圈的使用寿命，如图 7.14（c）、（d）所示。

O 形密封圈密封性能好、摩擦系数小、安装空间小，它的结构简单，使用方便，广泛用于固定密封和运动密封。O 形密封圈不适于直径大，行程长、速度快的油缸，因为在这样的条件下，O 形密封圈容易被拧扭损伤。

（2）Y 形密封圈。

Y 形密封圈又称唇形密封圈，它有较显著的自紧作用。无液压时，其唇部与被密封件产生初始接触压力，以保持低压密封，其尾部与轴类零件之间保持一定的间隙，如图 7.15（a）所示。工作中，液压力把 Y 形圈推向左方，消除 Y 形圈与轴的间隙，同时作用于 Y 型圈的谷部而在唇口产生径向压力，使唇口与轴接触压力增加，从而因自紧作用得到良好的密封，如图 7.15（b）所示。

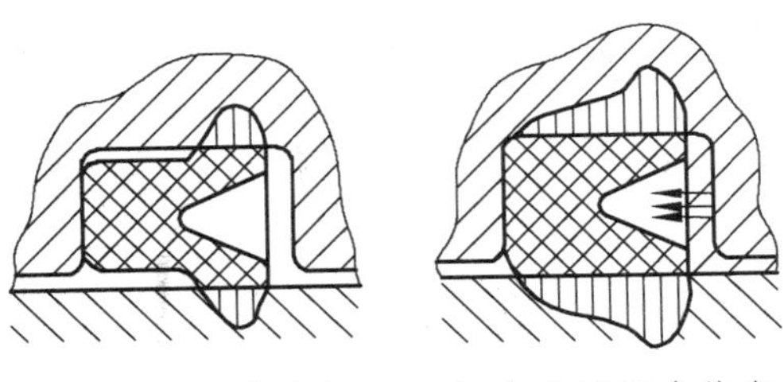

（a）无液压力状态　（b）有液压力状态

图 7.15　Y 形密封圈工作原理图

Y 形圈曾广泛地使用在各种液压缸的活塞上，但由于唇边易磨损翻转，失去密封作用，使得 Yx 密封应用越来越多。Yx 密封可以避免翻唇现象，它是在 Y 形圈结构基础上将其中一个唇边减短而成的。使用时应注意，Yx 密封圈分为孔用和轴用两种，其中，孔用 Yx 密封圈装在轴类零件的（如活塞）沟槽内，而轴用 Yx 密封圈则装在孔类零件（如液压缸的导向套）的沟槽内。

（3）山形密封圈。

山形密封圈又称尖顶形密封圈，它有单尖或双尖，其断面形状如图 7.16 所示。山形密封圈的尖顶部外层为夹织物橡胶，内层与固定面接触的部分为纯橡胶，内外层压制硫化成一体，尖顶的作用是减小接触面积，以增大接触压力。内层作为弹性元件，外层夹织物橡胶可以渗透油液，防止干摩擦，从而能延长使用寿命。由于山形圈的截面比鼓形圈小，弹性大，在活塞上只要设一沟槽就可安装，从而可以简化活塞的结构，山形密封圈多用于双伸缩立柱。

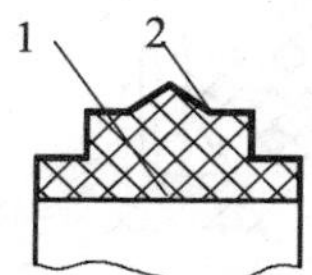

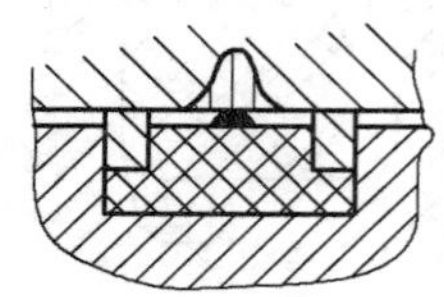

图 7.16　山形密封圈工作原理图

1—橡胶；2—夹织物橡胶

（4）蕾形密封圈。

蕾形密封圈的截面如图 7.17 所示，它是在 U 形夹织物橡胶圈的唇内填塞橡胶压制硫化而成的单向实心密封圈。唇内橡胶作为弹性元件，使唇边外张贴紧密封表面。由于它是实心，故唇边不会翻转。蕾形圈大都用于支架液压缸导向套与活塞杆之间。当使用压力大于 30 MPa 时，应加挡圈，最高工作压力可达 60 MPa。

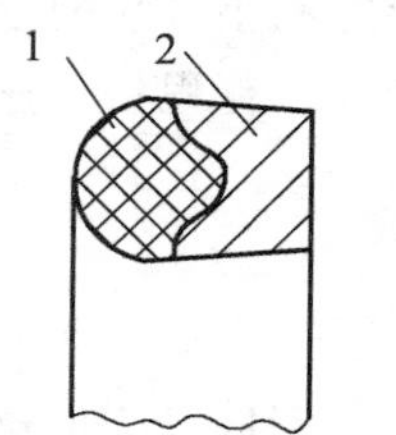

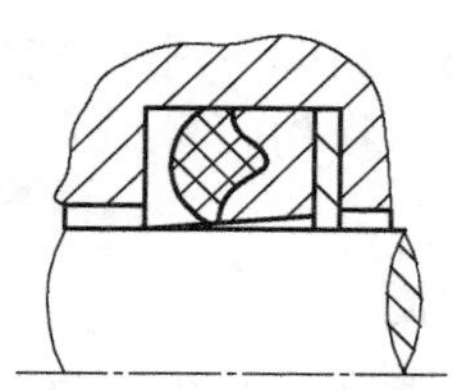

图 7.17　蕾形密封圈工作原理图

1—橡胶；2—夹布橡胶

（5）鼓形密封圈。

鼓形密封的断面形状如图 7.18 所示。它以两个 U 形夹布橡胶圈为骨架，与其唇边相对，在中间填塞橡胶压制硫化而形成双向实心密封。鼓形密封圈装在支架液压缸活塞的外沟槽内，用于活塞与缸壁之间的密封，如图 7. 18 所示，它的两侧各配装一个塑料导向环 3。

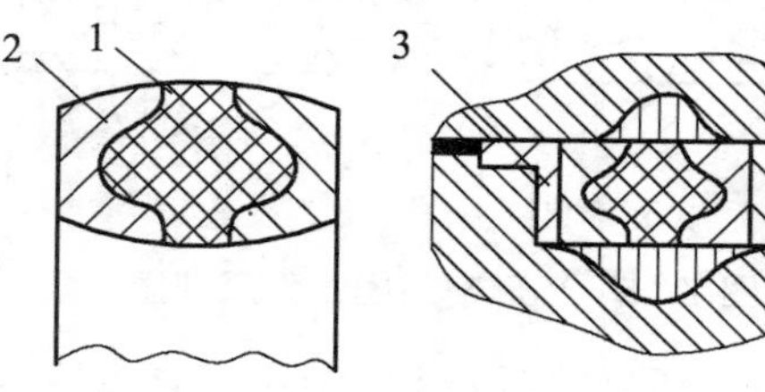

图 7.18　鼓形密封圈工作原理图

1—橡胶；2—夹布橡胶；3—导向环

鼓形密封圈可承受 60 MPa 的工作压力。其优点是双向密封，可以简化活塞的结构。缺点是轴向尺寸较大，占据了活塞的行程。

（6）防尘圈。

防尘圈的断面形状如图 7.19 所示。它安装在液压缸的缸盖上，其唇部直径尺寸小于活塞杆，组装后紧箍在活塞杆上，故可防止污染物随活塞杆拉回时带入油缸，污染工作液体。防尘圈有带骨架和无骨架两种，如图 7.18 所示。骨架防尘圈与缸盖内孔为过盈配合，结合较紧。无骨架防尘圈必须安装在缸帽的沟槽内，防止滑出。

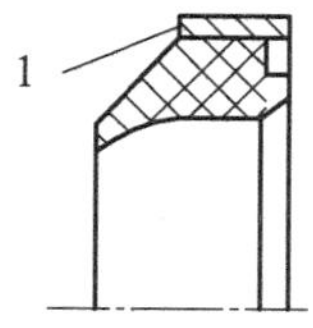

（a）骨架防尘圈

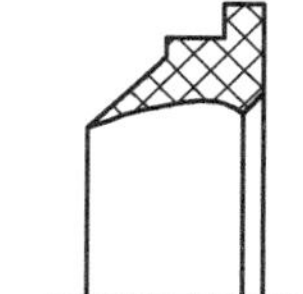
（b）无骨架防尘圈

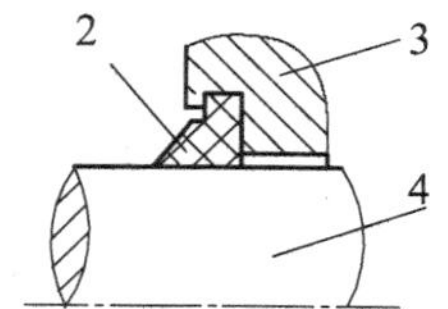

（c）使用中无骨架防尘圈

图 7.19　防尘圈

1—骨架；2—防尘团；3—缸帽；4—活塞杆

（7）V 形密封圈。

V 形密封圈用于柱塞密封，如图 7.20 所示。V 形密封圈由压环 1、密封圈 2 和衬垫 3 组成，由夹织物橡胶制成，一方面增加其结构强度，另一方面高压油液能渗透进去，增加其与柱塞的润滑作用，延长密封圈的使用寿命。安装时槽口对着压力液体并预紧，使其唇部产生初始接触压力。工作时，工作液对 V 形圈的谷部和唇口产生径向压力，使唇口扩张，对柱塞与缸孔实现密封。液体压力越高，接触压力越大，密封效果越好。V 形密封圈密封可靠，适于高速往复运动的高压密封。但 V 形圈的层数与柱塞阻力成比例，层数越多阻力越大，消耗功率也越大。

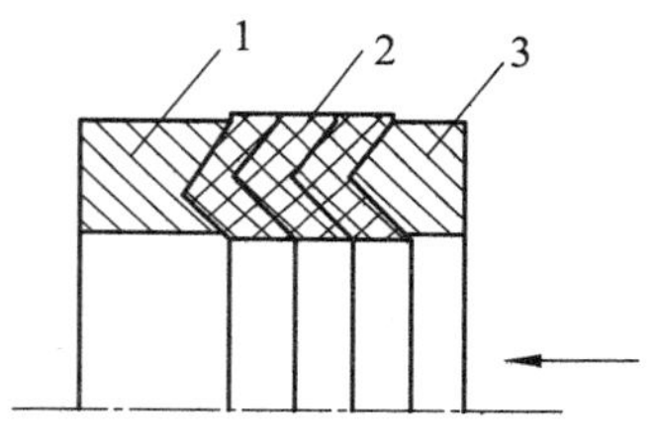

图 7.20　V 形密封圈

1—压环；2—V 形密封圈；3—衬环

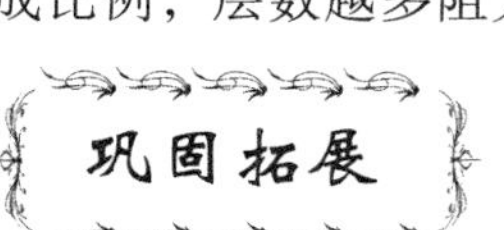

巩固拓展

根据学习内容，填写表 7.2。

表 7.2

设　备	结　构	工作原理	应　用
冷却器			
油箱			
密封件			

学习评价

检查自己所取得的成绩，在下表中的☆中画√，看看你能得多少个☆。

项　目	任务完成	交流效果	行为养成
个人评价	☆☆☆☆☆	☆☆☆☆☆	☆☆☆☆☆
小组评价	☆☆☆☆☆	☆☆☆☆☆	☆☆☆☆☆
老师评价	☆☆☆☆☆	☆☆☆☆☆	☆☆☆☆☆
存在问题			
改进措施			

电加热器

液压系统中油液加热的方法有用热水或蒸汽加热和电加热两种方式。由于电加热器使用方便，易于自动控制最高和最低温度，故应用广泛。图 7.21 所示为电加热器安装示意图，图中，1 为油箱，2 为电加热器，电加热器用法兰盘固定在箱壁上，发热部分全部浸在油液内。加热器应安装在箱内油液流动处，以利于热量交换。由于油是热的不良导体，因此单个加热器的功率容量不能太大，以免其周围油液过度受热后发生变质现象。如有必要，可以在一个油箱内安装多只电加热器。

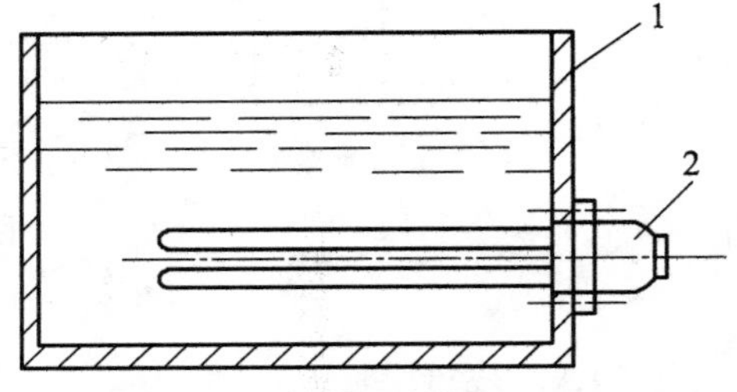

图 7.21　电加热器安装图

1—油箱；2—电加热器

学习领域 7 知识归纳

一、蓄能器

（1）蓄能器在液压系统中的作用。

① 短期大量供油；

② 系统保压；

③ 应急能源；

④ 缓和冲击压力；

⑤ 吸收脉动压力。

（2）蓄能器的结构和工作原理。

（3）蓄能器的安装。

二、过滤器

（1）过滤器的主要参数有：过滤精度、通流量和过流压力损失。

（2）过滤器的类型：过滤器类型按滤芯材料和结构形式的不同，可分为网式、线隙式、纸芯式、烧结式过滤器及磁性过滤器等。

（3）过滤器的选用和正确使用。

三、冷却器

机械设备多使用水冷却器，按冷却器结构特点可分为蛇形管冷却器、多管式冷却器、翅片式冷却器等。

四、油　箱

油箱的基本作用是储存液压系统的工作液体、散热、沉淀杂质、分离液体中的水和气体。油箱有开式、闭式和充气式，机械设备的液压系统多采用开式。

五、密封件

在液压装置中，接触密封常用的密封件有 O 形、 Y 形、Y_X 形、山形、V 形密封圈和活塞环等。

学习领域 7 达标检测

一、填空题

1. 蓄能器的作用是将液压系统中的__________________存起来，在需要的时候又重新放出。

2. 蓄能器可分为__________________、_________________、__________三种。

3. 重力式蓄能器是利用________________________来储存、释放液压能。

4. 水冷式冷却器的类型有__________、_____________、_____________等。

5. 表示过滤器性能的参数有_______________、_________、___________。

6. 常见的密封件有___________、___________、___________、___________、___________、___________。

二、简答题

1. 液压系统中常用的液压辅件有哪些？
2. 蓄能器的作用有哪些？其类型有哪些？各有何特点？
3. 安装蓄能器应注意什么？
4. 过滤器的作用是什么？对过滤器有何要求？
5. 常用的过滤器分为哪些种类？各有何特点？
6. 过滤器一般安装在液压系统中的什么位置？为什么？
7. 对油箱的要求有哪些？
8. 常见的密封装置有哪些？各有什么特点？分别用于什么场合？

学习领域 8　液压基本回路

对于任意一个液压系统而言，不论是复杂的还是简单的系统，它都是由一些基本回路组成的。所谓液压基本回路就是为能够完成某种特定控制功能而将一些液压元件和管道组成的典型回路。液压基本回路很多，常见的液压基本回路有：方向控制回路、压力控制回路、速度控制回路和多缸控制回路等。那么什么是方向控制回路、压力控制回路、速度控制回路和多缸控制回路呢？它们各自的组成、功能、工作原理及其特点又是怎样的呢？正确理解这些基本知识有助于我们掌握和运用液压基本回路的相关知识,为后面的典型液压设备功能分析、使用和维护保养奠定坚实的基础。

本学习领域通过让学生观察、分析、归纳等一系列活动，探究各液压基本回路的概念、组成、功能、工作原理及其特点的问题，学习有关的基本知识。本学习领域包括以下学习任务：

（1）分析方向控制回路。

（2）探究压力控制回路。

（3）分析速度控制回路。

（4）探究多缸控制回路。

任务 1　分析方向控制回路

将图 8.1、图 8.2 与图 8.3 进行对比，通过观看简化的机床工作台往复运动液压系统的工作原理动画或有关工作原理图，实地分析其组成、功能及工作原理。

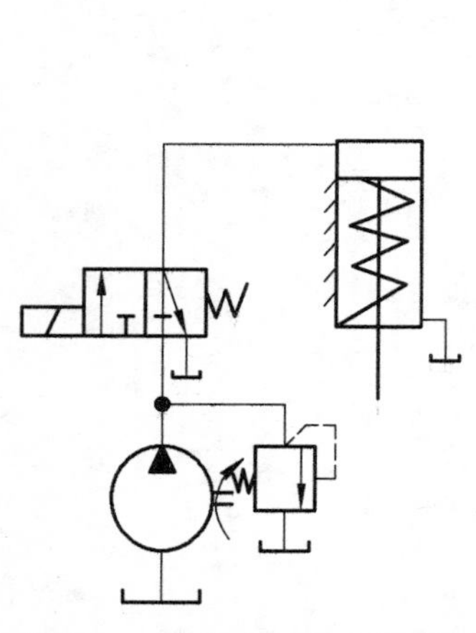

图 8.1　单作用缸换向回路

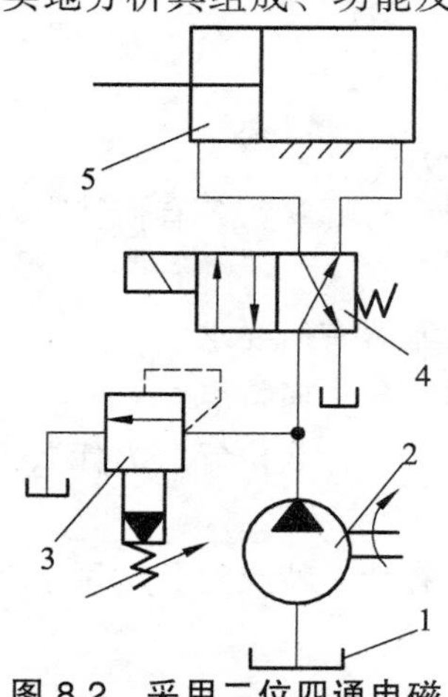

图 8.2　采用二位四通电磁换向阀的换向回路

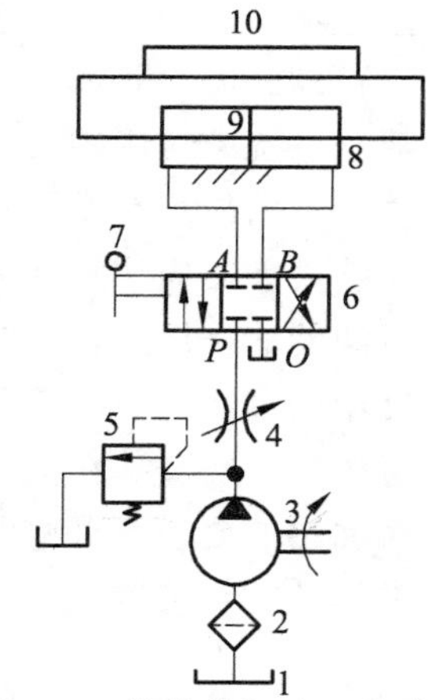

图 8.3　简化的机床工作台往复运动的液压系统工作原理图

任务分析

本任务涉及液压方向控制回路的组成、功能、类型、工作原理、特点及其应用等基本知识，在此基础上要学会对液压方向控制回路的工作原理进行分析。

任务处理

（1）观看简化的机床工作台往复运动的液压系统的工作原理动画或有关工作原理图，总结液压方向控制回路的组成。

（2）分析液压方向控制回路的工作原理，描述其工作过程。

（3）以图 8.2 为例填写表 8.1。

表 8.1

液压方向控制回路的组成（主要元件）		液压方向控制回路的工作原理图	液压方向控制回路的功能
元件号码	元件名称		
1			
2			
3			
4			
5			

知识导航

方向控制回路是指在液压系统中，用来控制执行元件的启动、停止或改变运动方向的回路。方向控制回路的常用类型有：换向回路、锁紧回路和制动回路等。

一、换向回路

1. 采用换向阀的换向回路

如图 8.1 所示，该液压方向控制回路系采用二位三通电磁换向阀控制单作用缸换向的回路。按照图示位置，此时二位三通电磁换向阀的电磁铁断电，换向阀的工作右位接入系统，液压缸上腔油液回流至油箱通路开通，活塞在弹簧力的作用下向上运动，同时，定量液压泵泵出的液压油无工作通路，泵出的油液压力迅速升高并启动右侧溢流阀动作，使得油液经右侧的溢流阀回到油箱；当二位三通电磁换向阀的电磁铁通电时，换向阀的工作左位接入系统，定量液压泵泵出的压力油液经换向阀进入液压缸上油腔，活塞克服弹簧力向下运动。

如图 8.2 所示，它是采用二位四通电磁换向阀的换向回路。当二位四通电磁换向阀的电磁铁通电时，二位四通电磁换向阀的工作左位接入系统，定量液压泵泵出的压力油经换向阀进入液压缸的左腔，液压缸右腔的油液经换向阀流回油箱，活塞向右运动；当二位四通电磁换向阀的电磁铁断电时，二位四通电磁换向阀的工作右位接入系统，定量液压泵泵出的压力油经换向阀进入液压缸右腔，液压缸左腔的油液经换向阀流回油箱，活塞向左运动。

（1）采用换向阀可使液压缸或液压马达换向。由上述两例可知，只要控制电磁铁的通电或断电，缸中活塞便可不断地往复运动，换向方便，故获得了广泛的应用。采用电磁换向阀换向的特点是：采用电磁阀换向最为方便，动作迅速，但换向有冲击，换向定位精度低，换向操作力较小，可靠性相对较低，且交流电磁铁不宜作频繁切换，以免线圈烧坏。

（2）采用机-液复合换向阀换向回路的原因：若采用电-液换向阀，则可以通过调节单向节流阀来控制其液动阀的换向速度，因而换向冲击较小，但仍不能频繁切换。采用机动阀换向时，可利用运动部件上的挡铁和杠杆使阀芯移动直接换向，因而既省去了电磁阀换向的行程开关、继电器等中间环节，换向频率也不会受电磁铁的限制。但机动阀换向也会出现下面的问题：一是当运动部件速度很低时，可能出现换向死点；二是当运动部件速度很高时，引起的换向冲击较大。因此，对一些需要频繁的连续往复运动，且对换向过程又有很多要求（如迅速、平稳、准确）的工作机构（如磨床工作台），常采用机-液复合换向阀的换向回路。按照运动部件制动原理不同，机液换向阀的换向回路分为时间控制制动式换向和行程控制制动式换向两种控制方式。

（3）时间控制制动式换向回路如图 8.4 所示。这个回路中的主油路只受液动换向阀 3 控制。在换向过程中，当先导阀 2 阀芯被推向左端位置时，控制油路中的压力油经单向阀 I_2 通向换向阀的右端，而换向阀左端的油液经节流阀 J_1 流回油箱，换向阀阀芯向左移动，阀芯上的制动锥面逐渐关小回油通道，活塞的右移速度逐渐减慢，并在换向阀阀芯移过 l 距离后将通道闭死，活塞停止运动。当节流阀 J_1 和 J_2 的开口大小调定以后，不论活塞移动速度快慢如何，换向阀阀芯移动距离 l 所需的时间（即活塞制动所经历的时间）就基本确定不变，因此，称这种制动方式为时间控制制动式。

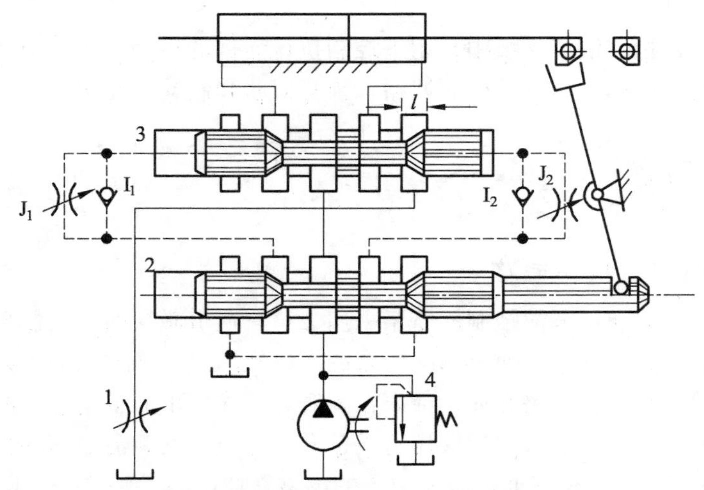

图 8.4　时间控制制动式换向回路

1—节流阀；2—先导阀；3—换向阀；4—溢流阀

（4）行程控制制动式换向回路如图 8.5 所示。这个回路中的主油路除了受换向阀 3 控制外，还要受先导阀 2 的控制。在图示位置，当挡块碰到拨杆推动先导阀的阀芯向左移动时，先导阀阀芯的右制动锥面逐渐将液压缸右腔的回油通道关小，使活塞速度逐渐减慢，对活塞进行预制动。当回油通道关得很小、活塞速度变得很慢时，换向阀的控制油路才开始切换，换向阀阀芯向左移动，切断主油路通道，使活塞停止运动，并随即使它换向。这里不论活塞原来的速度快慢如何，先导阀总是要先移动一段固定的行程 l，将活塞预制动后，再由换向阀使它换向。因此，称这种制动方式为行程控制制动式。

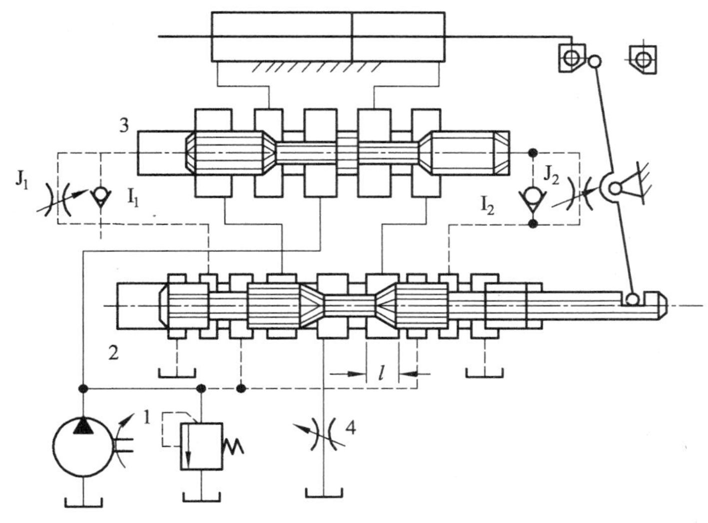

图 8.5　行程控制制动式换向回路

1—溢流阀；2—先导阀；3—换向阀；4—节流阀

时间控制制动式换向和行程控制制动式换向回路的特点及用途见表 8.2。

表 8.2

机-液换向阀的换向回路的类型	特　点	用　途
时间控制制动式换向回路	换向回路比较简单，制动时间可以根据工作情况通过调节节流阀 J_1 和 J_2 的开口进行调整，以便控制换向冲击，但换向过程中的冲出量受部件运动速度等因素的影响，换向精度不高	常用在工作部件运动速度较高，但换向精度较低的场合，如平面磨床、牛头刨床和插床等的液压系统中
行程控制制动式换向回路	回路换向精度较高，冲击量较小，但制动时间长短受活塞速度的影响较大，活塞速度愈高，制动时间就越短，换向冲击就愈大	用于工作部件运动速度不大，但换向精度要求较高的场合，如内、外圆磨床的液压系统中

2. 采用双向变量泵的换向回路

采用双向变量泵换向的回路见表 8.3 中的工作原理图。由图可以看出，回路中双杆双作用液压缸是执行元件，当双向变量泵 5 向液压缸左腔供油时，活塞向右运动，由于缸的进油流量等于排油流量，则缸右腔排出的流量全部进入泵的吸油腔。若因泄漏，双向变量泵 5 吸油而导致流量不足，则可通过单向阀 4 从油箱中吸油来补充；变换双向变量泵的供油方向，活塞向左运动。回路中先导型溢流阀是为防止系统过载而设定的安全阀，其工作原理图、功能、用途见表 8.3。

表 8.3

采用双向变量泵换向回路的工作原理图	功　能	应　用
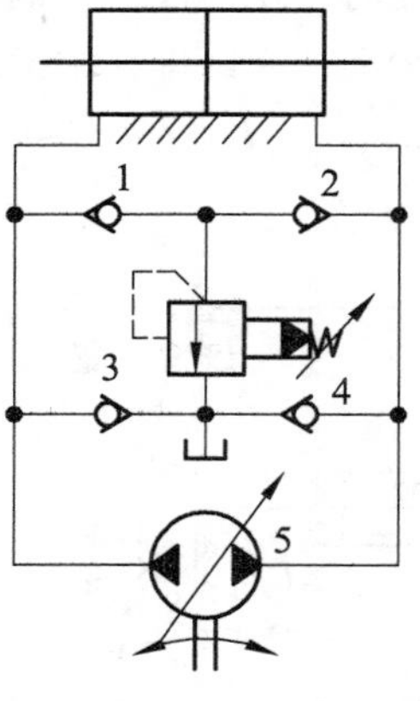 1、2、3、4—单向阀；5—双向变量泵	用双向变量泵变换供油方向来实现执行元件的换向	这种回路用于功率大、换向精度不高、换向频繁的液压系统，如龙门刨床、拉床和挖掘机等的液压系统

二、锁紧回路

采用液控单向阀控制的锁紧回路见表 8.4 中的工作原理图。由图可以看出，该回路中控制换向的三位四通阀一般采用中位机能为 O 形或 M 形的阀芯。换向阀阀芯工作在中位时，都有双向锁紧作用。但由于滑阀的泄漏，不能长时间保持停止位置不动，锁紧精度不高。由于液控单向阀的密封性能好，故在该锁紧回路在液压缸的两侧油路上各串接一液控单向阀，从而使得活塞可以在行程的任何位置上长期锁紧，不会因外力的影响而窜动，其锁紧精度只受缸的泄漏和油液压缩性的影响。为了保证锁紧迅速、准确，回路常采用 H 形或 Y 形中位机能的换向阀。其工作原理图、功能和用途见表 8.4。

表 8.4

采用液控单向阀控制的锁紧回路工作原理图	功　能	应　用
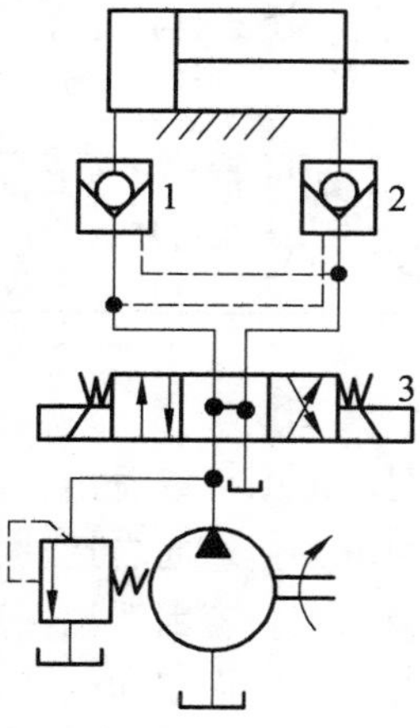 1，2—液控单向阀；3—H 形三位四通换向阀	通过切断液压执行元件的进油、出油通道来确切地使它停在既定位置上，并防止停止运动后因外界因素而发生窜动	该回路常用于汽车起重机的支腿油路和飞机起落架的收放油路上

三、制动回路

采用溢流阀控制的液压缸制动回路见表 8.5 中的工作原理图。由图可以看出，在液压缸的两侧油路上设置单向阀 3 和 5 以及反应灵敏的小型直动式溢流阀 2 或 4，三位四通换向阀（M 形）切换成中位时，活塞在溢流阀 2 或 4 的调定压力值下完成制动过程。例如，活塞向右运动时，突然切换换向阀，活塞右侧油液压力由于运动部件的惯性而突然升高，当压力超过溢流阀 4 的调压值时，阀开始溢流。这样就减缓了管路中的压力冲击，使活塞由运动状态平稳地变为静止状态，同时，液压缸左腔通过单向阀 3 补油。若活塞向左运动突然切换换向阀时，由溢流阀 2 起缓冲作用，单向阀 5 起补油作用。该回路中，溢流阀 2 和 4 的调压值应比主油路溢流阀 1 的调压值高 5% ~ 10%。

采用溢流阀控制的液压缸制动回路的工作原理图、功能见表 8.5。

表 8.5

采用溢流阀控制的液压缸制动回路工作原理图	功　能
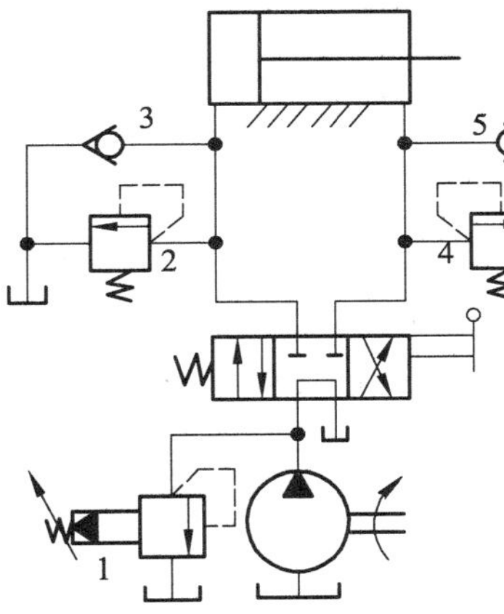 1—先导式溢流阀；2，4—直流式溢流阀；3，5—单向阀	该回路使执行元件平稳地由运动状态转换成静止状态。要求对油路中出现的异常高压和负压作出迅速反应，缩短制动时间，减小冲击

巩固拓展

为什么图 8.4 所示的换向回路称为时间控制制动式换向回路？

问题探究

在机液换向阀的换向回路中，时间控制制动式换向和行程控制制动式换向回路的重要区别是什么？

学习评价

检查自己所取得的成绩，在下表中的☆中画√，看看你能得多少个☆。

项　目	任务完成	巩固拓展	问题探究	行为养成
个人评价	☆☆☆☆☆	☆☆☆☆☆	☆☆☆☆☆	☆☆☆☆☆
小组评价	☆☆☆☆☆	☆☆☆☆☆	☆☆☆☆☆	☆☆☆☆☆
老师评价	☆☆☆☆☆	☆☆☆☆☆	☆☆☆☆☆	☆☆☆☆☆
存在问题				
改进措施				

任务 2　探究压力控制回路

任务案例

以各小组为单位分别分析单级调压回路、采用增压缸的增压回路、用换向阀中位机能（M形）的卸荷回路的工作原理，归纳各自的功能，并将有关内容填入表 8.6。

任务分析

本任务涉及以下内容：

（1）常用的压力控制回路中的调压、增压、卸荷回路的工作原理图；

（2）调压、增压、卸荷回路的工作原理分析；

（3）调压、增压、卸荷回路的功能归纳。

任务处理

（1）分别绘制压力控制回路中的调压、增压、卸荷回路的工作原理图。

（2）对压力控制回路中的调压、增压、卸荷回路的工作原理进行分析，归纳各自功能并填写表 8.6。

表 8.6

分析压力控制回路名称	工作原理图	功　能

知识导航

压力控制回路是利用压力控制阀控制整个液压系统或局部油路的压力，以使执行元件获得所需的力或力矩的回路。常用的压力控制回路有：调压、增压、卸荷、减压、平衡、保压和泄压等多种。

一、调压回路

调压回路的功用是调定或限制液压系统的最高压力或实现多级压力变换。其常用类型有：单级调压回路、多级调压回路和无级调压回路等。

单级调压回路、多级调压回路的工作原理图及其工作原理见表 8.7。

表 8.7

调压回路类型名称	工作原理图	工作原理
单级调压回路	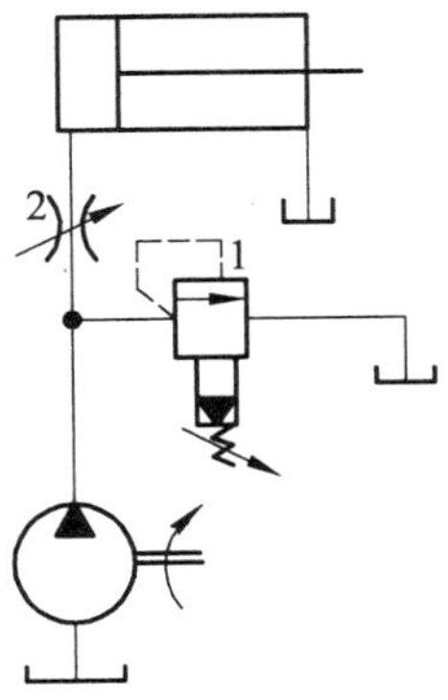 1—先导式溢流阀；2—节流阀	该回路是最基本的调压回路。当用节流阀 2 调节液压缸速度时，溢流阀 1 始终开启溢流，此时泵的出口压力便稳定在溢流阀 1 的调定压力上。调节溢流阀，便可调节泵的供油压力

续表 8.7

调压回路类型名称		工作原理图	工作原理
多级调压回路	二级调压回路	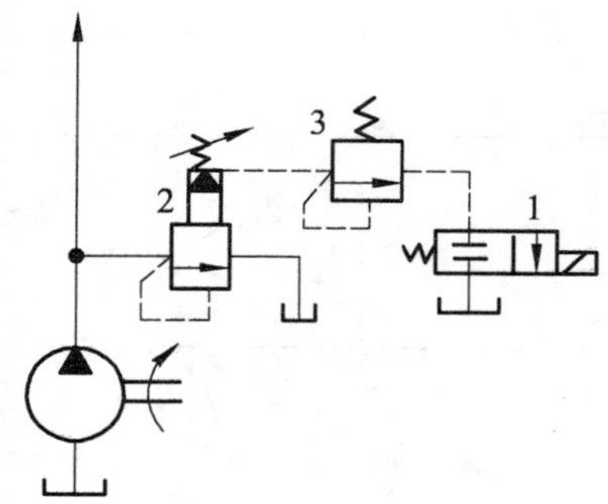 1—先导式溢流阀；2，3—远程调压阀； 4—O 形三位四通换向阀	该回路的先导式溢流阀 2 的远程控制口串接远程调压阀 3 和二位二通电磁换向阀 1。当换向阀 1 的电磁铁断电时，泵出口油压力由先导式溢流阀 2 确定；当换向阀 1 的电磁铁通电时，泵出口油压力由远程调压阀 3 确定。回路中先导式溢流阀的调压值应大于远程调压阀的调压值，在这种条件下，远程调压阀才能起到远程调压的作用
	三级调压回路	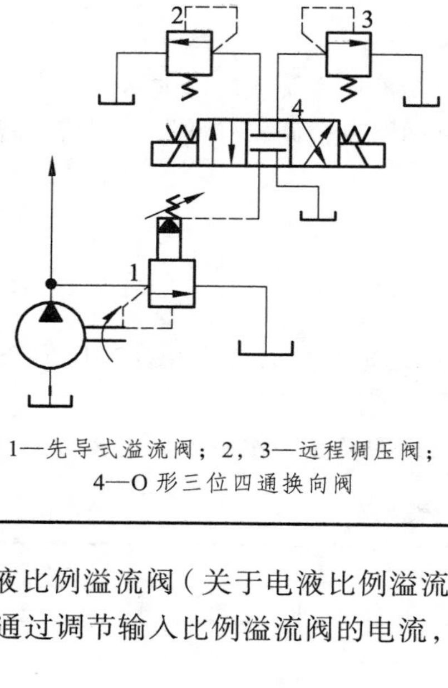 1—先导式溢流阀；2，3—远程调压阀； 4—O 形三位四通换向阀	该回路的主溢流阀 1 的远程控制口通过三位四通电磁换向阀 4 分别接具有不同调压值的远程调压阀 2 和 3。当换向阀左位时，泵出口压力由阀 2 确定；当换向阀右位时，泵出口压力由阀 3 确定；当换向阀中位时，泵出口压力由阀 1 确定。回路中阀 1 的调压值应大于阀 2 和阀 3 的调压值

另外，由电液比例溢流阀（关于电液比例溢流阀的内容将在学习领域 11 中介绍）可组成无级调压回路，通过调节输入比例溢流阀的电流，即可达到调节系统工作压力的目的。

二、增压回路

采用增压缸的增压回路见表 8.8 中的工作原理图。当换向阀左位时，增压缸输出的压力为 $p_b = p_a A_a / A_b$，压力油进入工作缸，因 $A_a > A_b$，故 $p_b > p_a$；换向阀右位时，增压缸活塞左移，工作缸靠弹簧复位，补油装置补足 b 腔油路的泄漏。增压回路的工作原理图及其功能见表 8.8。

表 8.8

采用增压缸的增压回路工作原理图	功　能
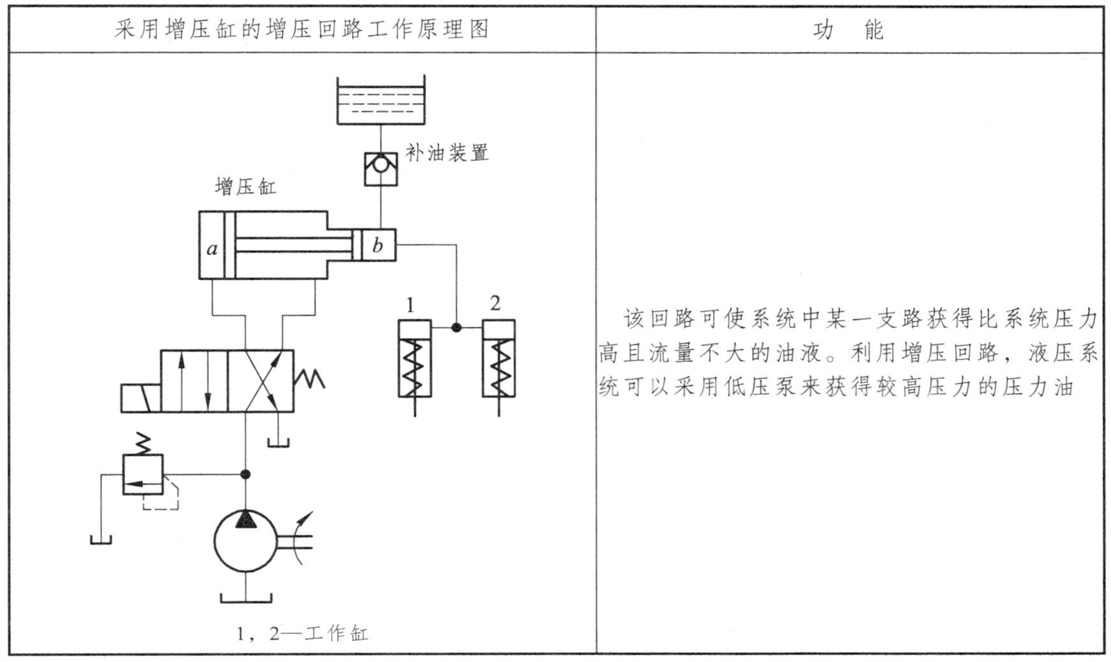 1，2—工作缸	该回路可使系统中某一支路获得比系统压力高且流量不大的油液。利用增压回路，液压系统可以采用低压泵来获得较高压力的压力油

三、卸荷回路

采用换向阀中位机能（M 形）的卸荷回路见表 8.9 中的工作原理图。由图可以看出，换向阀在中位时，液压泵卸荷。此种卸荷方式结构简单，液压泵在极低的压力下运转，但对于压力较高、流量较大的系统容易产生较大冲击，只适应于低压小流量的系统。用 H、K 形三位换向阀也能起卸荷作用。其工作原理图及其功能见表 8.9。

表 8.9

用换向阀中位机能的卸荷回路工作原理图	功　能
1	该回路在系统执行元件短时间不工作时，不频繁启闭驱动泵的电动机，而使液压泵在零压或很低压力下运转，以减少功率损耗，降低系统发热，延长泵和电动机的使用寿命

图 8.6 所示为用二位二通换向阀的卸荷回路。当执行元件停止工作时，二位二通换向阀通电，这时液压泵输出的油液经二位二通阀流回油箱。此种卸荷回路的卸荷效果较好，但选用的二位二通阀的规格应与泵的额定流量相适应。

图 8.7 所示为用蓄能器保压、由先导式溢流阀卸荷的卸荷回路。系统工作时，1YA 通电，液压泵向蓄能器和液压缸左腔供油，使活塞右移；当接触工件后，系统压力升至压力继电器调定值时，3YA 通电，通过先导式溢流阀使泵卸荷。此时，液压缸所需压力由蓄能器保持。

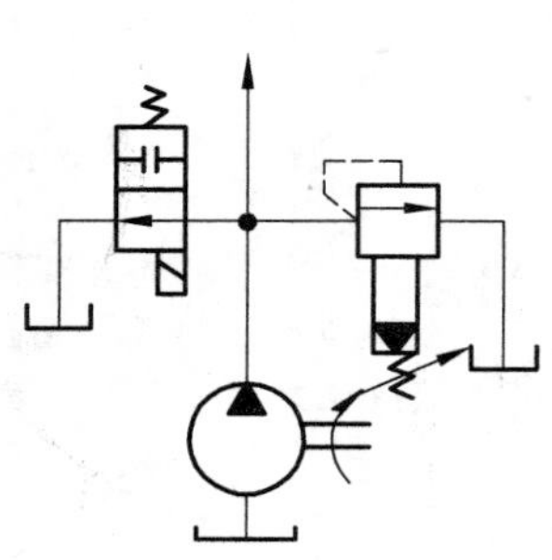

图 8.6　用二位二通换向阀的卸荷回路

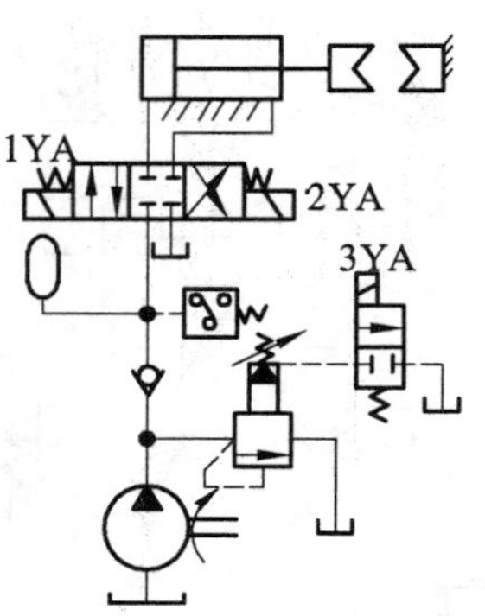

图 8.7　用蓄能器保压由先导式溢流阀卸荷的卸荷回路

四、减压回路

最常见的减压回路见表 8.10 中相对应的工作原理图，它是在所需低压的油路上串接定值减压阀 2。减压油路的压力由减压阀 2 的调定值决定，回路中的单向阀 3 用于当主油路压力低于减压阀 2 的调定值时，防止油液倒流，起短时保压作用。

二级减压回路见表 8.10 中相对应的工作原理图，在先导式减压阀 2 的遥控口上串接二位二通电磁换向阀和远程调压阀 3，当换向阀左位接入系统，减压油路的压力由先导式减压阀 2 的调定值决定；当换向阀右位接入系统，减压油路的压力由远程调压阀 3 的调定值决定。必须指出，远程调压阀 3 的调定值一定要低于减压阀 2 的调定值，只有这样，才能得到二级压力。液压泵的最大工作压力由溢流阀 1 调定。减压回路的工作原理图、功能和用途见表 8.10。

表 8.10

减压回路的名称	工作原理图	功能和用途
最常见减压回路	至主油路 1　2　3　至减压油路 1—溢流阀；2—减压阀；3—单向阀	可使系统的某一部分油路获得比系统压力低且稳定的工作压力。机床的工件夹紧、导轨润滑以及液压系统的控制油路等常应用减压回路

续表 8.10

减压回路的名称	工作原理图	功能和用途
二级减压回路	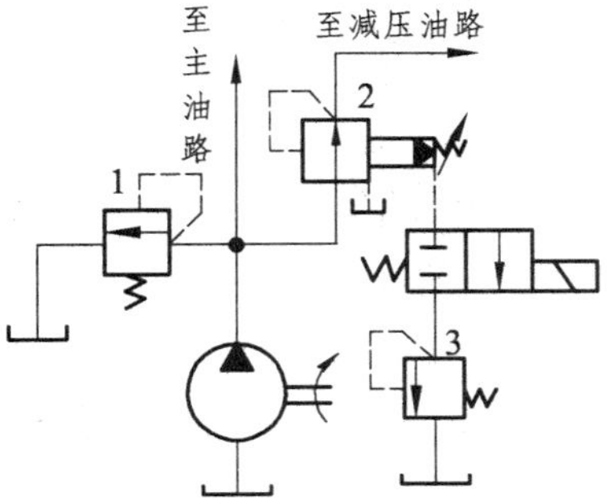 至主油路　至减压油路　1　2　3 1—溢流阀；2—减压阀；3—远程调压阀	可使系统的某一部分油路获得比系统压力低且稳定的工作压力。机床的工件夹紧、导轨润滑以及液压系统的控制油路等常应用减压回路

减压回路中也可以采用比例减压阀来实现无级减压。

五、平衡回路

采用单向顺序阀的平衡回路见表 8.11 中的工作原理图。由图看出，当换向阀处于右位时，压力油经单向阀进入液压缸下腔，使活塞上行；当换向阀处于中位时，活塞就停止不动；当电磁换向阀处于左位时，压力油进入液压缸的上腔，推动活塞向下运动，因顺序阀背压作用的影响，活塞下降比较平稳。需要指出的是，只有向缸的上腔供油使下腔产生的压力高于顺序阀的调定压力时，活塞才能下降，其下降速度取决于进入液压缸上腔的流量。其工作原理图、特点、功能见表 8.11。

顺序阀的调定压力 p_x 应稍高于活塞和运动部件的自重 W 在液压缸下腔形成的压力，即

$$p_x \geqslant \frac{W}{A}$$

式中　A ——液压缸下腔活塞的有效面积。

表 8.11

平衡回路工作原理图	特　点	功　能
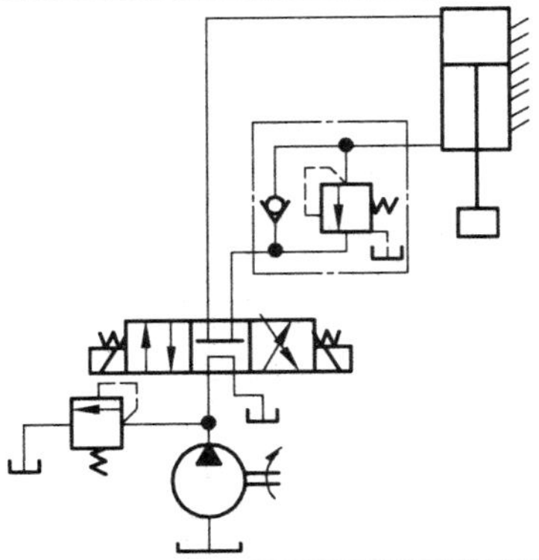	在这种平衡回路中，顺序阀的调定压力确定后，若工作负载变小，则系统的功率损失将增大。又由于滑阀结构的换向阀和顺序阀存在泄漏，活塞不可能长时间停在某一位置。故这种回路只适用于工作负载固定且活塞锁住时定位要求不高的场合	该回路使执行元件的回油路上具有一定的背压值，以平衡重力载荷，防止运动部件因自重而自行下落

六、保压回路

保压回路见表 8.12 中的工作原理图，它是一种采用液控单向阀 3 和电接触式压力表 5 的自动补油保压回路。当换向阀 2 右位接入回路时，液压缸上腔成为压力腔，活塞下行终止，抵住工件，上腔压力上升，在压力上升到电接触式压力表上限触点调定压力时，电接触式压力表发出电信号，使换向阀切换成中位，泵卸荷，液压缸由液控单向阀 3 保压。当液压缸上腔压力下降到下限触点调定压力时，换向阀右位接入回路，泵又向液压缸上腔补油，使其压力回升。换向阀左位接入回路时，活塞向上退回。其工作原理图、特点、功能见表 8.12。

表 8.12

自动补油保压回路工作原理图	特　点	功　能
1—溢流阀；2—三位四通换向阀；3—液控单向阀；4—截止阀；5—压力表	保压时间长，压力稳定性高，适用于保压性能要求高的高压系统	使系统在液压缸不动或因在工件变形而产生微小位移的情况下保持稳定不变的压力

七、泄压回路

表 8.13 中的工作原理图是一种使用节流阀的泄压回路。当换向阀 4 处于中位时，液压泵卸荷，液压缸上腔的高压油通过节流阀 3、单向阀 2 和换向阀 4 泄压，泄压快慢由节流阀 3 调节。当缸上腔油压力降低到压力继电器 5 的调定压力时，换向阀左位接入回路，此时，液控单向阀 6 打开，液压缸上腔的油液通过该阀排到油箱 7。其工作原理图、特点、功能见表 8.13。

表 8.13

泄压回路工作原理图	特　点	功　能
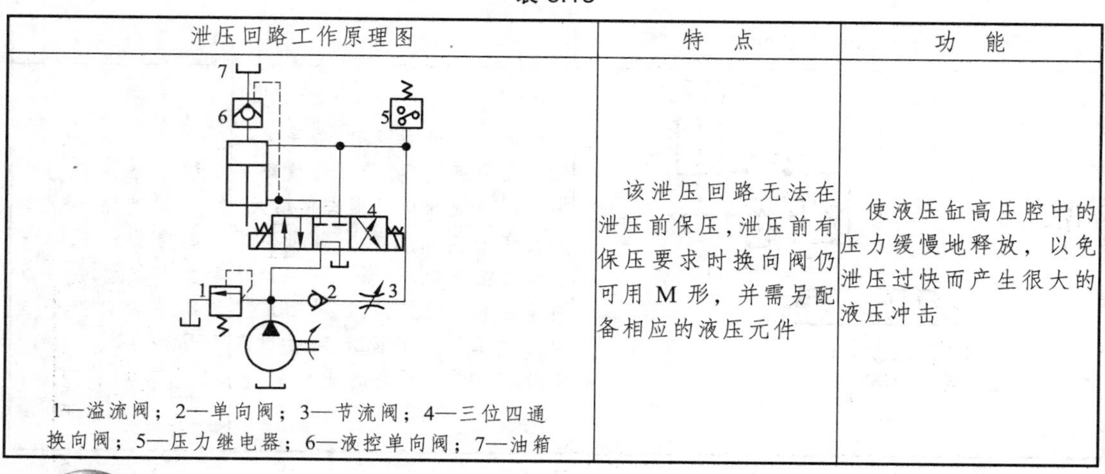 1—溢流阀；2—单向阀；3—节流阀；4—三位四通换向阀；5—压力继电器；6—液控单向阀；7—油箱	该泄压回路无法在泄压前保压，泄压前有保压要求时换向阀仍可用 M 形，并需另配备相应的液压元件	使液压缸高压腔中的压力缓慢地释放，以免泄压过快而产生很大的液压冲击

巩固拓展

（1）分析用二位二通换向阀的卸荷回路的工作原理。
（2）归纳减压、平衡、保压和泄压回路的功能。

学习评价

检查自己所取得的成绩，在下表中的☆中画√，看看你能得多少个☆。

项　目	任务完成	交流效果	阅读效率	行为养成
个人评价	☆☆☆☆☆	☆☆☆☆☆	☆☆☆☆☆	☆☆☆☆☆
小组评价	☆☆☆☆☆	☆☆☆☆☆	☆☆☆☆☆	☆☆☆☆☆
老师评价	☆☆☆☆☆	☆☆☆☆☆	☆☆☆☆☆	☆☆☆☆☆
存在问题				
改进措施				

任务 3　分析速度控制回路

任务案例

分别对表 8.15 中的进油路节流调速回路、表 8.16 中的容积调速回路、表 8.18 中的差动连接快速运动回路进行工作原理分析，归纳各回路的功能，并填写有关表格。

任务分析

本任务涉及以下内容：
（1）速度控制回路的定义及类型；
（2）调速回路、快速运动回路的类型、工作原理分析及各自特点、功能的归纳。

任务处理

（1）分别对表 8.15 中的进油路节流调速回路、表 8.16 中的容积调速回路、表 8.18 中的差动连接快速运动回路进行工作原理分析；
（2）归纳各回路的功能，并填写表 8.14。

表 8.14

速度控制回路类型名称	工作原理图	功 能

知识导航

速度控制回路是指在液压系统中，用来控制和调节执行元件的运动速度的回路。它是液压系统的重要组成部分，其工作性能的好坏对整个系统起着决定性的作用。其常用类型包括：调速回路、快速运动回路和速度换接回路等。

一、调速回路

调速回路的功用是调节执行元件的速度。

调速原理：在液压传动系统中，作为执行装置的液压缸和液压马达，其工件速度或转速与输入流量及其几何参数有关。在不考虑泄漏和油液可压缩性的情况下，液压缸的运动速度 v 为：

$$v = \frac{q}{A}$$

液压马达的转速 n_M 为：

$$n_M = \frac{q}{V_M}$$

式中 q ——输入液压缸或液压马达的流量；

A ——液压缸的有效作用面积；

V_M ——液压马达的排量。

由上面两式可知，改变输入液压缸和液压马达的流量 q，或者改变缸的有效面积 A 和马达的排量 V_M，都可达到调速的目的。对于液压缸来说，要改变面积 A 是比较困难的，一般只能用改变流量 q 的办法来调速。对于液压马达来说，若是定量液压马达，因其结构已确定，则只能用改变流量 q 的办法来调速；若是变量液压马达，则既可改变输入流量 q，也可改变每转排

量 V_M 来实现调速。而改变输入流量，可以用流量控制阀来调节，也可以用变量泵来调节。

液压系统常用的调速回路类型有：节流调速、容积调速和容积节流调速三种。

（1）节流调速回路。

节流调速回路是指当液压系统采用定量泵供油时，用流量控制阀改变进入或流出执行元件的流量来实现调速的回路。

① 节流调速回路的类型。根据流量阀在回路中的位置不同，节流调速回路可分为：进油路节流调速回路、回油路节流调速回路和旁油路节流调速回路三种基本形式。

② 进油路节流调速回路见表 8.15 中相对应的工作原理图。该回路中，节流阀串联在液压泵和执行元件（液压缸）之间，从泵输出的油液经节流阀进入液压缸的工作腔，推动活塞运动。调节节流阀的通流截面积，即可调节进入液压缸的流量 q_1，从而调节液压缸的运动速度 v，多余的油液 Δq 经溢流阀流回油箱。在工作过程中，p_1 随负载而变化，泵的出口压力为溢流阀的调定压力 p_s，并基本保持定值。由于泵的流量 q_p 和供油压力 p_s 是不变的，因此带动液压泵的电动机功率也是不变的，这样，当系统在低速轻载下工作时，损失的功率较大。另外，由于油液经节流阀后才进入液压缸，故油温高、泄漏大；又由于没有背压，故运动平稳性差。

③ 回油路节流调速回路见表 8.15 中相对应的工作原理图。在该回路中，节流阀是串联在液压缸和油箱之间的，故调节节流阀的通流截面积，即可调节从缸流回油箱的流量，从而调节液压缸的运动速度，液压泵输出的多余油液从溢流阀流回油箱。这种回路因节流阀串联在回油路上，油液经节流阀流回油箱，故可以减少系统发热和泄漏，同时节流阀起背压作用，故运动平稳性较好。由于溢流阀始终有溢流，故泵的输出功率为定值，因而会造成功率损失，效率降低。

④ 旁油路节流调速回路见表 8.15 中相对应的工作原理图。该回路是将节流阀装在与液压缸并联的支路上，泵输出的流量 q_p 分成两部分，一部分流量 Δq 通过节流阀流回油箱，一部分流量 Q_1 进入液压缸工作腔，使活塞获得一定的速度 v。调节节流阀的通流截面积，即可调节进入液压缸的流量，从而调节活塞的运动速度。节流阀的通流截面积大，通过节流阀的流量就大，进入液压缸的流量就小，于是活塞的运动速度低；反之则运动速度高。由于溢流功能由节流阀来完成，故在正常情况下，溢流阀处于关闭状态。只有当系统过载时，溢流阀才打开，起安全保护作用。泵输出的压力随负载变化而变化。

进油路节流调速回路、回油路节流调速回路和旁油路节流调速回路的工作原理图、特点及应用见表 8.15。

表 8.15

节流调速回路的名称	工作原理图	特点及应用
进油路节流调速回路	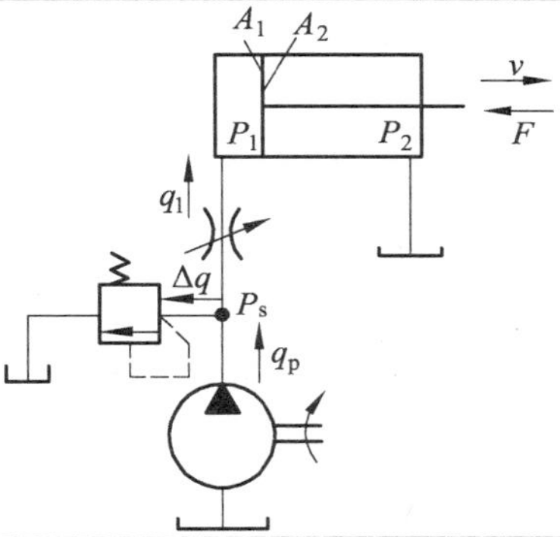 A_1 A_2 v F P_1 P_2 q_1 Δq P_s q_p	当系统在低速轻载下工作时，损失的功率较大。另外，油温高、泄漏大，又由于没有背压，故运动平稳性差。此种回路适用于轻负载或负载变化不大以及速度不高的场合

续表 8.15

节流调速回路名称	工作原理图	特点及应用
回油路节流调速回路	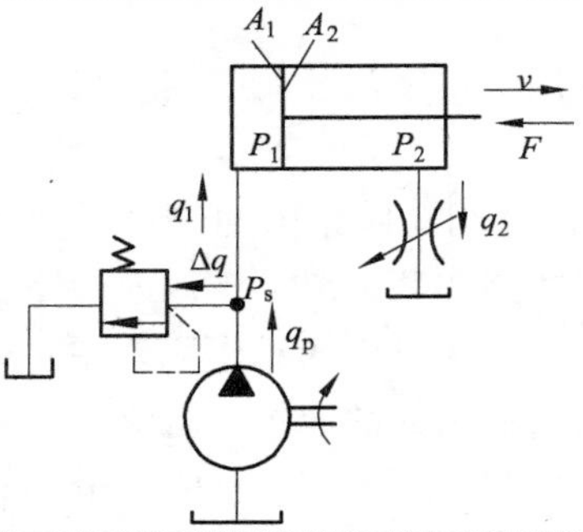 A_1 A_2 v P_1 P_2 F q_1 q_2 Δq P_s q_p	该回路可以减少系统发热和泄漏，运动平稳性较好。功率损失始终存在，效率降低。这种回路常用在功率不大，负载变化较大，要求运动平稳性较高的液压系统中，如铣床、钻床和平面磨床等
旁油路节流调速回路	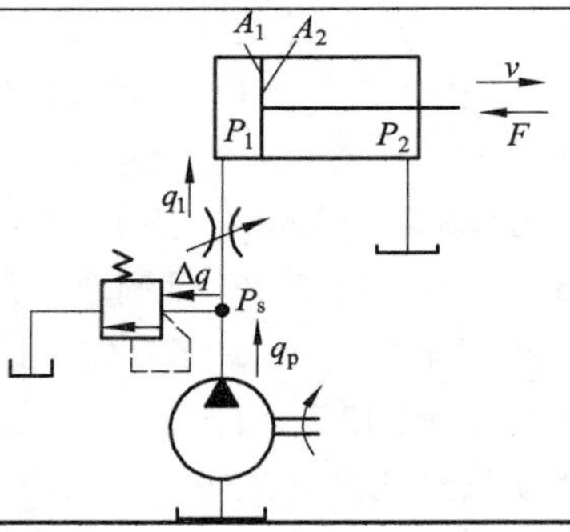 A_1 A_2 v P_1 P_2 F q_1 Δq P_s q_p	该回路有以下特点：① 由于没有背压阻力，负载变化时执行元件的运动稳定性较差；② 当节流阀开口增大，系统所能承受的最大负载将减小，即低速时承载能力减小；③ 由于泵的输出压力随负载而变化，溢流阀溢流损耗很小，故效率比较高。这种回路常用于负载变化小，对运动平稳性要求不高且调速范围较小的高速大功率的场合，如牛头刨床的主传动液压系统

（2）容积调速回路。

① 容积调速回路的组合形式。容积调速回路有变量泵和定量执行元件、定量泵和变量执行元件、变量泵和变量执行元件三种组合形式。由于在机床上较少采用，本书仅讨论变量泵和液压缸的调速回路。

② 由变量泵和液压缸组成的调速回路见表 8.16 中的工作原理图。变量泵输出的压力油全部进入液压缸，使活塞移动。通过改变变量泵的流量来改变活塞移动的调速，回路中的最大压力由先导式溢流阀（当安全阀用）限定，回油路中的溢流阀用于产生背压。其工作原理图、特点见表 8.16。

表 8.16

容积调速回路工作原理图	特　点
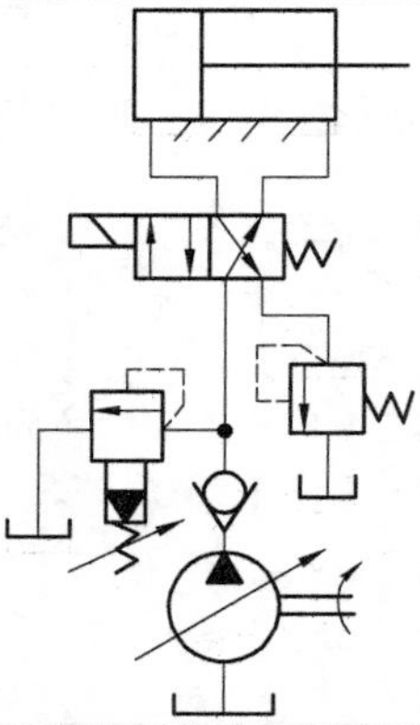	（1）液压缸的最高速度决定于变量泵的最大流量，最低速度决定于变量泵的最小流量，调速范围较大，而且可以连续地无级调速。 （2）在各种速度下，当泵的输出压力和回油路压力不变时，液压缸输出的推力不变。 （3）若不计损失，则液压缸的输出功率等于液压泵的输出功率，且液压缸的输出功率随变量泵的排量增减而呈线性地增减。 （4）由于变量泵存在泄漏，而且压力越高，泄漏越大，从而引起液压缸活塞的速度下降，故这种调速回路具有速度随负载增加而下降的特性

（3）容积节流调速回路。

它是采用变量泵供油，用调速阀或节流阀改变进入或流出液压缸的流量，以实现工作速度的调节，并使变量泵的输油量与液压缸所需油量自动相适应。这种回路又称联合调速回路。

采用限压式变量泵和调速阀组成的容积节流调速回路见表 8.17 中的工作原理图。调速阀控制着进入液压缸的流量 q_1，如果这时变量泵的输出流量 q 大于 q_1，则调速阀入口压力就会升高，由限压式变量泵的流量-压力特性可知，当压力超过限定值后，液压泵的流量就会自动变小，直至 $q = q_1$ 为止；反之亦然，即变量泵输出的流量 q 自动与液压缸所需流量相适应。其工作原理图、特点及应用见表 8.17。

表 8.17

容积节流调速回路工作原理图	特点及应用
	该调速回路没有溢流损失，效率较高，速度稳定性也比单纯的容积调速回路好。 该调速回路进入液压缸的流量基本上不受负载变化的影响，活塞的运动速度由调速阀调节，它的调速范围也只受调速阀调节范围的限制，泵的供油压力随负载而变化。这种回路最宜用在负载变化不大的中、小功率的液压系统中，如组合机床的进给系统

二、快速运动回路

快速运动回路的功用是使执行元件获得尽可能大的工作速度，以提高生产率或充分利用功率。例如，机床上工作部件的空行程一般需做快速运动。常见的快速运动回路有：差动连接快速运动回路、双泵供油快速运动回路、增速缸快速运动回路、蓄能器快速运动回路等。

1. 差动连接快速运动回路

液压缸差动连接快速运动回路见表 8.18 中的工作原理图。换向阀处于右位时，液压缸有杆腔的回油和液压泵的供油合在一起进入液压缸无杆腔，使活塞快速向右运动。差动连接与非差动连接的速度之比为 $v'/v = A_1/(A_1 - A_2)$。其工作原理图、特点见表 8.18。

表 8.18

液压缸差动连接快速运动回路工作原理图	特　点
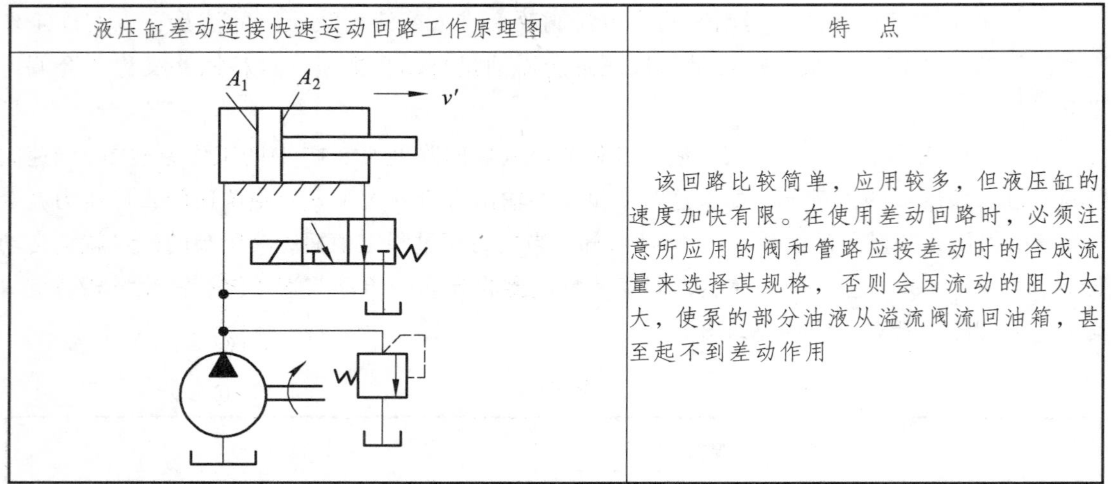	该回路比较简单，应用较多，但液压缸的速度加快有限。在使用差动回路时，必须注意所应用的阀和管路应按差动时的合成流量来选择其规格，否则会因流动的阻力太大，使泵的部分油液从溢流阀流回油箱，甚至起不到差动作用

2. 双泵供油快速运动回路

双泵供油快速运动回路见表 8.19 中相对应的工作原理图，低压大流量泵 1 和高压小流量泵 2 组成的双联泵作动力源。外控顺序阀（卸荷阀）3 设定双泵供油时系统的最高工作压力，溢流阀 5 设定小流量泵单独供油时系统的最高工作压力。液压缸快速向右运动（即换向阀 8 处于左位）时，负载小而需要的流量大，由于系统压力低，这时大、小两泵同时向系统供油；液压缸慢速向右运动（即换向阀处于右位）时，负载大而需要的流量小，系统的压力升高，卸荷阀打开，大流量泵输出的压力油经阀 3 流回油箱，大流量泵卸荷（此时单向阀 4 关闭），系统由小流量泵单独供油。

3. 增速缸快速运动回路

增速缸快速运动回路见表 8.19 中相对应的工作原理图。增速缸由活塞缸与柱塞缸复合而成。在液压泵输出流量一定的情况下，利用液压缸的有效工作面积的不同，实现快慢两种不同的速度。当换向阀 2 左位接入系统时，泵 1 输出的压力油经柱塞 6 上的孔道 a 进入增速缸Ⅱ腔，因Ⅱ腔中柱塞的有效面积较小，故活塞 7 快速向右移动，增速缸Ⅰ腔所需油液经液控单向阀 5 从油箱 4 吸取。当活塞快速向右运动到触动行程开关，换向阀 3 电磁铁通电，压力油同时进入增速缸的Ⅰ腔和Ⅱ腔，活塞转换成慢速运动，且推力增大。换向阀 2 的右位接入系统，阀 3 处于左位（常态），压力油进入增速缸的Ⅲ腔，同时打开单向阀，Ⅰ腔和Ⅱ腔排油，活塞因Ⅲ腔的有效面积很小而快速向左退回。

4. 蓄能器快速运动回路

蓄能器快速运动回路见表 8.19 中相对应的工作原理图。它是通过增加输入到执行元件流量的方法来实现快速运动的。当液压缸 3 停止工作时，液压泵 6 向蓄能器 2 充液，储存能量，当蓄能器的压力升高到外控顺序阀 1 的调定压力时，阀 1 打开，液压泵卸荷。

双泵供油快速运动回路、增速缸快速运动回路、蓄能器快速运动回路的工作原理图、特点及应用见表 8.19。

表 8.19

回路名称	工作原理图	特点及应用
双泵供油快速运动回路	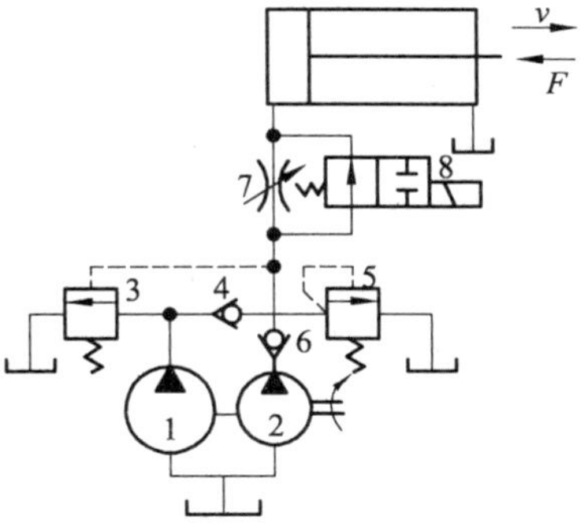 1—大流量泵；2—小流量泵；3—卸荷阀；4，6—单向阀；5—溢流阀；7—节流阀；8—二位二通换向阀	该回路的卸荷阀的调定压力至少应比溢流阀的调定压力低 10%～20%，大流量泵卸荷减少了动力消耗，回路效率较高。该回路常用在执行元件快进和工进速度相差较大的场合
增速缸快速运动回路	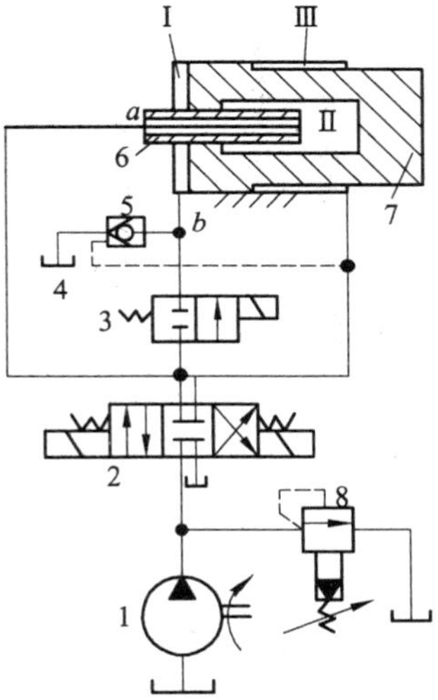 1—液压泵；2—三位四通换向阀；3—二位二通换向阀；4—油箱；5—液控单向阀；6—柱塞；7—活塞；8—溢流阀	该回路功率利用比较合理，效率较高，但增速比受增速缸尺寸的限制，结构比较复杂。常用于空行程速度要求较快的大型液压机或注塑机的液压系统中
蓄能器快速运动回路	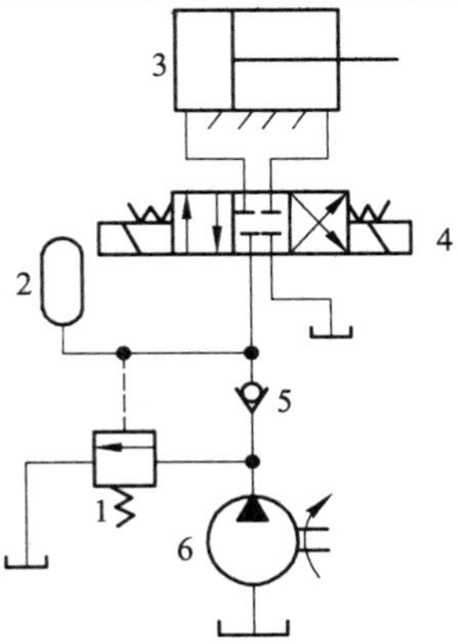 1—外控顺序阀；2—蓄能器；3—液压缸；4—三位四通换向阀；5—单向阀；6—液压泵	该回路在液压缸工作或要求快速运动时，由泵和蓄能器同时向液压缸供油，使活塞获得较高的运动速度。一般应用于短时间内需要大流量的场合

三、速度换接回路

速度换接回路的功用是使执行元件在一个工作循环中从一种运动速度变换成另一种运动速度。常用的速度换接回路有：采用行程阀的速度换接回路、采用行程节流阀的速度换接回路、采用两个调速阀的速度换接回路、采用液压缸自身结构的速度换接回路等。

（1）采用行程阀的速度换接回路见表 8.20 中相对应的工作原理图。该回路可以实现“快、慢、快”的运动循环。当换向阀 3 和行程阀 6 处于图示位置时，液压缸活塞快速进到预定位置，活塞杆上的挡块压下行程阀，行程阀关闭，液压缸右腔的油液必须通过调速阀 5 才能流回油箱，活塞运动转为慢速工进。当换向阀 3 左位接入系统时，压力油经单向阀 4 进入液压缸的右腔，活塞快速向左返回。

（2）采用行程节流阀的速度换接回路见表 8.20 中相对应的工作原理图。它可以实现执行元件的“快、慢、快”运动循环。当换向阀 3 处于左位时，液压缸 6 左腔进入压力油，推动活塞快速向右运动。当活塞杆上的撞块 5 压下单向行程节流阀 4 的滚轮时，节流口变小，缸右腔的回油流量减少，活塞转为慢速工进。当活塞向右移动到预定位置时，换向阀 3 右位工作，压力油经单向行程节流阀的单向阀进入缸的右腔，活塞快速向左退回。节流口开口的大小由撞块控制，速度换接的快慢由撞块的斜度来控制，若需要几种工进速度，则可用阶梯撞块来实现。

（3）采用液压缸自身结构的速度换接回路见表 8.20 中相对应的工作原理图。它是根据速度变换所需要的行程在液压缸缸体上相应的位置开两个通油孔 4 和 7，同调速阀 5 并联而实现快、慢速度的转换的。换向阀 2 处于左位时，则压力油进入液压缸的左腔，活塞快速向右运动；当活塞堵住油孔 4 后，回油只能经油孔 7 和调速阀 5 流回油箱，因而活塞慢速向右移动。

采用行程阀的速度换接回路、采用行程节流阀的速度换接回路、采用液压缸自身结构的速度换接回路的工作原理图、特点及应用见表 8.20。

表 8.20

回路名称	工作原理图	特点及应用
用行程阀的速度换接回路	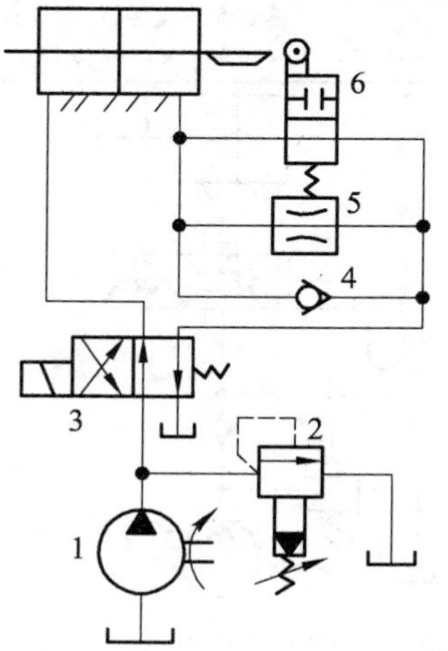 1—液压泵；2—溢流阀；3—二位四通换向阀；4—单向阀；5—调速阀；6—行程阀	该回路的快、慢速换接过程比较平稳，换接点位置准确（换接精度高）。但行程阀的安装位置不能任意布置，管路连接较为复杂。常用于机床液压系统中

续表 8.20

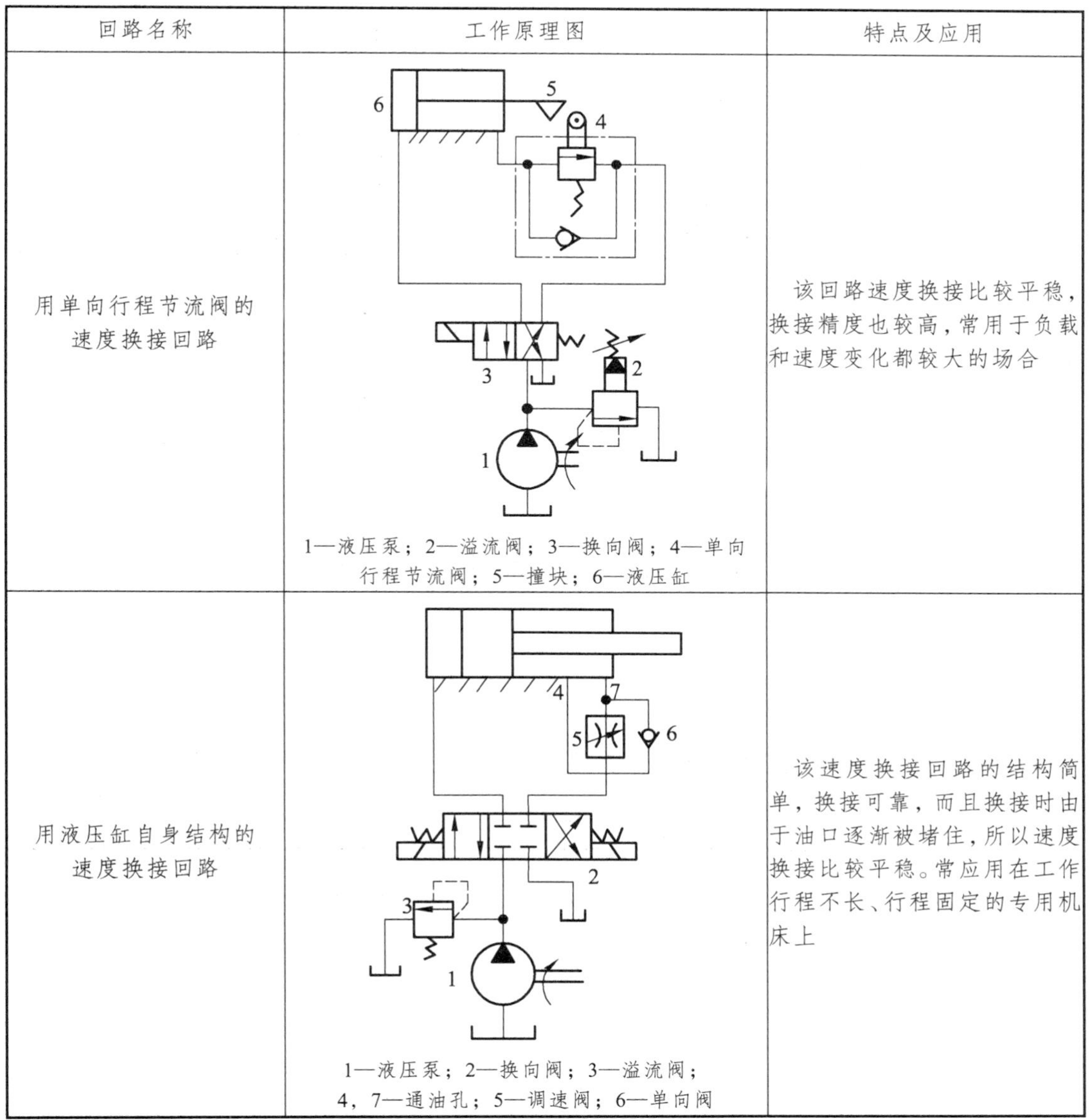

回路名称	工作原理图	特点及应用
用单向行程节流阀的速度换接回路	1—液压泵；2—溢流阀；3—换向阀；4—单向行程节流阀；5—撞块；6—液压缸	该回路速度换接比较平稳，换接精度也较高，常用于负载和速度变化都较大的场合
用液压缸自身结构的速度换接回路	1—液压泵；2—换向阀；3—溢流阀；4，7—通油孔；5—调速阀；6—单向阀	该速度换接回路的结构简单，换接可靠，而且换接时由于油口逐渐被堵住，所以速度换接比较平稳。常应用在工作行程不长、行程固定的专用机床上

（4）采用两个调速阀的速度换接回路如图 8.8 所示。图 8.8a 中的两个调速阀 2 和 3 串联，它可以实现两种进给速度的换接。在图示位置，调速阀 3 被换向阀 4 短接，输入液压缸的流量由调速阀 2 控制。当换向阀 4 右位接入回路时，因调速阀 3 的开口要调得小于调速阀 2 的开口，所以输入液压缸的流量由调速阀 3 控制。由于调速阀 2 一直处于工作状态，在速度换接时它限制着进入调速阀 3 的流量，故这种回路的速度换接平稳性较好。图 8.8（b）中的两个调速阀 2 和 3 并联，由换向阀 4 实现切换。两个调速阀可以独立调节其流量，互不影响，因而它可以实现两种进给速度的换接。此种回路一个调速阀工作时另一个调速阀内无油液通过，该调速阀中的定差减压阀因其前后的压力相等而处于最大开口位置，速度换接时，大量油液通过该处会使工作部件产生突然前冲的现象，因此该回路不适宜在同一行程中实现速度

换接，只可用在速度预选的场合。

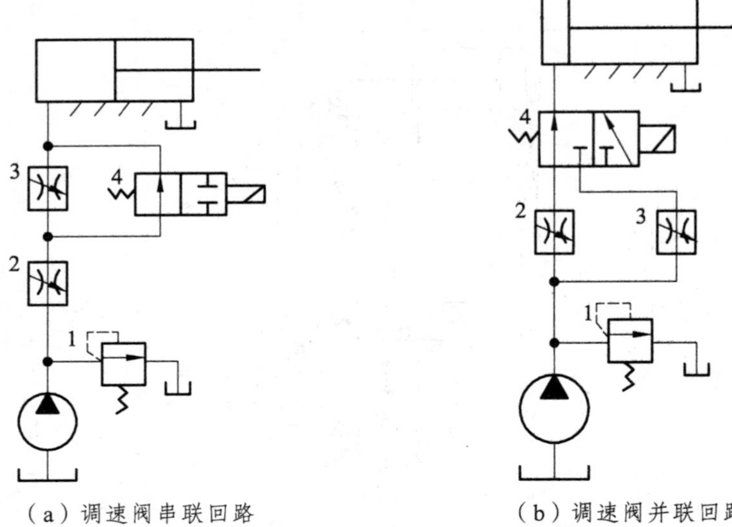

（a）调速阀串联回路　　（b）调速阀并联回路

图 8.8　用两个调速阀的速度换接回路

1—溢流阀；2，3—调速阀；4—换向阀

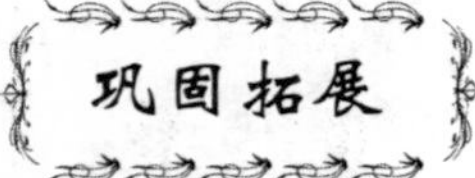

绘制、分析容积节流调速回路，并填写表 8.21。

表 8.21

工作原理图	特　点

问题探究

比较、分析图 8.8 中（a）、（b）两图的工作原理、特点及其应用。

学习评价

检查自己所取得的成绩，在下表中的☆中画√，看看你能得多少个☆。

项　目	任务完成	交流效果	阅读效率	行为养成
个人评价	☆☆☆☆☆	☆☆☆☆☆	☆☆☆☆☆	☆☆☆☆☆
小组评价	☆☆☆☆☆	☆☆☆☆☆	☆☆☆☆☆	☆☆☆☆☆
老师评价	☆☆☆☆☆	☆☆☆☆☆	☆☆☆☆☆	☆☆☆☆☆
存在问题				
改进措施				

任务4　探究多缸控制回路

任务案例

分别对图8.9、表8.23中的使用行程阀控制顺序动作回路、表8.24中带补偿装置的串联缸位置同步回路进行工作原理分析，归纳各回路的功能，并填写有关表格。

任务分析

本任务涉及以下内容：

（1）多缸控制回路的功能及类型；

（2）典型顺序动作回路、同步动作回路的分析，并归纳其各自的功能、特点。

任务处理

（1）分别对图8.9、表8.23中使用行程阀控制的顺序动作回路、表8.24中带补偿装置的串联缸位置同步回路进行工作原理分析；

（2）归纳各回路的功能，并填写表8.22。

表8.22

多缸控制回路的名称	工作原理	特　点
使用顺序阀的顺序动作回路		
使用行程阀控制的 顺序动作回路		
带补偿装置的 串联缸位置同步回路		

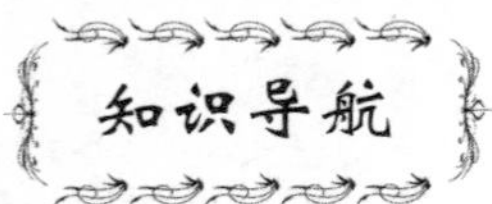

多缸控制回路是指在液压传动系统中，如果由一个油源给多个液压缸供油，各液压缸会因回路中压力、流量的相互影响而在动作上受到牵制，因此，必须使用一些特殊的回路来实现预定的动作要求。常见的多缸控制回路有：顺序动作回路、同步动作回路和互不干扰回路等。

一、顺序动作回路

顺序动作回路的功用是使多缸液压系统中的各个液压缸严格按照预定的顺序依次动作。按控制方式的不同，顺序动作回路可分为压力控制和行程控制两种。

1. 压力控制的顺序动作回路

压力控制是利用油路本身压力的变化来使液压缸按顺序先后动作的一种控制方式。它主要由顺序阀或由压力继电器控制电器线路来实现。

（1）使用顺序阀的顺序动作回路如图 8.9 所示。当换向阀 2 左位接回路时，压力油进入液压缸 4 的左腔，使活塞向右运动，完成动作①。当这项动作完成后，液压缸 4 的活塞位于右侧极限位置，系统中的压力升高到顺序阀 6 的调定压力，顺序阀 6 开启，压力油进入液压缸 5 的左腔，使活塞向右运动，完成动作②。当换向阀 2 右位接入回路时，压力油进入液压缸 5 的右腔，完成动作③。当这项动作完成后，液压缸 5 的活塞位于左侧极限位置，系统中压力升高，压力油打开顺序阀 3 进入液压缸 4 的右腔，完成动作④。

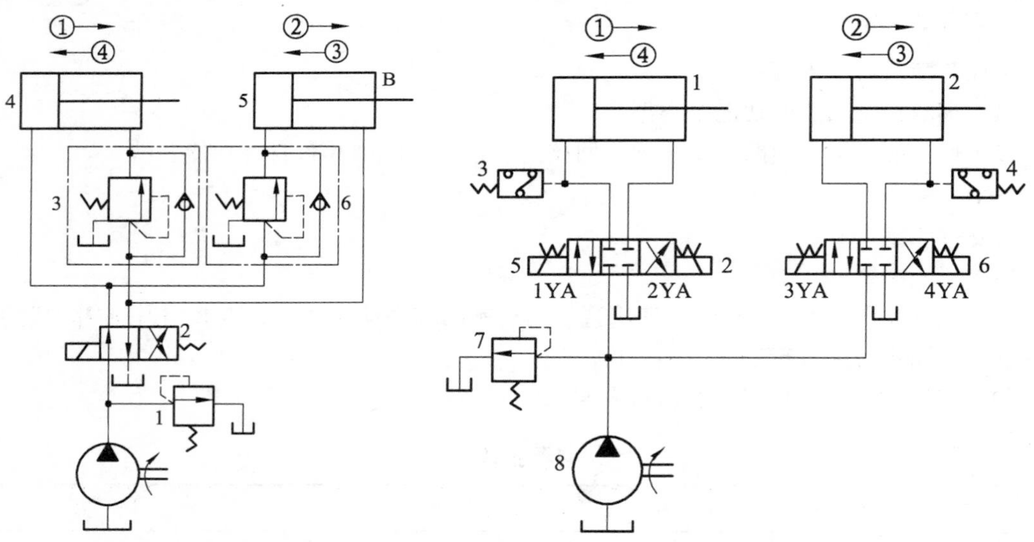

图 8.9　使用顺序阀的顺序动作回路

1—溢流阀；2—换向阀；3，6—单向顺序阀；4，5—液压缸

图 8.10　使用压力继电器的顺序动作回路

1，2—液压缸；3，4—压力继电器；5，6—换向阀；7—溢流阀；8—液压泵

（2）用压力继电器控制电磁换向阀来实现顺序动作的回路如图 8.10 所示。按启动按钮，电磁铁 1YA 通电，液压缸 1 的活塞实现动作①。当这项动作完成后，液压缸 1 的活塞位于右

侧极限位置，油路压力升高，压力继电器 3 动作，使电磁铁 3YA 通电，液压缸 2 的活塞实现动作②。按返回按钮，电磁铁 1YA 和 3YA 断电，4YA 通电，液压缸 2 的活塞实现动作③。当这项动作完成后，油路压力升高，液压缸 2 的活塞位于左侧极限位置，压力继电器 4 动作，使 2YA 通电，液压缸 1 的活塞实现动作④。压力控制的顺序动作回路中，顺序阀或压力继电器的调定压力必须大于前一动作执行元件的最高工作压力的 10%～15%，否则会在系统压力波动时造成误动作，引起事故。这种回路只适用于系统中液压缸数目不多，负载变化不大的场合。

2. 行程控制的顺序动作回路

行程控制是靠运动部件移动到预定位置，发出控制信号，使液压缸按顺序先后动作的一种控制方式。这种控制方式应用极为普遍，它能直接反应和控制运动部件的运动位置或行程长度，保证各运动部件按顺序要求进行动作。常用行程阀和行程开关等来实现。

（1）使用行程阀控制的顺序动作回路见表 8.23 中相对应的工作原理图。当换向阀 3 处于左位时，压力油进入液压缸 *A* 的左腔，推动液压缸 *A* 的活塞向右运动，完成动作①。当液压缸 *A* 的活塞运动到一定位置时，活塞杆上的挡块压下行程换向阀 4 后，液压缸 *B* 的活塞向右运动，完成动作②。当电磁换向阀 3 处于右位时，液压缸 *A* 的活塞退回，完成动作③。当挡块离开行程换向阀 4 后，液压缸 B 的活塞退回，完成动作④。

（2）使用行程开关控制的顺序动作回路见表 8.23 中相对应的工作原理图。按启动按钮，电磁铁 1YA 通电，液压缸 *A* 的活塞右行，完成动作①。当液压缸 *A* 的活塞杆上挡块压下行程开关 2S 后，使电磁铁 2YA 通电，液压缸 *B* 的活塞右行，完成动作②。液压缸 *B* 的活塞右行至压下行程开关 3S，使 1YA 断电，液压缸 *A* 活塞向左退回，完成动作③。液压缸 *A* 的活塞左行至压下行程开关 1S，使 2YA 断电，液压缸 *B* 的活塞退回，完成动作④。

使用行程阀控制的顺序动作回路、使用行程开关控制的顺序动作回路的工作原理图、特点见表 8.23。

表 8.23

回路名称	工作原理图	特　点
使用行程阀控制的顺序动作回路	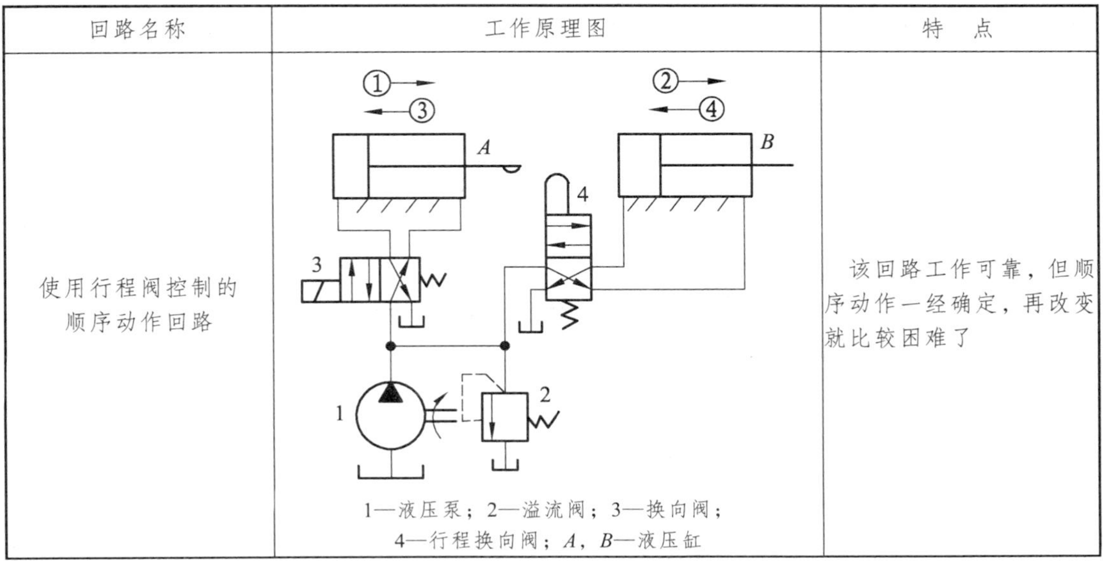1—液压泵；2—溢流阀；3—换向阀；4—行程换向阀；*A*，*B*—液压缸	该回路工作可靠，但顺序动作一经确定，再改变就比较困难了

续表 8.23

回路名称	工作原理图	特　点
使用行程开关控制的顺序动作回路	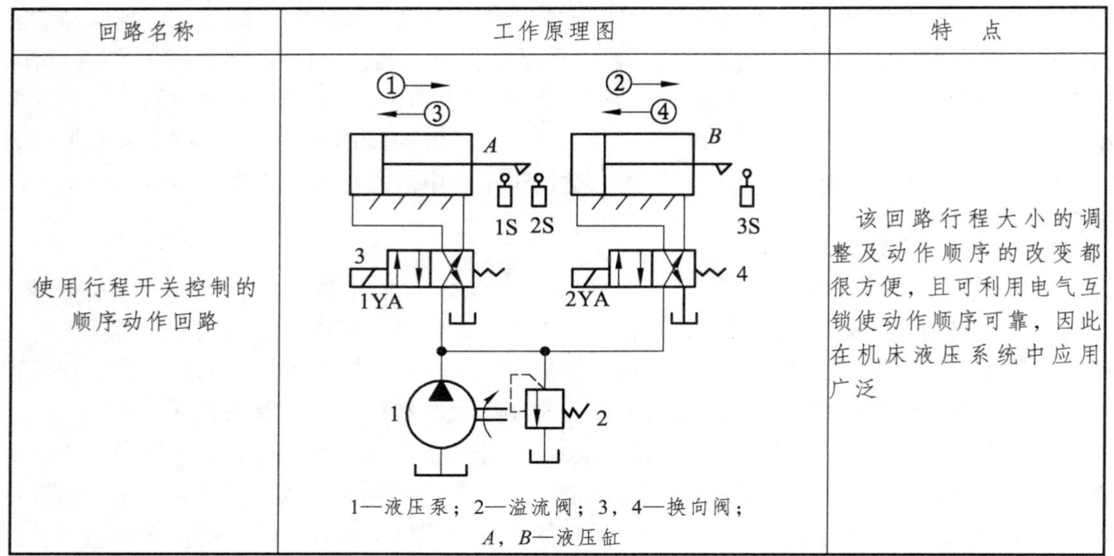1—液压泵；2—溢流阀；3，4—换向阀；*A*，*B*—液压缸	该回路行程大小的调整及动作顺序的改变都很方便，且可利用电气互锁使动作顺序可靠，因此在机床液压系统中应用广泛

二、同步动作回路

同步动作回路的功用是使系统中多个液压缸在运动中的位移量相同或以相同的速度运动。在多缸液压系统中，影响多缸同步精度的因素较多，如缸的外负载、摩擦阻力、泄漏、制造质量、结构弹性变形以及油液中的含气量等。要减少或克服这些因素的影响，就要采用同步运动回路。同步运动回路分为位置同步回路和速度同步回路。

1. 位置同步回路

位置同步是指系统中各执行元件在运动中或停止时都保持相同的位移量。

带补偿装置的串联缸位置同步回路见表 8.24 中相对应的工作原理图。图中两液压缸 5 和 6 的有效工作面积是相等的。从理论上讲，两个有效工作面积相等的液压缸，当输入流量相同时，能够作出同步的运动。但由于泄漏的影响，会使两个活塞产生同步位置误差，且经多次行程后，将积累为两缸显著的位置差别。为此，回路中应设置位置补偿装置，以消除积累误差。补偿装置的工作原理如下：当液压缸 5、6 的活塞同时下行时，若液压缸 5 的活塞先到达行程终点，则挡块压下行程开关 1S，电磁铁 3YA 通电，换向阀 3 左位接入回路，压力油经换向阀 3 和液控单向阀 4 进入液压缸 6 的上腔，进行补油，使其活塞继续下行到达行程终点。反之，若液压缸 6 的活塞先到达行程终点，则挡块压下行程开关 2S，电磁铁 4YA 通电，换向阀 3 右位接入回路，压力油经阀 3 进入液控单向阀 4 的控制腔，打开阀 4，使液压缸 5 下腔与油箱接通，其活塞继续下行到行程终点。

2. 速度同步回路

速度同步是指系统中各执行元件的运动速度相等。

采用调速阀的速度同步回路见表 8.24 中相对应的工作原理图。两个并联的液压缸 5 和 6，分别用调速阀 3 和 4 调节两缸活塞的运动速度使之同速运动。当液压缸 5、6 的活塞有效工作面积相等时，流量也需调整得相同；若液压缸 5、6 的活塞有效工作面积不相等时，通过调节调速阀 3、4 的流量也能达到速度同步。

补偿装置的串联缸位置同步回路、采用调速阀的速度同步回路的工作原理图、特点见表 8.24。

表 8.24

回路名称	工作原理图	特　点
带补偿装置的串联缸位置同步回路	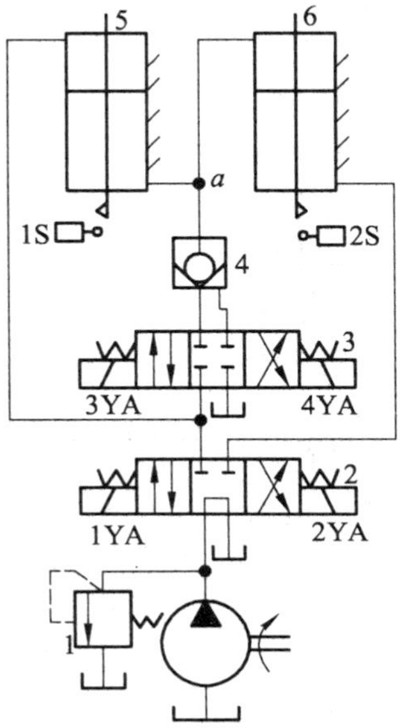 5 6 a 1S 2S 4 3 3YA 4YA 2 1YA 2YA 1 1—溢流阀；2，3—换向阀；4—液控单向阀；5，6—液压缸	该回路只适用于负载较小、同步精度要求不高的液压系统。当液压系统的同步精度要求较高时，必须采用由比例调速阀或伺服阀组成的同步回路
用调速阀的速度同步回路	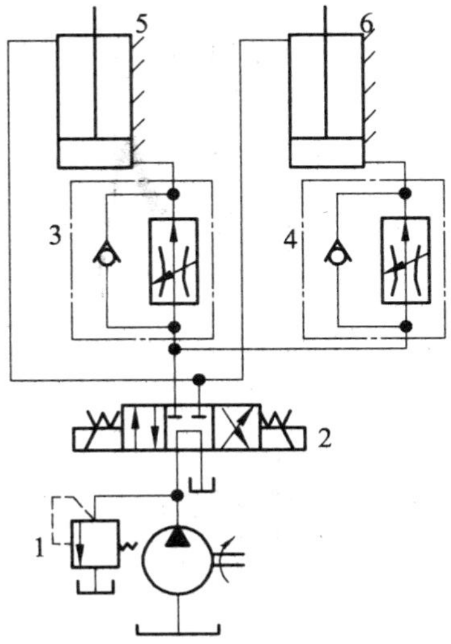 5 6 3 4 2 1 1—溢流阀；2—换向阀；3，4—单向调速阀；5，6—液压缸	该回路结构简单，但调节比较麻烦，同步精度较低

三、互不干扰回路

互不干扰回路的功用是使系统中几个执行元件在完成各自工作循环时彼此互不影响。

多缸快慢速互不干扰的回路如图 8.11 所示，它是一种通过双泵供油方式来实现的。液压缸 *A* 和 *B* 各自要完成“快进—工进—快退”的自动工作循环。当电磁铁 1YA、2YA 通电（3YA、4YA 断电）时，两缸均由大流量泵 2 供油，并作差动连接，实现快速向右运动。这时如果缸 *A* 先完成了快进动作，通过挡块和行程开关使电磁铁 3YA 通电，1YA 断电，大流量泵 2 流入液压缸 *A* 的油路被切断，而改由小流量泵 1 供油，经调速阀 3 获得慢速工进，不受缸 *B* 快进的影响。当两液压缸都转换为工进，皆由小流量泵 1 供油时，若液压缸 *A* 先完成工进动作，通过挡块和行程开关使电磁铁 1YA、3YA 都通电，则液压缸 *A* 改由大流量泵 2 供油，使活塞快速向左返回，这时液压缸 *B* 仍由小流量泵 1 供油继续完成工进，不受液压缸 *A* 的影响。当所有电磁铁都断电时，液压缸 *A*、*B* 才都停止运动。由此可见，此回路之所以能保证多缸快、慢运动互不干扰，是因为快、慢速各由一个液压泵分别供油，再通过相应电磁阀进行控制的缘故。

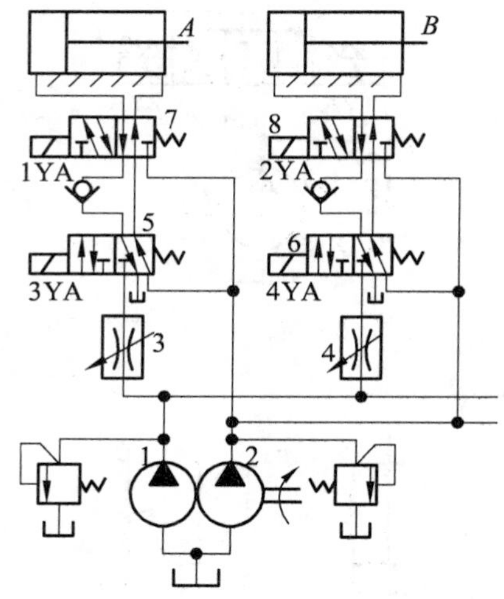

图 8.11　多缸快慢速互不干扰回路

1，2—液压泵；3，4—调速阀；5，6—换向阀；7，8—换向阀；*A*，*B*—液压缸

对表 8.23 中使用行程阀控制的顺序动作回路、使用行程开关控制的顺序动作回路进行分析、比较，归纳其各自特点。

问题探究

分析互不干扰回路的工作原理，归纳其功能，并填入表8.25。

图 8.25

工作原理图	功　能

学习评价

检查自己所取得的成绩，在下表中的☆中画√，看看你能得多少个☆。

项　目	任务完成	交流效果	阅读效率	行为养成
个人评价	☆☆☆☆☆	☆☆☆☆☆	☆☆☆☆☆	☆☆☆☆☆
小组评价	☆☆☆☆☆	☆☆☆☆☆	☆☆☆☆☆	☆☆☆☆☆
老师评价	☆☆☆☆☆	☆☆☆☆☆	☆☆☆☆☆	☆☆☆☆☆
存在问题				
改进措施				

学习领域8知识归纳

一、方向控制回路的定义、类型

（1）换向回路的功能、类型、工作原理图、工作原理、特点等；
（2）锁紧回路的功能、类型、工作原理图、工作原理、特点等；
（3）制动回路的功能、类型、工作原理图、工作原理、特点等。

二、压力控制回路的定义、类型

（1）调压回路的功能、类型、工作原理图、工作原理、特点等；
（2）增压回路的功能、类型、工作原理图、工作原理、特点等；
（3）卸荷回路的功能、类型、工作原理图、工作原理、特点等；
（4）减压回路的功能、类型、工作原理图、工作原理、特点等；
（5）平衡回路的功能、类型、工作原理图、工作原理、特点等；
（6）保压回路的功能、类型、工作原理图、工作原理、特点等；
（7）泄压回路的功能、类型、工作原理图、工作原理、特点等。

三、速度控制回路的定义、类型

（1）调速回路的功能、类型、工作原理图、工作原理、特点等；
（2）快速运动回路的功能、类型、工作原理图、工作原理、特点等；
（3）速度换接回路的功能、类型、工作原理图、工作原理、特点等。

四、多缸控制回路的定义、类型

（1）顺序动作回路的功能、类型、工作原理图、工作原理、特点等；
（2）同步动作回路的功能、类型、工作原理图、工作原理、特点等；
（3）互不干扰回路的功能、类型、工作原理图、工作原理、特点等。

学习领域8达标检测

一、填空题

1. 在液压系统中，液压基本回路有____________控制回路、______________控制回路、__________控制回路和___________回路四大类。

2. 锁紧回路选用滑阀机能为__________型或__________型换向阀组成锁紧回路。

3. 调压回路和减压回路所采用的主要液压元件分别是_________和__________。

4. 将节流阀放置在调速回路的不同部位，可形成_______节流调速回路，____________节流调速回路、_________节流调速回路三种形式。

5. 调速回路常用的三种类型是__________、__________和__________等。

6. 常用的压力控制回路包括___________回路、___________回路、____________回路、__________回路、__________回路、__________回路和__________回路等。

7. 常用的速度换接回路包括___________回路、_______________回路、____________回路和___________回路四种。

8. 由于液控元件不同，用压力控制的顺序动作回路可分为用_______阀的顺序动作回路和用_______阀的顺序动作回路。

二、选择题

1. 以下属于方向控制回路的是（　　）。

（A）换向和锁紧回路 （B）调压和卸载回路 （C）节流调速回路和速度换接回路

2. 下列选项中对于卸载回路的论述，正确的是（　　）。

（A）可节省动力消耗，减少系统发热，延长液压泵寿命

（B）可采用滑阀机能为“O”或“M”型的换向阀来实现

（C）可使控制系统获得较低的工作压力

（D）不可用换向阀来实现卸载

3. 下面选项中不是速度控制回路的是（　　）。

（A）节流调速回路 （B）速度换接回路 （C）锁紧回路

4. 不属于压力控制回路的选项是（　　）。

（A）调压回路 （B）速度换接回路 （C）卸载回路

5. 如果个别元件须得到比系统油压高得多的压力时，可采用（　　）。

（A）调压回路 （B）减压回路 （C）增压回路

6. 关于回油节流调速回路的论述正确的是（　　）。

（A）广泛用于功率不大，负载变化较大或运动平稳性要求较高的液压系统

（B）调速特性与进油节流调速回路不同

（C）串接背压阀可提高动力的平稳性

（D）经节流阀而发热的油液不容易散热

7. 调压和减压的回路所采用的主要液元件是（　　）。

（A）换向阀和液控单向阀 （B）溢流阀和减压阀 （C）顺序阀和压力继电器

8. 关于容积节流调速回路的论述正确的选项是（　　）。

（A）主要由定量泵和调速阀组成

（B）工作稳定，效率较高

（C）在较低的速度下工作时，运动不够稳定

（D）比进油、回油两种节流调速回路的平稳性差

9. 锁紧回路所采用的主要液压元件为（　　）。

（A）溢流阀和减压阀 （B）换向阀和液控单向阀 （C）顺序阀和压力继电器

10. 以下各液压元件都属于速度换接回路的是（　　）。

（A）调速阀和二位二通换向阀 （B）节流阀和变量泵 （C）顺序阀和压力继电器

11. 节流调速回路所采用的主要液压元件是（　　）。

（A）变量泵 （B）调速阀 （C）节流阀

12. 压力调定回路所采用的主要液压元件是（　　）。

（A）减压阀和换向阀 （B）溢流阀和节流阀 （C）调速阀和顺序阀

三、判断题（正确的画“√”，错误的画“×”）

（　　）1. 采用液控单向阀的锁紧回路比采用换向阀的锁紧回路的锁紧效果好。

（　　）2. 卸载回路采用的主要液压元件是：滑阀机能为“M”、“H”类型的三位四通换向阀或者是二位二通换向阀。

(　　) 3. 回油节流调速回路与进油调速回路的调速特性相同。

(　　) 4. 用节流阀代替调速阀，可使节流调速回路活塞的运动速度不随负荷变化而波动。

四、简答题

1. 分析时间控制制动式换向回路的工作原理及特点。

2. 常用的压力控制回路有哪几种？

3. 减压回路的功用是什么？

4. 泄压回路的功用是什么？

5. 常用的速度控制回路有哪些？

6. 节流调速回路有哪几种基本形式？

7. 快速运动回路的功用是什么？

8. 顺序动作回路的功用是什么？

9. 同步动作回路的功用是什么？

学习领域9 液压设备的维护保养及常见故障排除

任何机械设备，不管设计多么合理，制造多么精确，在使用一定时间后，也会因零部件的磨损、疲劳、蠕变、损坏等原因而出现运动精度和工作性能的下降，甚至失效。液压设备也不例外，液压设备中液压系统及元件的故障与机械传动部分的故障有所不同，具有相当程度的隐蔽性和可变性，要分析故障原因和排除故障是比较困难的，既需要有关的理论知识，又需要一定的实践经验。在使用过程中，要对设备经常检查，发现征兆随时采取措施，将事故消除在萌芽状态。当发生故障后，应进行全面分析，找出可能产生故障的一切原因，逐个排查，确定主要原因，及时处理，以保证设备正常运行。在正常使用条件下的磨损属自然磨损，是无法避免和消除的，但通过对设备的精心维护保养，可以减缓磨损程度，延长使用寿命。因此对设备的维护保养应给予足够的重视。本学习领域通过让学生安装、调试和使用、维护和保养液压设备及判断和排除液压设备的常见故障等一系列活动，探究液压设备的安装调试和使用、维护和保养以及故障的判断和排除等问题。本学习领域主要包括以下学习任务：

（1）安装调试和使用液压设备。

（2）维护和保养液压设备。

（3）判断和排除液压设备的常见故障。

任务1 安装调试和使用液压设备

以学生学习小组为单位，针对在安装、调试和使用液压设备过程中的元件配置、液压系统的安装、清洗、调试及使用液压系统注意事项这五个基本环节，制定成五个任务，分别以任务书的方式下达到学习小组，经过讨论形成成果并展示。在展示过程中，将点评、讲评和互评结合形成评定成绩。有条件时，也可以以学习小组为单位，分别按照规程具体操作或归纳“安装、调试和使用一台液压设备的基本环节”中的一项，并在此过程中操作体会或归纳出相应的经验结论进行展示，效果更好。

任务分析

本任务涉及安装、调试和使用液压设备过程中的元件配置、液压系统的安装、清洗、调试及使用液压系统注意事项这五个基本环节的相关知识。在此基础上要学会对液压设备进行安装、调试和使用。

任务处理

（1）将安装、调试和使用液压设备过程中的五个基本环节分解成："元件配置、液压系统安装、液压系统清洗、液压系统调试、使用液压设备"五个子任务。

（2）各学习小组分别完成一个子任务，并形成成果进行展示。

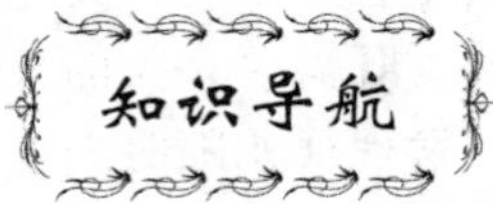

安装调试和使用液压设备时，应了解所使用的液压设备中元件的配置及安装方法，采用相应方法对有关液压设备进行调试，按照操作规程使用液压设备，对于保持液压设备工作状态良好，正确维护保养液压设备及排除使用液压设备过程中的故障，十分必要。

一、液压元件的配置

液压元件在设备中的配置方式有：管式配置、板式配置和集成配置三种类型。

（1）管式配置如图 9.1 所示。它是利用油管和管接头将各种元件连接起来而形成完整液压系统的一种连接安装方式。对于通径在 32 mm 以下的小型阀可采用螺纹连接直接连接，对于通径在 32 mm 以上的大、中型阀则多采用法兰连接。

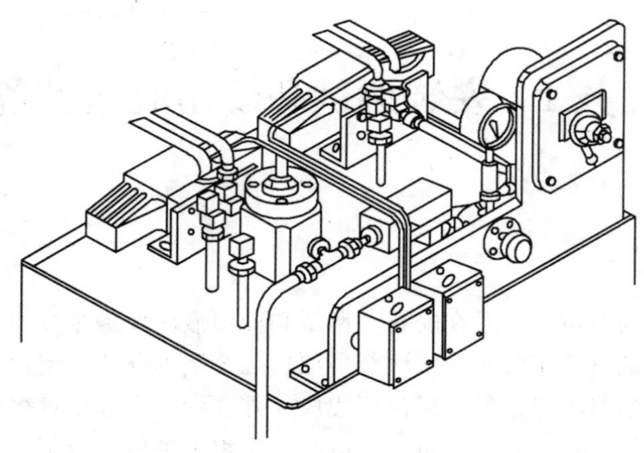

图 9.1　管式元件连接

（2）板式配置如图 9.2 所示。它是将标准元件用螺钉固定在连接底板的一侧，而将元件间的连接管路安装在连接底板的另一侧的一种连接安装方式。

（3）集成配置。它是利用专用或通用的辅助件将标准液压元件组合在一起的配置方式。按所采用的辅助件的形式又可分为箱式（又称油路板式）、叠加阀式和集成块式三种类型。

① 箱式配置如图 9.3 所示。这种连接安装方式是利用螺钉将标准元件固定在专用箱体（即油路板）上，元件之间的油路则由设计在箱体上的孔道充当。

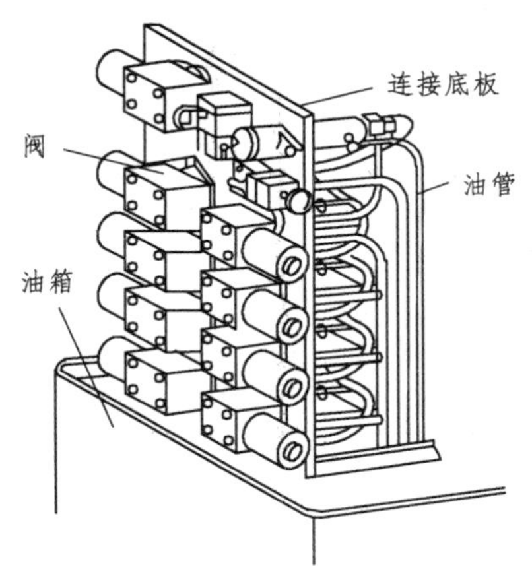

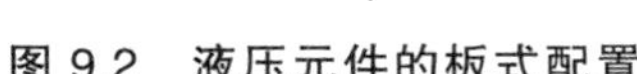
图 9.2　液压元件的板式配置

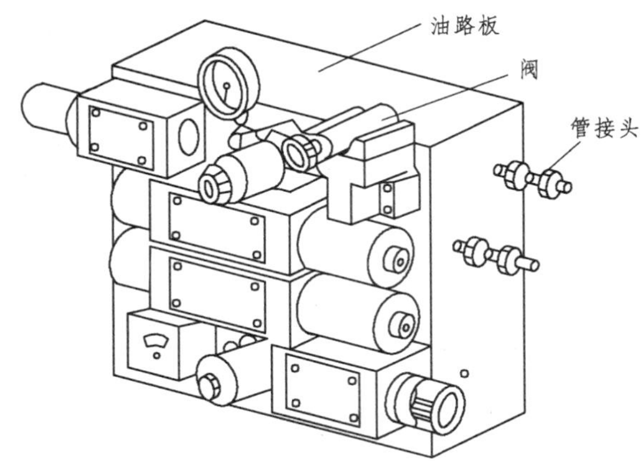

图 9.3　液压元件箱式配置

② 叠加阀式配置如图 9.4 所示。利用螺钉将标准化的叠加式液压元件的阀体叠加连接在一起的配置方式。

同一通径系列的叠加阀都可叠加起来组成一个系统。按叠加方式不同又可分为纵向叠加和横向叠加两种。

③ 集成块式配置如图 9.5 所示。根据典型液压系统的各种基本回路做成通用化的集成块，用它们来拼接出各种液压系统。

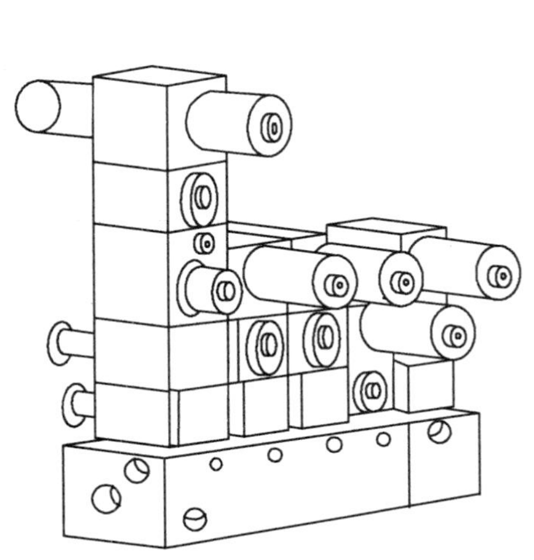

图 9.4　液压元件叠加式配置

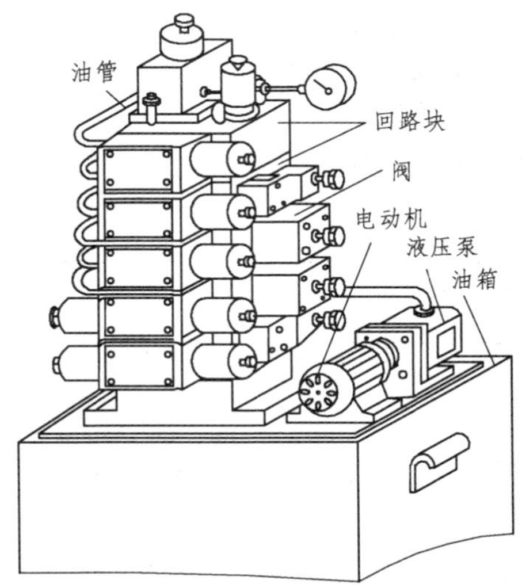

图 9.5　液压元件集成块式配置

对于插装类液压阀还可采用整体块式配置方式，即将标准化的全部插装元件利用插入的方法安装在一个集成块中。

液压元件采用管式配置、板式配置和集成配置的特点见表 9.1。

表 9.1

<table>
<tr><th colspan="2">液压元件配置方式名称</th><th>特　点</th></tr>
<tr><td colspan="2">管式配置</td><td>该配置方式简单，变更油路设计较容易，但连接元件悬空安装，容易造成振动，产生噪声，并且当液压系统较复杂时，所需要的油管及管接头较多，装拆不便，故应用逐渐减少</td></tr>
<tr><td colspan="2">板式配置</td><td>该配置方式避免了元件的悬空，使布局整齐美观，调节方便，易于调换液压元件，但油管和管接头数量仍较多</td></tr>
<tr><td rowspan="3">集成配置</td><td>箱式（又称油路板式）</td><td rowspan="3">该配置结构紧凑，维修方便，压力损失少，发热少，符合高压化、集成化、低能耗、低噪声的发展方向，在机床液压系统中得到广泛采用</td></tr>
<tr><td>叠加阀式</td></tr>
<tr><td>集成块式（包括整体块式配置方式）</td></tr>
</table>

二、安装液压系统

安装液压元件时的注意事项：

（1）液压元件安装前要用煤油清洗，自制重要元件应进行密封和耐压试验。试验时要分级进行，试验压力每升一级检查一次。

（2）不要将外形相似的元件错装（如溢流阀、减压阀和顺序阀）。装配时调压弹簧要全部放松，待调试时再逐步旋紧调压。

（3）方向控制阀的轴线应呈水平安装。

（4）进出油口有密封圈的元件，安装时应先检查其密封圈是否符合要求。安装前，密封圈应突出安装平面，以保证安装后有一定的压缩量，防止泄漏。

（5）板式元件安装时，各固定螺钉要按一定顺序逐渐拧紧，使元件的安装平面与元件底板平面良好接触。

安装液压系统主要液压元件的要求见表 9.2。

表 9.2

被安装主要液压元件的名称	安装要求
液压泵	（1）液压泵传动轴与电动机驱动轴要有很好的同轴度，其偏差应小于 0.1 mm。一般采用挠性连接，不允许用 V 带直接带动泵轴转动。 （2）进、出油口不得接反。 （3）有转向要求的液压泵，转向不能弄错。 （4）吸油高度要适当。 （5）油口与油管的接头处要保证良好密封
液压缸	（1）液压缸的基座要有足够的刚度，以免加压时缸筒产生变形，使活塞杆弯曲。 （2）安装前要检查液压缸的密封元件和缓冲装置是否正确配置。 （3）液压缸工艺用外圆的上母线、侧母线与机座导轨面要有很好的平行度。 （4）垂直安装的液压缸要配置好机械配重并调整好平衡用的背压阀弹簧力。 （5）长行程缸的一端固定，一端游动，以适应温度变化引起的伸缩

续表 9.2

被安装主要液压元件的名称	安装要求
油管及接头	（1）必须按设计要求安装油管，使油管尽量平行或垂直，不得随意改变配置方式。 （2）注意各支管的方向和基准高度，尽量避免交叉。平行或交叉的油管之间应留有间隙，防止互相接触，产生振动。 （3）油管应尽可能短，为了防止振动，须将油管安装在牢固的地方。较细的油管可沿壁布置，长管用管夹支撑，或用木材、橡胶衬垫。弯管半径一般应大于油管外径的 3 倍。 （4）法兰盘必须在油管的平直部分接合，并且保证法兰盘与油管的轴线垂直。 （5）安装橡胶软管时要防止扭转，并留有一定的松弛量。避免软管承受拉力或在接头处受弯曲。软管与管接头的连接要可靠，保证在冲击压力作用下也不会产生拔脱喷油现象。选择软管时要注意其爆破压力和安全系数。 （6）吸油管下端应安装过滤器，以保证吸入油液清洁。 （7）回油管应插入油面之下，防止产生气泡。 （8）系统中泄漏油路不应有背压，应单独设回油管以保证管路通畅。 （9）溢流阀的回油口不应与泵的吸油口相接或相近，以免油温升高。 （10）安装过程中要注意机器、管内无杂物，各开口处应加盖，防止杂物进入。 （11）各接头处要紧固、密封，吸油管不应漏气。可在结合处涂以密封胶，以提高密封性。 （12）全部管路应分试装和正式安装两次进行。试装后拆下油管，用 40 °C ~ 60 °C 的 10%~20%的稀硫酸或稀盐酸清洗，再用 30 °C ~ 40 °C 的 10%的苏打水中和，最后用温水清洗，待干燥后涂油以备正式安装

三、清洗液压系统

液压系统安装后，要对管路进行清洗，精度较高的系统应清洗两次。液压设备在使用中，对于被污染的液压系统，为消除其污染，也需要进行清洗。根据其被污染程度不同可选择进行主系统清洗和全系统清洗。

（1）清洗用油多采用工作用油或试车油（为防止液压系统被腐蚀，禁止采用煤油、汽油、酒精、蒸汽或其他液体）。采用油温为 50 °C ~ 80 °C 的油清洗效果较好。

（2）清洗时，回油路上应装过滤器或滤网。刚开始清洗时采用 80 目滤网，清洗时间达到预期时间的 60%后改用 150 目以上滤网。

（3）清洗时，液压泵间歇运转，并用非金属锤棒轻轻敲击油管，以提高清洗效果。

（4）第一次清洗通常要进行十几小时，清洗前后，均需要对油箱各进行一次清洗，并用绸布擦净。然后采用实际使用的工作用油进行第二次清洗，使系统在正式运转状态下空负载运行 1 ~ 3 h。

（5）清洗结束时，液压泵还要继续运转，直到温度恢复正常，以防外界湿气引起锈蚀。

（6）清洗完毕后要将回路内的清洗油排除干净，油箱中注入实用工作用油。

四、调试液压系统

液压设备在维修、保养和重新装配以后，必须经过调试才能使用。

1. 调试目的

通过调试，使液压系统的工作性能和技术状况符合工作要求，使液压系统的工作状态稳定可靠，为生产做好准备。同时，将调试时获得的各种资料纳入设备档案，为以后诊断和排除故障提供参考。

2. 调试的主要内容

（1）检查各可调元件的可靠程度。

（2）检查各操作机构灵敏性和可靠性。

（3）检查运动平稳性、液压冲击和振动噪声等情况。

（4）修复或更换不符合设计要求和有缺陷的元件。

（5）调整液压系统各个动作的各项参数，使压力、速度、行程的始点和终点、各动作的时间和整个工作循环的总时间等都达到设计要求的技术指标。

（6）测定整个液压系统的功率损失和油液温升变化情况。

（7）调整全线或整个液压系统，使工作性能稳定可靠。

3. 调试步骤

（1）调试前的检查。

① 检查所用的油液是否符合机床说明书的要求，油箱中的油液是否达到油标高度。

② 检查各液压元件的安装是否正确牢靠，油口位置是否正确，各处管路的连接是否正确、可靠，油管插入油箱的深度是否符合要求。

③ 检查各控制手柄是否处于关闭或卸荷位置。

④ 检查各指示仪表的状态、位置是否符合设计要求。

（2）空载试车。

① 启动液压泵，观察其转向是否正确，运转是否正常，有无异常噪声，是否漏气。双泵供油时不要同时启动，一般先启动控制用的液压泵，再启动主液压泵。对油温有一定要求的液压系统，液压泵启动前应进行油液升温。

② 液压泵在卸荷状态下，检查其卸荷压力是否在规定的范围内。

③ 操纵手柄，使各执行元件逐一空载运行，调整各流量控制阀，使各执行元件的运动速度由慢到快，行程由小到大，直至快速全程运行排除系统中的空气，观察速度换接的平稳性。

④ 检查油管接头处、元件结合面及密封处有无泄漏。

⑤ 检查油箱液面是否因油液进入系统而下降太多。

⑥ 调整各压力控制阀的预定值，变量泵的偏心距或倾角，各阻尼孔开口，保压或延时时间等项目，检查各参数的准确性和稳定性。

⑦ 检查各执行元件是否按预定顺序和工作循环动作，各动作是否协调，运动是否平稳。

⑧ 空载运行 2 小时后，检查温升及各工作部件的精度是否达到要求。

（3）负载试车。

负载试车采用间断加载的方式进行，一般包括轻负载、最大工作负载、超负载试车三个阶段。运行中仔细观察运转状态并综合检查流量、压力、速度、冲击、振动、噪声、平稳性、泄漏、油温等情况。

对金属切削机床要进行试切削，检查在规定的切削范围内能否达到规定的加工精度和表面质量。对高压液压系统要由低到高进行分级试压，试验压力为工作压力的两倍或大于压力剧变的峰值，检查泄漏和耐压强度是否合格。

调试期间，将测得的各种参数做好记录，备查。

调试完毕后，系统进入正常工作状态，锁紧调整部位，再次紧固各固定件。

五、使用液压系统时的注意事项

（1）使用者应明白液压系统的工作原理，熟悉各种控制机构的操作特点和调整手柄的位置、旋向等。

（2）开车前检查油面，保证系统有足够的油液，加油时要过滤。

（3）油箱应加盖密封，油箱上面的通气孔处设置空气滤清器。

（4）系统中根据需要配置粗、精过滤器，并经常检查、清洗和更换。

（5）开车前应检查各调整手柄、手轮的位置是否正确，电气开关和行程开关的位置是否正常，主机上工具的安装是否正确、牢固等，再对导轨和活塞杆外露部分进行擦拭，然后方可开车。

（6）开车时，有专用控制油路液压泵的，要先启动该泵，再启动主液压泵。

（7）当环境温度较低、油液黏度较大时，应设法升高油温。如采用点动方式反复启动定量泵；减小变量泵斜盘倾角，启动后空转一段时间等。

（8）有排气装置的系统应进行排气，无排气装置的系统应先空载往复运动多次，使之自然排出气体。

（9）对需要调整的压力控制元件而言，一般首先从溢流阀开始，使整个系统的压力从零逐步提高，最终达到规定压力值，然后依次调整各回路的压力控制阀。

（10）调整流量控制阀时，应使流量从小到大，逐步调整。同步运动执行元件的流量控制阀应同时调整，要保证运动平稳性。

（11）工作中应随时注意油液温升，正常工作时，油箱中油液温度应不超过 60 °C。

（12）设备若长期不用，应将各手轮全部放松，以防弹簧产生永久变形而影响元件性能。

巩固拓展

归纳液压设备的调试的步骤。

问题探究

欲调整控制系统的压力，应在主系统压力调整好之前还是之后进行？

学习评价

检查自己所取得的成绩，在下表中的☆中画√，看看你能得多少个☆。

项　目	任务完成	巩固拓展	问题探究	行为养成
个人评价	☆☆☆☆☆	☆☆☆☆☆	☆☆☆☆☆	☆☆☆☆☆
小组评价	☆☆☆☆☆	☆☆☆☆☆	☆☆☆☆☆	☆☆☆☆☆
老师评价	☆☆☆☆☆	☆☆☆☆☆	☆☆☆☆☆	☆☆☆☆☆
存在问题				
改进措施				

任务 2　维护和保养液压设备

任务案例

以学生学习小组为单位，针对在维护和保养液压设备过程中的油液质量的维护、液压设备的保养、液压设备的维护这三个个基本环节制定成三个任务，分别以任务书的方式下达到学习小组，经过讨论形成成果并展示。在展示过程中，将点评、讲评和互评结合形成评定成绩。有条件时，也可以以学习小组为单位，分别按照规程具体操作或归纳“维护和保养一台液压设备的基本环节”中的一项，并在此过程中操作体会或归纳出相应的经验结论进行展示，效果更好。

任务分析

本任务涉及在维护和保养液压设备过程中的油液质量的维护、液压设备的保养、液压设备的维护这三个基本环节的相关知识，在此基础上要学会对液压设备的维护和保养。

任务处理

（1）将维护和保养液压设备过程中的三个基本环节分解成：“油液质量的维护、液压设备的日常维护和保养、液压设备的定期维护和保养”三个子任务。

（2）各学习小组分别完成一个子任务，并形成成果进行展示。

知识导航

在维护和保养液压设备时，除正确、合理地使用液压设备以外，精心保养和维护液压设

备，对于保证液压设备的良好工作状态，延长其使用寿命，同样至关重要。

一、液压油质量的维护

随着科学技术的发展，人们对液压系统工作的灵敏性、稳定性、可靠性和寿命提出了愈来愈高的要求，而油液的污染会影响系统的正常工作和使用寿命，甚至引起设备事故。据统计，70%～80%的故障是由于油液污染引起。影响油液质量的因素主要有：污染、工作环境、油液自身性质等。

1. 液压油污染

（1）液压系统组装时残留的污染物，如切屑、毛刺、型砂、磨粒、焊渣和铁锈等，在系统使用前未清洗干净，工作时，这些污染物会进入液压油。

（2）从周围环境混入的污染物，如空气、水滴、尘埃等，使液压油受到污染。

（3）液压系统在工作过程中也产生污染物，且直接进入液压油里，如金属和密封材料的磨损颗粒，过滤材料脱落的颗粒或纤维、锈斑、涂料剥离片、水分、气泡以及油液变质后的胶状生成物等。

2. 污染的危害

（1）固态污染。工作过程中，系统的外来脏物、内部产生的机械杂质等颗粒，进入运动件的间隙，就会划伤配合表面，影响工作性能，甚至造成元件失灵；一旦堵塞了阻尼孔，液压元件就不能正常工作。

（2）液态污染。从油箱上盖进入的冷却液，水冷却器渗漏的水分及湿度较大的空气带进油箱的水分，会使油液变成乳白色并变质，以致不能继续使用。密封圈、蓄能器皮囊、油箱涂漆等被油液侵蚀，而使油液中产生的胶状物质会使节流小孔堵塞，不能正常工作。

3. 油液工作环境的影响

（1）空气。直接混入油液中的空气以及溶解于油液中的空气，破坏了油液的化学稳定性，加速了油液的氧化和零件的锈蚀。在压力、温度变化时，空气分离出来，产生气泡，造成“气塞”、冲击、爬行、振动、噪声和气蚀等危害。

（2）温度。油液工作温度升高，使油液黏度下降，泄漏增多，泵的效率降低，且会使润滑油膜变薄，增加机械磨损，并使油液流动性提高而引起流量增加，影响工作的稳定性，还将加速油液氧化，导致油液变质，降低油液使用寿命。此外，温度升高后，阀类元件体积膨胀，配合间隙减小，增加了磨损，甚至会导致卡死；密封元件也会加速老化而丧失密封性能。

4. 油液自身性质的影响

（1）油液的黏度。油液的黏度过大，流动性下降，能耗增加；油液的黏度过小，泄漏增多，润滑性能变差。两者都会使油温升高。

（2）油液的老化。系统中的油液，在压力和温度的变化的反复作用下，性能逐渐降低，以致影响正常工作。

5. 维护措施

要保证油液质量，可在正确选择油液品牌、黏度的基础上，采用以下措施：

（1）清除元件和系统在加工和组装过程中残留的污染物。

（2）用过滤器滤除油液中的固体颗粒。

（3）防止污染物从外界侵入。

（4）控制液压油的温度。

（5）定期检查和更换合格的液压油。

二、液压设备的保养与维护

1. 使用、维护液压设备的要求

为了保证液压系统达到预定的生产能力和稳定可靠的技术性能，在使用、维护液压设备时应有下列要求：

（1）合理地调整系统压力和速度，当压力控制阀和流量控制阀调整到符合要求后，锁紧调节手柄。

（2）合理地选用液压油（液），在加油前必须将油液过滤。应注意新旧油液不能混合使用。

（3）油液的工作温度一般应控制在 35 °C ~ 55 °C。

（4）为保证电磁阀正常工作，电压波动值不应超过额定电压的 + 5% ~ − 15%。

（5）不能使用有缺陷的压力计，更不能在无压力计的情况下工作或调整液压设备。

（6）不能带“病”工作，以免引起事故。

（7）经常检查和定期紧固管接头、法兰等以防松动，高压软管要定期更换。

（8）经常观察蓄能器工作状况，若发现气压不足或油气混合时，应及时充气或修理。

2. 日常点检与保养

点检是设备维修的基础工作之一。液压系统的点检，是按规定的点检项目，核查系统是否完好、工作是否正常。通过点检可为设备维修提供第一手资料，以便确定修理项目，编制检修计划，并可从这些资料中找出液压系统产生故障的规律，以及油液、密封件及液压元件的使用寿命和更换周期等。点检一般由操作者执行。

（1）液压系统点检的内容有：

① 各液压阀、液压缸及管接头处是否有外泄漏；

② 液压泵或马达运转时是否有异常噪声；

③ 液压缸移动是否正常、平稳；

④ 各测压点压力是否在规定范围内，是否稳定；

⑤ 油温是否在允许范围内，工作温度控制在 35 °C ~ 55 °C 比较适宜，若发现温度突然升高，要立刻检查原因，予以排除；

⑥ 系统工作时有无高频振动；

⑦ 换向阀工作是否灵敏可靠；

⑧ 油箱内油量是否在油标刻线范围内；

⑨ 电气行程开关或挡块的位置是否变动；

⑩ 系统手动或自动工作循环时是否有异常现象；

⑪ 定期从油箱内取样化验，检查油液质量；

⑫ 定期检查蓄能器工作性能；

⑬ 定期检查冷却器和加热器工作性能；

⑭ 定期检查和紧固重要部位的螺钉、螺母、管接头和法兰等。

检查结果用规定符号记入点检卡，作为技术资料归档。

（2）日常保养。液压设备的操作保养，除应满足一般机械设备的保养要求外，还有它的特殊要求，内容如下：

① 开机前，检查油箱内油位。加油时，按照设备说明书规定或根据设备性能要求和有关手册选用适当牌号的液压油。

② 按设计规定和工作要求，合理地调节液压系统的工作压力、速度。不能在无压力表的情况下工作、调压。

③ 开机前，检查所有主要元件及电磁铁是否处于规定原始状态。

④ 停机 4 小时以上再开车，应先让液压泵空转 5 ~ 10 min，然后才能开始工作。

⑤ 工作中经常注意系统工作情况，观察工作压力、速度、电压、电表读数，并按时记录。

⑥ 经常检查管接头、法兰盘等部件，以防松动。

⑦ 保持液压设备的清洁，防止外来污染物进入油箱及系统。

⑧ 当液压系统某部位产生故障时，要及时检修，不要勉强运行，以免造成大事故。

⑨ 操作者要按设备点检卡规定的部位和项目认真进行点检。

3. 定期检点与保养

定检是指间隔期在一个月以上的点检，一般是在停机后由设备管理人员检查。定检按检查周期不同可分为：月检、季检、半年检、年检等。

（1）定期紧固管接头和各处连接螺钉。中压以上的液压系统，其管接头、法兰螺钉、液压缸固定螺钉、蓄能器的连接管路、电气行程开关和挡块固定螺钉等，每月紧固一次；中压以下的液压系统，可以三个月紧固一次。

（2）定期更换密封件是液压系统维护工作的主要内容之一，应根据具体使用条件制定更换周期，并将周期表纳入设备技术档案。根据我国目前情况，更换周期一般为一年半左右。

（3）定期清洗或更换液压元件。对于工作环境较差的铸造设备，液压阀一般每三个月清洗一次，液压缸一般每半年清洗一次；若工作环境较好，液压元件清洗周期可适当延长。在清洗液压元件的同时应更换密封件，装配后应对元件主要技术参数进行测试，达到使用要求再进行安装。

（4）定期清洗或更换滤芯。一般液压设备上的过滤器滤芯两个月左右清洗一次，而铸造设备则一个月左右清洗一次。

（5）定期检查、更换液压系统中的液压油，定期清洗油箱、管道（一般情况下，新设备使用三个月左右即应清洗油箱，更换油液，以后每隔半年至一年进行清洗和换油一次）。

（6）定期检查润滑元件、润滑管路。

（7）定期检查蓄能器、加热器和冷却器工作性能。

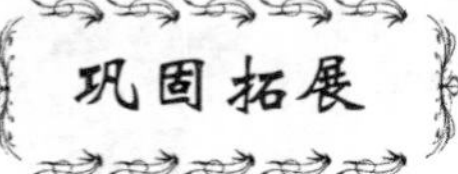

液压系统点检的内容有哪些？

学习评价

检查自己所取得的成绩，在下表中的☆中画√，看看你能得多少个☆。

项　目	任务完成	交流效果	阅读效率	行为养成
个人评价	☆☆☆☆☆	☆☆☆☆☆	☆☆☆☆☆	☆☆☆☆☆
小组评价	☆☆☆☆☆	☆☆☆☆☆	☆☆☆☆☆	☆☆☆☆☆
老师评价	☆☆☆☆☆	☆☆☆☆☆	☆☆☆☆☆	☆☆☆☆☆
存在问题				
改进措施				

任务3　判断和排除液压设备的常见故障

任务案例

以学生学习小组为单位，针对在判断和排除液压设备的常见故障过程的故障分析方法、常用液压元件的故障和排除方法、常用液压回路的故障和排除方法、液压系统的常见故障和排除方法这四个基本环节制定成四个任务。分别以任务书的方式下达到学习小组，经过讨论形成成果并展示。在展示过程中，将点评、讲评和互评结合形成评定成绩。有条件时，也可以以学习小组为单位，分别按照规程具体操作或归纳“判断和排除一台液压设备的常见故障”中的一项，并在此过程中操作体会或归纳出相应的经验结论进行展示，效果更好。

任务分析

本任务涉及在判断和排除液压设备的常见故障过程的故障分析方法、常用液压元件的故障和排除方法、常用液压回路的故障和排除方法、液压系统的常见故障和排除方法这四个基本环节的相关知识，在此基础上要学会对液压设备故障进行判断和排除。

任务处理

（1）将判断和排除液压设备过程中的四个基本环节分解成分析液压设备故障的方法、排除常用液压元件的故障、排除常用液压回路的故障、排除液压系统的常见故障4个子任务。

（2）各学习小组分别完成一个子任务，并形成成果进行展示。

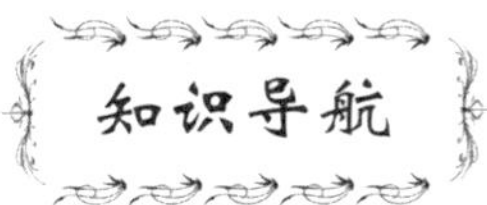

液压设备是由机械、液压及电气等装置组成的统一体，结构复杂，其故障分析是一个受各方面因素影响的综合问题。尤其是液压系统，因其内部情况从外部观察不到，要寻找故障产生的原因更是比较困难。只有熟悉液压系统的工作原理、基本回路的功能和液压元件的结构，并且具有一定的实践经验，才能迅速查明故障原因，准确判断故障部位，并及时排除。

一般功能性的小故障，可利用各种日常维护手段加以消除。通过清洗、调节和调整等措施，使系统各处的参数达到规定值，使设备恢复良好的工作状态。对于因零件的损坏所引起的故障，则需采用修复或更换的修理方法加以解决。

一、液压设备故障的分析方法

1. 液压设备故障诊断步骤

液压设备发生故障后，维修人员要对故障进行分析和排除，应按以下的步骤进行：

（1）熟悉性能、资料。在查找故障原因之前要阅读有关资料，熟悉设备的工作原理和主要性能指标。

（2）调查故障状况。向操作者询问设备出现故障前后的工作状况和异常现象，产生故障的现象及部位，过去的处理方法等。

（3）现场试车。如果设备还能运行，就应亲自启动、操纵，以观察故障现象，查找故障部位。

（4）查阅设备档案。查阅设备技术档案，看看有无类似的故障史以及处理方法，以便参考。

（5）综合分析。对前期所获得的情况进行综合分析，确定产生故障的元件、部位。

（6）实施修理。在查清故障的基础上，制订出切实可行的修理方案，并组织实施。

（7）归纳总结。排除故障后，还应进一步找出故障产生的原因及改进措施，总结修理过程中的得失，积累经验。

（8）记录入档。将本次故障的现象，判断和排除的过程，纳入档案，以备查阅。

2. 故障诊断方法

设备故障诊断一般可分为简易诊断和精密诊断。

（1）简易诊断。又称为主观诊断法，它是靠维修人员利用简单的诊断仪器和个人实际经验对液压系统的故障进行诊断，判别产生故障的原因和部位，这是最常用的方法。具体进行故障分析时，可采用如下方法：

① 看。观察执行元件的运动有无异常，系统的振动情况，各处的压力，油液质量，泄漏情况以及产品的质量等。

② 听。听系统及各元件工作时的噪声是否过大，有无冲击声、金属的异常摩擦声、损坏声。

③ 摸。通过触摸感觉，摸泵体、阀体和油箱外壁的温度，判断系统各处温度是否正常，若接触两秒钟就感到烫手，则应检查原因；有无冲击振动和爬行以及紧固螺钉、微动开关等元件的松紧程度。

④ 问。询问设备操作者，了解设备平时运行情况。问什么时候换的油，什么时候清洗或换过滤芯；问液压泵有无异常现象；问发生事故前调压阀和流量阀是否调节过，有哪些异常现象；问发生事故前密封件或液压元件是否更换过；问发生事故前后出现过哪些不正常现象；问过去常出现哪些故障，是怎样排除的。

⑤ 阅。查阅有关技术档案中有关的故障分析与修理记录；查阅点检和定检卡；查阅保养记录和交接班记录。

（2）精密诊断。又称为客观诊断法，它常在主观诊断法的基础上对有疑问的异常现象采用各种检测仪器进行定量测试分析，从而找出故障原因和部位。对于重要的液压设备可进行运行状态监测和故障早期诊断，在故障的萌芽阶段就作出诊断，显示故障部位和程度并发出警报，以便早期处理和维修，避免故障突然发生而造成恶劣后果。状态监测和故障早期诊断是一个问题的两个方面，也是两个关键。状态监测靠硬件，通过不同的传感器、放大器等硬件把液压系统运行中必要的物理量（如压力、速度、噪声、振动、液压油的温度和污染程度等）采集起来送到计算机实时处理，作出判断（诊断），诊断要靠软件，即专家系统。各种液压系统状态监测用的硬件基本相同，但作出诊断用的专家系统却因液压系统不同而异。由于目前液压系统故障诊断用的专家系统较少且不十分成熟，因此这种技术应用较少。

二、常用液压元件的故障与排除

各种液压元件的原理、结构有很大的差别，其故障及排除方法也各不相同。几种主要液压元件的常见故障及排除方法见表 9.3 ~ 表 9.8。

表 9.3　齿轮泵的常见故障及排除方法

故　障	原　因	排除方法
泵不输油	（1）未接通电源 （2）电气故障 （3）泵轴反转 （4）泵出口单向阀装反或卡死 （5）泵吸油腔进入脏物卡死 （6）油箱内液面过低 （7）泵的转速太低	（1）接通电源 （2）检查电气故障并排除 （3）改变电动机转向 （4）重新安装或检修单向阀 （5）拆洗并在吸油口安装精过滤器 （6）加油至油位线 （7）调整电动机的转速或更换电动机

续表 9.3

故　障	原　因	排除方法
输油量不足或压力升不高	（1）泵的转速太低 （2）轴向或径向间隙过大，内泄漏严重 （3）连接处泄漏 （4）溢流阀产生故障，压力油大量泄入油箱 （5）进油管进油位置太高 （6）油液黏度过大或过小 （7）过滤器堵塞	（1）更换或调整电动机的转速 （2）修配或更换零件 （3）紧固各管道连接处螺母 （4）检修溢流阀 （5）控制进油管的进油高度不超过 500 mm （6）选用合适黏度的油液 （7）清除污物，定期更换油液或更换滤芯
噪声大或压力不稳定	（1）泵与电动机间的联轴器同轴度太低 （2）齿轮精度低 （3）零件磨损严重 （4）泵体、泵盖间密封不严 （5）轴端塞子密封不严 （6）卸荷槽尺寸太小，位置不当 （7）吸油管位置太高，回油管高出液面太多 （8）吸油管太长，吸油口过滤器阻塞，引起空气进入 （9）油箱通气孔堵塞 （10）油液黏度过大	（1）采用弹性连接，控制同轴度 （2）对研齿轮，提高接触精度 （3）更换磨损严重的零件 （4）泵体、泵盖间修磨或更换纸垫 （5）采用塑料塞子，拧紧 （6）更换端盖、修卸荷槽 （7）按说明书要求配置油管 （8）更换或清洗 （9）清洗通气孔 （10）选用适当黏度的油液
泵旋转不畅或咬死	（1）轴向或径向间隙过小 （2）泵与电动机间的联轴器同轴度太低 （3）装配不良 （4）压力阀失灵 （5）油液太脏	（1）修复或更换零件 （2）控制同轴度在 0.1 mm 范围内 （3）按要求重新装配 （4）检修压力阀 （5）更换油液，并采取防止污染的措施
密封圈或压盖有时被冲出	（1）泵中轴向回油孔堵塞 （2）泵体装反方向，使出油口接通卸荷槽而产生压力，将密封圈冲出 （3）密封圈与泵的前盖配合太松	（1）清除污物，重新压入塞子 （2）纠正泵体的安装方向 （3）更换密封圈
发热严重	（1）油液黏度太大或太小 （2）零件磨损，内泄漏过大 （3）配合间隙太小 （4）油箱散热能力差 （5）泵超负荷运行	（1）选择合适黏度的油液 （2）修复或更换零件 （3）重新调整、装配 （4）增大油箱容积，改善散热条件 （5）调整压力、转速至规定范围内

表 9.4　叶片泵的常见故障及排除方法

故　障	原　因	排除方法
泵不输油，或无压力	（1）电气故障 （2）电动机反转 （3）叶片在转子槽内配合过紧 （4）吸油管及过滤器堵塞 （5）油液黏度过大 （6）油箱内液面过低 （7）泵体有铸造缺陷，使吸、排油串腔 （8）配油盘变形，与壳体接触不良	（1）检查电气故障并排除 （2）纠正电动机的旋转方向 （3）检修叶片，使叶片在槽内灵活运动 （4）清洗 （5）改用适当黏度的油液 （6）加注油液至规定油位 （7）调换新的泵体 （8）修整配油盘接触面

续表 9.4

故　障	原　因	排除方法
输油量不足或压力升不高	（1）轴向或径向间隙过大，内泄漏严重 （2）个别叶片移动不灵活 （3）叶片与转子槽的配合间隙太大 （4）配油盘内孔磨损 （5）叶片和转子装反 （6）叶片与定子内腔曲面接触不良 （7）进油不畅 （8）各连接处密封不严，吸入空气 （9）泵的转速过低 （10）溢流阀失灵	（1）修复或更换有关零件 （2）重新研配叶片 （3）根据转子叶片槽单配叶片 （4）严重损坏时，更换 （5）纠正安装方向 （6）修磨定子内腔曲面或更换定子 （7）清洗过滤器，定期更换油液 （8）紧固各连接处 （9）提高转速 （10）检修溢流阀
噪声过大	（1）有空气侵入 （2）油液黏度过大 （3）转速过高 （4）吸油不畅 （5）叶片倒角太小，高度不一致 （6）轴的密封圈过紧 （7）定子曲线面拉毛 （8）联轴器同轴度低，紧固部分松动 （9）泵的工作压力过大 （10）轴承磨损或损坏	（1）检查各连接处及油封的密封情况，检查油箱通气孔和油面高度以及油管长度 （2）选用适当黏度的油液 （3）适当降低转速 （4）清理吸油油路 （5）加大倒角或加工成圆弧形，修磨或更换叶片 （6）适当调整密封圈 （7）抛光或修磨 （8）调整同轴度，固紧螺钉 （9）降低压力至规定范围内 （10）更换轴承
温升过高	（1）泵芯组件径向间隙过小 （2）轴向间隙过大，内泄漏严重 （3）压力、转速过高，泵超负荷运行	（1）调整间隙 （2）调整间隙 （3）调整压力、转速

表 9.5　轴向柱塞泵的常见故障及排除方法

故　障	原　因	排除方法
泵不输油或流量不足	（1）液面太低，过滤器堵塞 （2）中心回程弹簧太短或折断 （3）配油盘或缸体表面拉毛 （4）柱塞磨损，内泄漏严重 （5）泵体与配油盘间产生楔状间隙，吸、压油腔串通	（1）加足油液，清洗过滤器 （2）更换弹簧 （3）研磨、抛光或更换 （4）更换柱塞 （5）采用弹性联轴节传动以减小径向力
压力升不高	（1）泵不输油或流量不足 （2）压力补偿变量的弹簧调节套筒未调好，限位螺钉未调好 （3）溢流阀未调好或失灵	（1）参见上栏方法 （2）调整调节套筒、限位螺钉，并锁紧 （3）调节、检修溢流阀
泵不变量	（1）变量活塞卡阻 （2）弹簧芯轴弯曲卡阻 （3）油泵回油管阻塞，回油背压太高，使变量活塞上腔油液难以卸压	（1）修整或更换 （2）修整或更换 （3）检查回油管，降低背压

续表 9.5

故　障	原　因	排除方法
噪声过大	（1）配油盘装错 （2）泵与电动机的同轴度低 （3）柱塞与滑靴铆合处松动，或泵内零件损坏 （4）吸油管直径太小，弯头太多 （5）吸油管漏气、堵塞 （6）液面太低 （7）油液黏度太大	（1）重新安装配油盘 （2）调整同轴度至 0.1 mm 以内 （3）检查调整，更换有关零件 （4）增大管径，减少弯头 （5）紧固各连接处，清洗吸油管 （6）加足油液 （7）选用适当黏度的油液
温升过高	（1）油箱容积小，冷却效果差 （2）油液黏度太大 （3）间隙过大，内泄漏严重	（1）增大油箱容积，提高冷却效果 （2）选用适当黏度的油液 （3）检修调整配合间隙

表 9.6　液压缸的常见故障及排除方法

故　障	原　因	排除方法
活塞杆或缸体不能动作	（1）换向阀未换向 （2）泵或溢流阀有故障，压力不足 （3）液压缸因长期不用而产生锈蚀 （4）密封圈老化，泄漏严重 （5）液压缸内孔磨损，内泄漏增大 （6）液压缸装配质量差 （7）回油腔未与油箱接通或节流口调节过小 （8）脏物进入滑动部位	（1）检修换向阀 （2）检修泵或溢流阀 （3）拆洗，去除锈斑，严重时重新镗磨 （4）修复或更换密封圈 （5）修复或更换液压缸缸体 （6）重新装配 （7）检查原因并排除 （8）拆洗，必要时更换油液
推力不足，速度达不到规定值	（1）活塞与缸体间的间隙过大或过小 （2）两端盖内的密封圈压得太紧 （3）活塞杆弯曲 （4）液压缸与工作台平行度差 （5）系统泄漏，致使压力、流量不足 （6）系统压力、流量调整较低 （7）导轨润滑不良 （8）油温过高，黏度过小，内泄漏严重	（1）重配活塞与缸体的配合间隙 （2）适当放松压紧螺钉 （3）校正活塞杆 （4）按要求重新装配 （5）检查泄漏处，紧固或更换密封件 （6）调整压力、流量控制元件 （7）适当增加润滑油的压力、流量 （8）选择适当黏度的油液，查明温升和内泄漏原因并排除
液压缸产生爬行	（1）活塞杆与活塞的同轴度差 （2）液压缸与导轨的平行度差 （3）液压缸两端的密封圈压得过紧或过松 （4）液压缸内产生锈蚀或拉毛 （5）活塞杆两端螺母拧得太紧，使活塞杆变形 （6）液压缸内混入空气，未排除干净	（1）将同轴度调整至 0.04 mm 以内 （2）将液压缸的上、侧母线与导轨的平行度控制在 0.1 mm 以内 （3）调整密封圈压紧装置的松紧程度 （4）修去锈斑和拉毛，严重时镗磨 （5）调整螺母的拧紧程度 （6）打开排气阀排气
缓冲装置故障	（1）缓冲节流槽深浅、长短不当 （2）活塞外圆与缸体孔配合间隙过大或过小 （3）单向阀全开或密封不严 （4）前端盖内孔与活塞杆配合间隙过大 （5）缓冲柱塞头与缓冲环间有脏物，间隙过小 （6）缓冲节流槽堵塞 （7）活塞及前端盖上的密封圈损坏 （8）定位装置未调整好位置，致使活塞行程不足，缓冲装置不起作用	（1）修整节流槽 （2）修磨或重配活塞 （3）更换弹簧、锥阀芯或钢球，配研 （4）更换前端盖，并将间隙控制在 0.01～0.02 mm （5）清洗，适当增大间隙 （6）清洗 （7）更换密封圈 （8）调整定位装置位置
外泄漏严重	（1）密封件装配不当或装错 （2）液压缸两端盖压紧螺钉太松 （3）管接头松动 （4）油液黏度过小 （5）油温过高	（1）更换，重新安装密封件 （2）调整压紧螺钉，将密封圈压紧 （3）紧固管接头 （4）更换适当黏度的油液 （5）查明温升过高的原因并排除

表 9.7　溢流阀的常见故障及排除方法

故　障	原　因	排除方法
调整无效	（1）弹簧漏装或折断 （2）锥阀漏装或损坏 （3）进出油口装反 （4）液控口未装螺塞而直通油箱 （5）阀芯被卡死 （6）阻尼孔堵塞	（1）补装或更换弹簧 （2）补装或更换锥阀 （3）调换进出油口油管 （4）加装螺塞 （5）清洗，修研 （6）清洗，必要时更换油液
压力波动不稳定	（1）弹簧变形或太软 （2）阀芯拉毛或弯曲变形 （3）球阀或锥阀与阀座接触不好 （4）锁紧螺母松动致使压力波动 （5）阻尼孔孔径太大，阻尼作用差 （6）油液不清洁，使阻尼孔时堵时通	（1）更换弹簧 （2）修磨或更换阀芯 （3）修研阀座，更换球阀或锥阀 （4）调压后拧紧锁紧螺母 （5）缩小阻尼孔孔径 （6）清洗，更换油液
振动噪声	（1）阀芯与阀体几何精度差 （2）阀芯与阀体孔的配合间隙过大、过小 （3）锥阀与阀座接触不良，圆度误差大 （4）调压弹簧轴线与端面垂直度差，致使锥阀倾斜而接触不均匀 （5）系统存在空气 （6）回油不畅	（1）修研或更换零件 （2）研磨阀体或重配阀芯，控制间隙 （3）将油封面圆度误差控制在 0.01 mm 以内 （4）更换弹簧 （5）排除空气 （6）增大管径，减少弯头，并使回油管口离开油箱底部二倍管径以上
泄漏严重	（1）阀芯与阀体孔配合间隙过大 （2）锥阀与阀座接触不良或磨损严重 （3）密封件损坏 （4）阀盖与阀座孔配合间隙过大 （5）各连接处螺钉、管接头松动	（1）更换阀芯并配磨 （2）修磨锥阀，研磨阀座孔 （3）更换密封件 （4）重配阀盖 （5）紧固各连接处螺钉、管接头

表 9.8　换向阀的常见故障及排除方法

故　障	原　因	排除方法
换向不灵	（1）电磁铁损坏或推力不足 （2）阀芯与阀体孔配合间隙过小 （3）阀芯拉毛 （4）弹簧折断或太硬、太软 （5）油液过脏使阀芯卡死 （6）油液黏度过大 （7）油温过高，零件热变形而卡死	（1）检修或更换电磁铁 （2）修配 （3）清洗，修理配研阀芯 （4）更换弹簧 （5）清洗，更换油液 （6）更换适当黏度的油液 （7）检查油温过高的原因并排除
冲击与振动	（1）电磁铁规格大，吸合速度过快 （2）固定电磁铁的螺钉松动	（1）采用电液动换向阀 （2）紧固螺钉，并加防松垫圈
电磁铁过热或烧坏	（1）线圈绝缘不良 （2）电磁铁铁心不合适，吸不紧 （3）推杆过长，电磁铁吸不到位 （4）电压不对 （5）电极焊接不好 （6）换向压力、流量超过规定 （7）回油口背压过高	（1）更换电磁铁线圈 （2）更换或整修铁心 （3）修磨推杆至适当长度 （4）改正电压 （5）重新焊接 （6）降低压力、流量或采用合适规格的电液动换向阀 （7）调整背压至规定范围内

三、常用液压回路的故障与排除

在组成回路时，如果液压元件的选择、配置不当，即使液压元件本身合格，组成的回路也会出现故障。常用液压回路的故障及排除方法见表 9.9。

表 9.9　常用液压回路的故障及排除方法

回　路	故　障	原　因	排除方法
速度控制回路	速度不稳定	（1）节流阀前后压差过小 （2）调速阀前后压差过小	提高溢流阀的调定值，使节流阀、调速阀前后压差达到合理值
方向控制回路	换向后仍向前冲	换向阀换向滞后	在速度换接部位并联一个单向阀
	液压缸不能锁紧	换向阀选择不当	更换相应滑阀机能的换向阀
	电液动换向阀不动作	控制油路在泵卸荷时无压力	在泵的排油路上安装一个单向阀或在系统回油路上安装背压阀
压力控制回路	振动啸叫	（1）溢流阀调定值过高 （2）溢流阀远程控制管路过长 （3）两溢流阀共用一个回油管路 （4）两溢流阀共振	（1）降低溢流阀调定值 （2）将溢流阀远程控制管路变短、变细 （3）溢流阀回油路分别接油箱 （4）将两溢流阀调定值错开 1 MPa 左右
	减压阀后压力不稳定	减压阀外泄油路有背压	将减压阀外泄油路单独接油箱
	顺序动作不正常	溢流阀与顺序阀的调定值不匹配	将溢流阀的压力调到比顺序阀的压力高 0.5 ~ 0.8 MPa

四、液压系统的常见故障与排除

在使用液压设备时，液压系统可能会出现的故障是多种多样的。这些故障有的是由某一液压元件失灵而引起的；有的是系统中多个液压元件的综合性因素造成的；有的是因为液压油被污染造成的。即使是同一个故障现象，产生故障的原因也可能不一样。特别是现在的液压设备都是机械、液压、电气甚至微型计算机的共同组合体。产生故障更是多方面的。因此，在排除故障时，必须对引起故障的因素逐一进行分析，注意到其内在联系，认真分析故障内部规律，找出主要矛盾，掌握正确的方法，做到准确判断，确定排除方法。

在确定了液压系统故障部位和产生故障的原因之后，应本着“先外后内”、“先调后拆”、“先洗后修”的原则，制定出修理工作的具体措施。不同用途的液压设备因其液压系统的组成不同，所出现的故障也会有一定差别，但其常见故障主要有：振动和噪声、液压冲击、泄漏、温升、爬行和油液污染等。它们产生的原因及排除方法见表 9.10 ~ 表 9.14。

表 9.10　系统产生噪声的原因及其排除方法

故　障	原　因	排除方法
液压泵吸空引起连续不断的“嗡嗡”声，并伴随杂声	（1）液压泵本身或其进油管路密封不良、漏气 （2）油箱油量不足 （3）液压泵进油管口滤油器堵塞 （4）油箱不透空气 （5）油液黏度过大	（1）拧紧泵的连接螺栓及管路各管螺母 （2）将油箱油量加至油标处 （3）清洗滤油器 （4）清理空气滤清器 （5）油液黏度应合适
液压泵故障造成杂声	（1）轴向间隙因磨损而增大，输油量不足 （2）泵内轴承、叶片等元件损坏或精度变差	（1）修磨轴向间隙 （2）拆开检修并更换已损坏零件
控制阀处发出有规律或无规律的“吱嗡”、“吱嗡”的刺耳噪声	（1）调压弹簧永久变形、扭曲或损坏 （2）阀座磨损、密封不良 （3）阀芯拉毛、变形、移动不灵活甚至卡死 （4）阻尼小孔被堵塞 （5）阀芯与阀孔配合间隙大，高低压油互通 （6）阀开口小、流速高、产生空穴现象	（1）更换弹簧 （2）修研阀座 （3）修研阀芯、去毛刺，使阀芯移动灵活 （4）清洗、疏通阻尼孔 （5）研磨阀孔，重配新阀芯 （6）应尽量减小进、出口压差
机械振动引起噪声	（1）液压泵与电动机安装不同轴 （2）油管振动或互相撞击 （3）电动机轴承磨损严重	（1）重新安装或更换柔性联轴器 （2）适当加设支承管夹 （3）更换电动机轴承
液压冲击声	（1）液压缸缓冲装置失灵 （2）背压阀调整压力变动 （3）电液换向阀端的单向节流阀故障	（1）进行检修和调整 （2）进行检查、调整 （3）调节节流螺钉、检修单向阀

表 9.11　系统产生泄漏的原因及排除方法

原　因	排除方法
（1）密封件装错、装反 （2）密封件损坏 （3）结合面几何精度低 （4）阀芯磨损、间隙增大 （5）连接处，管接头松动 （6）压力过高 （7）油管破裂造成严重泄漏	（1）更换、重装密封件 （2）更换密封件 （3）修研结合面 （4）重配阀芯 （5）紧固 （6）调整压力至规定范围 （7）更换油管

表 9.12　系统产生液压冲击的原因及排除方法

原　因	排除方法
换向阀换向过快	（1）换向阀阀芯作成锥角或开轴向三角槽 （2）采用电液动换向阀
（1）液压缸缓冲柱塞与端盖柱塞孔间隙过大 （2）液压缸的缓冲节流阀调节不当	（1）修复、研配缓冲柱塞 （2）调整节流阀开口至适当大小
运动件、油液惯性力大	增设蓄能器

表 9.13　系统产生温升的原因及排除方法

原　因	排除方法
（1）液压泵及各连接处泄漏，容积效率低	（1）检修液压泵，严防泄漏
（2）油箱容积小，散热性能差	（2）增大油箱容积，必要时增设冷却装置
（3）控制元件规格选用不合理、工作不良	（3）更换、调整
（4）系统阻力大，沿程功率损失大	（4）选择合适管径，减少弯头，缩短长度
（5）液压元件加工精度低，装配不良，摩擦力大	（5）检修液压元件、重新装配
（6）压力调定值过高	（6）适当降低调定值
（7）定量泵功率浪费，造成温度升高	（7）改用变量泵
（8）油液黏度太大	（8）选择适当黏度的油液
（9）环境温度过高	（9）设置反射板或利用隔热材料将系统与热源隔开

表 9.14　运动部件产生爬行的原因及其排除方法

故障部位	原　因	排除方法
控制阀	流量阀的节流口处有污物，通油量不均匀	检修或清洗流量阀
液压缸	（1）活塞式液压缸端盖密封圈压得太死 （2）液压缸中进入的空气未排净	（1）调整压盖螺钉（不漏油即可） （2）排气
导轨	（1）接触精度不好，摩擦力不均匀 （2）润滑油不足或选用不当 （3）温度高使油黏度变小、油膜破坏	（1）检修导轨 （2）调节润滑油量，选用适合的润滑油 （3）检查油温高的原因并排除

巩固拓展

归纳液压系统产生噪音的原因及其排除方法。

问题探究

以图 9.6 所示 1HY40 型动力滑台液压系统为例，针对 1HY40 型动力滑台液压系统的故障——滑台换向时产生冲击，对工作原理图进行分析，初步判断故障产生的原因何在？

学习评价

检查自己所取得的成绩，在下表中的☆中画√，看看你能得多少个☆。

项　目	任务完成	交流效果	阅读效率	行为养成
个人评价	☆☆☆☆☆	☆☆☆☆☆	☆☆☆☆☆	☆☆☆☆☆
小组评价	☆☆☆☆☆	☆☆☆☆☆	☆☆☆☆☆	☆☆☆☆☆
老师评价	☆☆☆☆☆	☆☆☆☆☆	☆☆☆☆☆	☆☆☆☆☆
存在问题				
改进措施				

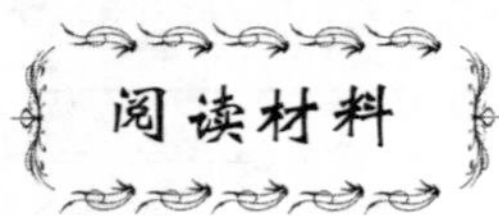

故障查找方法

为了修理工作能够迅速而有效地完成，查定故障部位和作出正确诊断是很重要的。对故障原因的分析，排除与此无关的区域和因素，逐步把目标缩小到某个基本回路或元件，是行之有效的方法。查定故障部位的方法通常有方框图法、因果图法、逻辑流程图法和液压系统图法等，在此以图 9.6 所示 1HY40 型动力滑台液压系统为例，介绍用液压系统图查定故障部位的方法。

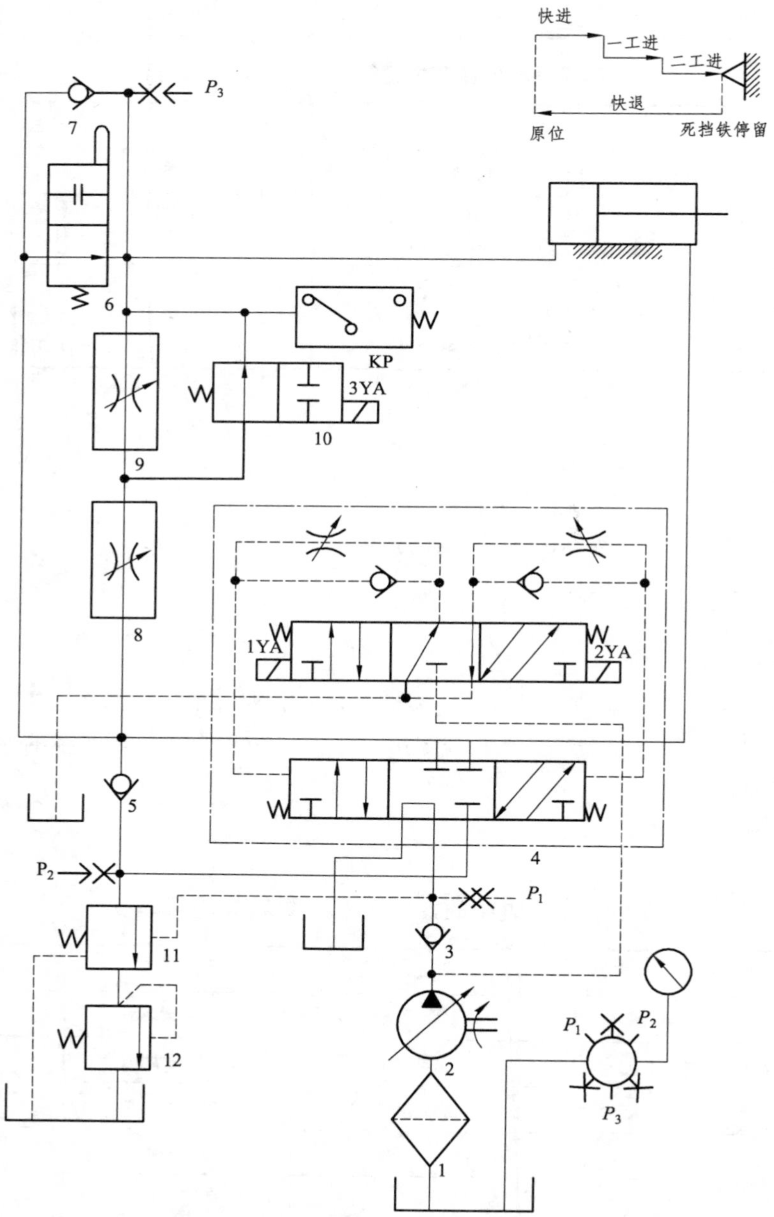

图 9.6　1HY40 型动力滑台液压系统工作原理图

（1）1HY40 型动力滑台液压系统的故障：滑台能向前运动但到达终点后不能快速退回。
（2）通过对工作原理图的分析，初步判断产生上述故障的原因：
① 压力继电器 KP 及所控制的时间继电器的电路有故障；
② 电磁铁 2YA 有故障；
③ 电液换向阀 4 的先导阀阀芯因配合间隙过小或油液过脏而卡死，先导阀对中弹簧太硬；
④ 电液换向阀 4 的液动阀阀芯因配合间隙过小、阀芯阀孔拉毛、油液过脏等原因而卡死；
⑤ 电液换向阀 4 的左节流阀关闭或堵塞；
⑥ 压力继电器 KP 的动作压力调整过高或泵 2 截止压力调整过低。
（3）1HY40 型动力滑台液压系统的故障：滑台工进时推力不足或根本无输出力。
（4）通过对工作原理图的分析，初步判断产生上述故障的原因：
① 泵 2 的截止压力调节过低；
② 液控顺序阀 11 的调定压力过高，工进时未断开液压缸的差动连接；
③ 调速阀 8、9 的节流阀口被堵死；
④ 调速阀 8、9 的定差减压阀工作不正常或在关闭位置卡死；
⑤ 液压缸内密封件损坏和老化，失去密封作用而使两腔相通；
⑥ 背压阀 12 的背压力调节过高。

学习领域 9 知识归纳

一、安装调试和使用液压设备

（1）元件配置类型及特点；
（2）安装液压系统的注意事项和主要元件安装的要求；
（3）清洗液压系统的要求；
（4）调试液压系统的目的、内容和步骤；
（5）使用液压设备的注意事项。

二、维护和保养液压设备

（1）维护液压油质量的影响因素及措施；
（2）日常维护和保养液压设备的点检内容和要求；
（3）定期维护和保养液压设备的点检内容和要求。

三、判断和排除液压设备的常见故障

（1）判断液压设备故障的步骤及方法；

（2）判断液压元件故障的原因及排除方法；
（3）判断液压回路故障的原因及排除方法；
（4）判断液压系统故障的原因及排除方法。

学习领域9达标检测

1. 安装液压元件时，应注意哪些事项？
2. 油管在安装时应注意哪些事项？
3. 使用液压设备时，应注意哪些事项？
4. 影响油液质量的因素主要有哪些？应采用哪些措施？
5. 如何保养液压设备？
6. 液压设备故障分析和排除的步骤是什么？
7. 液压设备故障分析的方法是什么？
8. 分析可能导致齿轮泵不输油原因是什么？如何排除？

学习领域 10　液压伺服系统

液压伺服系统是根据液压传动原理建立起来的，以液压为动力的机械量（位移、速度和力等）的自动控制系统。在液压伺服系统中，执行元件的运动随着伺服元件运动的改变而改变，所以又称为随动系统、跟踪系统或液压控制系统。它是一门较新的科学技术，是液压技术中的一个新分支，是自动控制领域的一个重要组成部分。液压伺服系统具有体积小、质量轻、伺服精度高、响应速度快以及系统刚度大等优点，因此在机械、冶金、化工、航空、航天以及机器人技术等领域获得了广泛的应用。本学习领域通过分析、探究、归纳等一系列活动，让学生分析、探究液压伺服系统及液压伺服阀的组成、原理、类型、特点及应用。本学习领域主要包括以下学习任务：

（1）分析液压伺服系统。

（2）探究液压伺服阀及其功能。

（3）分析液压伺服系统运用的实例。

任务 1　分析液压伺服系统

任务案例

以学生学习小组为单位，按照液压伺服系统的基本组成、工作原理、特点及其分类这四个基本环节制定成四个任务，分别以任务书的方式下达到学习小组，经过讨论形成成果并展示。在展示过程中，将点评、讲评和互评结合形成评定成绩。

任务分析

本任务涉及液压伺服系统的基本形态及其特点、液压伺服系统的工作原理、特点及其基本组成与分类等基本知识，在此基础上要学会分析液压伺服系统。

任务处理

（1）归纳液压伺服系统的基本形态及其特点、液压伺服系统的特点及其基本组成与分类。

（2）分析液压伺服系统的工作原理。

（3）填写表 10.1。

表 10.1

液压伺服系统的基本形态	液压伺服系统的基本组成	液压伺服系统的特点

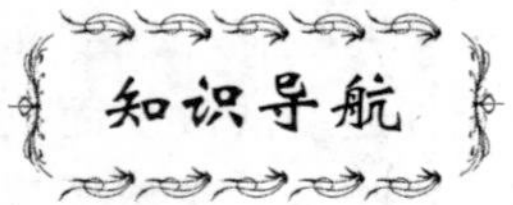

一、液压伺服系统的基本形态

按输出量是否进行反馈测量，液压伺服系统可分为：开环和闭环控制系统。

1. 开环控制系统

进口节流阀式节流调速回路如图 10.1 所示。调定节流阀的开口量，液压缸就以某一调定速度运动。当负载或油温等参数发生变化时，该系统将无法保证原有的运动速度。因此，其调速精度较低，而且不能满足连续无级调速的要求。

若将节流阀的开度定义为输入量，将液压缸的运动速度定义为输出量，当油温或负载等发生变化而引起输出量（液压缸速度）变化时，并不能影响或改变输入量（阀的开度），如图 10.2 所示。

如果液压系统的输出端和输入端之间不存在反馈回路，输出量对系统的控制作用没有影响，就称其为开环控制系统。由此可见，图 10.1 所示的进口节流阀式节流调速回路就是开环控制系统。

用开环控制系统来控制速度或位移，由于没有反馈装置来检测输出是否已达到预期的数值，所以控制精度较差。在受到干扰时，它所控制的速度或位移都要发生变化。但开环系统比较容易建造，结构也比较简单，而且不存在稳定性问题。

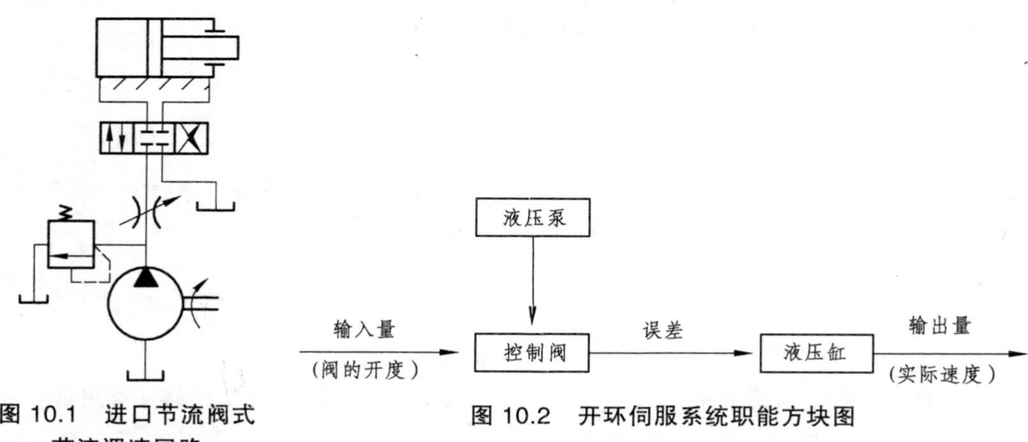

图 10.1　进口节流阀式节流调速回路

图 10.2　开环伺服系统职能方块图

2. 闭环控制系统

为了提高系统的控制精度，设想节流阀由操作者来调节。在调节过程中，操作者不停地观察测速装置所标定的实际速度，并判断这一实际速度与所要求速度之间的差别，根据差别调节节流阀的开度，以减小这一差值（误差）。当负载增大而使液压缸速度低于希望达到的速度值时，则加大节流阀的开度，使速度提高到希望值；反之，由操作者减小阀的开度。其调节过程如图 10.3 所示。

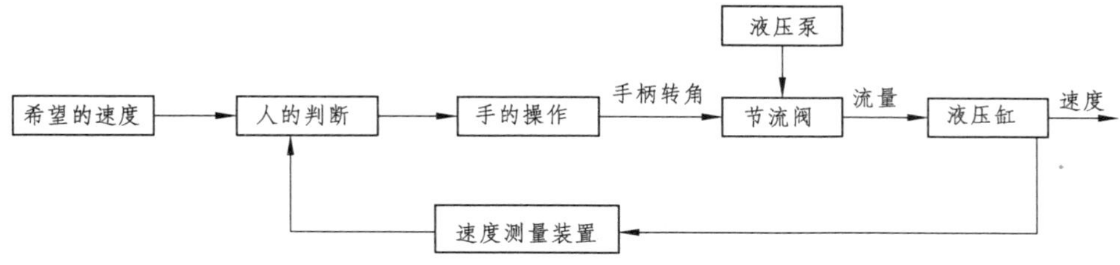

图 10.3　液压缸速度调节过程方框图

从图中可以看出，输出量通过操作者的眼、脑和手反过来影响输入量，这种反作用称之为反馈。为了实现自动控制，必须用电气、机械等装置来代替人的操作，即反馈装置。如果液压系统的输出端和输入端之间存在反馈回路，输出量对系统控制作用能有直接影响，则这样的系统称为闭环控制系统。闭环的作用就是应用反馈来减少偏差。在闭环控制系统中，输入和输出不断地进行比较，如果没有达到预期的数值，控制元件就对输出进行调整，直到输出和输入达到一致为止。所以，闭环控制系统具有较高的控制精度，较强的抗干扰能力，其动态响应也较快。但是，闭环系统有可能不稳定，不稳定即不能正常工作，在设计液压伺服系统时必须注意这一点。

二、液压伺服系统工作原理

图 10.4 所示为一个简单的液压伺服系统原理图。定量液压泵 4 是系统的能源，它以恒定的压力向系统供油，供油压力由溢流阀 3 调定。四通滑阀 1 是一个转换放大元件（伺服阀），把输入的机械信号（位移或速度）转换成液压信号（流量或压力）并放大输出至液压缸 2。液压缸作为执行元件，输入压力油的流量，输出运动速度（或位移），从而带动负载移动。四通滑阀和液压缸制成一个整体，构成了反馈连接。

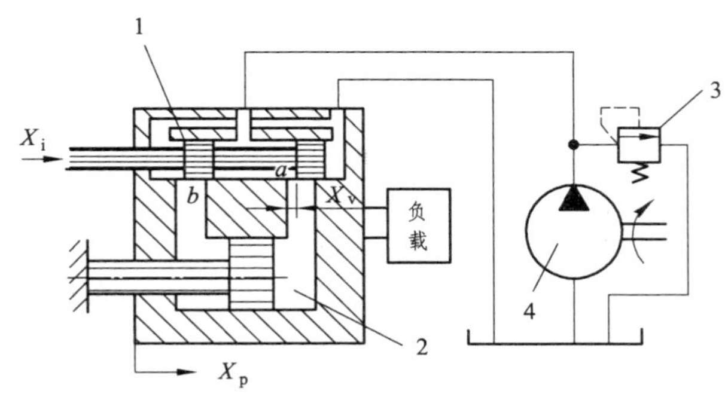

图 10.4　液压伺服系统原理图

1—四通滑阀；2—液压缸；3—溢流阀；4—液压泵

在图 10.4 中，当滑阀处于中间位置时，阀的四个窗口均关闭，阀没有流量输出，液压缸 2 不动，系统处于静止状态。给滑阀一个向右的输入位移 X_i，则窗口 a、b 便有一个相应的开口量 $X_v = X_i$，液压油经窗口 a 进入液压缸右腔，左腔油液经窗口 b 排出，缸体右移 X_p，由于缸体和阀体是一体的，因此阀体也右移 X_p。因滑阀受输入端制约，此时窗口 a、b 相应的开口量 $X_v = X_i - X_p$，则阀的开口量减小，直到 $X_p = X_i$，即 $X_v = 0$，阀的输出流量等于零，缸体才停止运动，处于一个新的平衡位置上，从而完成了液压缸输出位移对滑阀输入位移的跟随运动。如果滑阀反向运动，液压缸也反向跟随运动。

在该系统中，输出位移 X_p 之所以能够精确地复现输入位移 X_i 的变化，是因为缸体和阀体是一个整体，构成了闭环控制系统。在控制过程中，液压缸的输出位移能够连接不断地回输到阀体上，与滑阀的输入位移相比较，得出两者之间的位置偏差，即滑阀的开口量 X_v，因此，压力油就要进入并驱动液压缸运动，使阀的开口量（偏差）减小，直至输出位移与输入位移相一致时为止。系统的工作原理如图 10.5 所示。

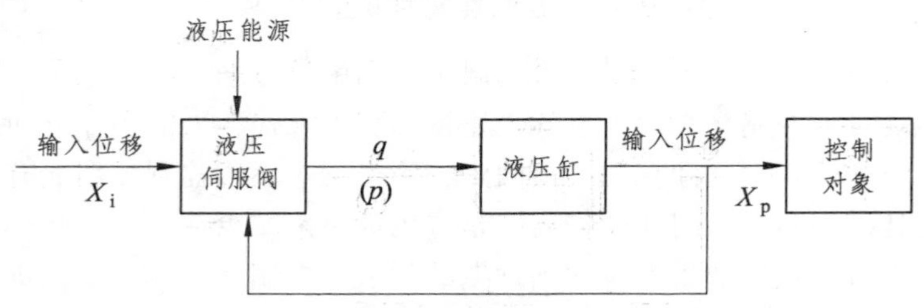

图 10.5　伺服系统工作原理方块图

综上所述，液压伺服系统的基本工作原理就是利用液压流体动力的闭环控制，即利用反馈连接得到偏差信号，再利用偏差信号去控制液压能源输入到系统的能量，使系统向着减小偏差的方向变化，从而使系统的实际输出与希望值相符。

三、液压伺服系统的特点

通过分析图 10.4 所示液压伺服系统的工作原理，可以看出液压伺服系统具有以下特点：

（1）它是一个位置跟随系统。液压缸的缸体位置始终跟随滑阀的位置。滑阀不动，缸体也不动；滑阀向右或向左移动一个距离，缸体也随之向右或向左移动相同的距离；滑阀移动的速度就是缸体移动速度。可见执行元件的动作（系统的输出）能够自动地、准确地复现滑阀的动作（系统的输入）。

（2）它是一个力的放大系统。执行元件输出的力或功率远大于输入信号的力或功率，可高达几百倍，甚至几千倍。功率放大所需的能量由液压能源提供。

（3）系统正常工作必须带有反馈环节。如果没有反馈，伺服阀有一开口量时，液压缸就不会产生随动运动，而是连续不断地移动。反馈的位移与给定的位移是异号的，即反馈信号不断地抵消输入信号，这是负反馈。自动控制系统大多数是负反馈。

（4）它有一个误差系统。要使液压缸输出一定的位移或速度，伺服阀必须有一定的开口量，因此输出和输入之间必须有误差信号，执行元件的运动又力图减少或消除这个误差，但在伺服系统工作的任何时刻都不能完全消除这一误差，伺服系统正是依靠这一误差信号进行工作的。若误差消除后不再产生，系统就停止工作了。

四、液压伺服系统的分类及组成

1. 液压伺服系统的分类

① 按控制方式分。

液压伺服系统：
- 阀控式（节流式）
  - 滑阀式
  - 转阀式
  - 喷嘴挡板式
  - 射流管式
- 变量泵控式（节流式）

② 按控制信号的类别和回路的组成分。

液压伺服系统：
- 机液伺服系统
- 电液伺服系统
- 气液伺服系统

③ 按所控制的物理量分。

液压伺服系统：
- 位置控制系统
- 速度控制系统
- 加速度控制系统
- 力控制系统
- 其他物理量控制系统

④ 按功用分。

液压伺服系统：
- 实现仿形的伺服系统（如液压仿形刀架）
- 实现放大的伺服系统（如变量泵手动伺服机构）
- 实现同步的伺服系统（如横梁同步伺服机构）

⑤ 按系统输出功率的大小分。

液压伺服系统：
- 仪器伺服系统
- 功率伺服系统

⑥ 按输出量是否进行反馈测量分。

液压伺服系统：
- 开环伺服系统
- 闭环伺服系统

以上是液压伺服系统从不同角度的分类，每一种分类方法都代表了系统一定的特点，其中，阀控式是目前应用最广泛的一种控制方式。

2. 液压伺服系统的基本组成

液压伺服系统无论多么复杂，都是由一些基本元件组成的。典型的伺服系统如图 10.6 所示，该图表示了各元件在系统中的位置和相互间的关系。

（1）外界能源。为了能用作用力很小的输入信号获得作用力很大的输出信号，就需要外加能源，这样就可以得到力或功率的放大作用。外界能源可以是机械的、电气的、液压的或它们的组合形式。

（2）液压伺服阀。用以接收输入信号，并控制执行元件的动作。它具有放大、比较等几种功能，如滑阀等。

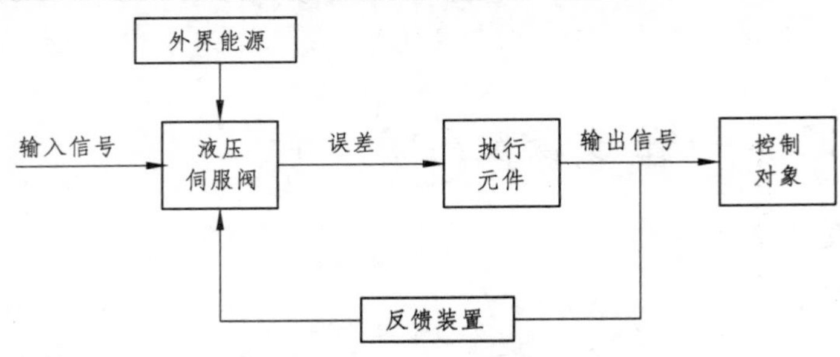

图 10.6　伺服系统的组成

（3）执行元件。接收伺服阀传来的信号，产生与输入信号相适应的输出信号，并作用于控制对象上，如液压缸等。

（4）反馈装置。将执行元件的输出信号反过来输入伺服阀，以便消除原来的误差信号，它构成闭环控制系统。

（5）控制对象。伺服系统所要操纵的对象，它的输出量即为系统的被调量（或被控制量），如机床的工作台、刀架等。

巩固拓展

归纳液压伺服系统的特点及其组成。

问题探究

思考图 10.4 中的 X_v 越来越小的原因及其功能。

学习评价

检查自己所取得的成绩，在下表中的☆中画√，看看你能得多少个☆。

项　目	任务完成	巩固拓展	问题探究	行为养成
个人评价	☆☆☆☆☆	☆☆☆☆☆	☆☆☆☆☆	☆☆☆☆☆
小组评价	☆☆☆☆☆	☆☆☆☆☆	☆☆☆☆☆	☆☆☆☆☆
老师评价	☆☆☆☆☆	☆☆☆☆☆	☆☆☆☆☆	☆☆☆☆☆
存在问题				
改进措施				

任务 2　探究液压伺服阀及其功能

任务案例

以学生学习小组为单位，按照液压伺服阀及其功能、液压伺服阀的类型及其功能、各种液压伺服阀的结构、工作原理及其特点环节制定成三个任务，分别以任务书的方式下达到学习小组，经过讨论形成成果并展示。在展示过程中，将点评、讲评和互评结合形成评定成绩。

本任务涉及液压伺服阀的类型及其功能、各种液压伺服阀的结构、工作原理及其特点等基本知识。在此基础上要学会分析液压伺服阀的原理和功能。

（1）归纳液压伺服阀的类型及其功能、各种液压伺服阀的结构、工作原理及其特点。

（2）分析各液压伺服阀的结构、工作原理及特点。

（3）填写表 10.2。

表 10.2

液压伺服阀的名称	液压伺服阀的工作原理	液压伺服阀的特点

知识导航

液压伺服阀是液压伺服系统中机（或电）、液两部分之间的转换元件，它按照输出和输入信号之间的误差方向（符号）及大小自动地改变输往执行元件的压力油的方向、流量和压力，从而对液压系统起着信号转换、功率放大及反馈控制等作用，对系统的工作性能影响很大，是液压伺服系统中最重要、最基本的组成部分。

从结构形式上分，液压伺服阀主要有四种：滑阀、转阀、喷嘴挡板阀和射流管阀。其中，滑阀控制机能好，在液压伺服系统中应用最为广泛。

一、滑　阀

1. 滑阀的三种结构形式

根据滑阀控制边数（起控制作用的阀口数）的不同，滑阀有单边、双边和四边控制式三种结构形式。

（1）单边滑阀见表 10.3 中相应的工作原理图。控制边的开口量 X_s 控制着液压缸右腔的压力和流量，从而控制液压缸运动的速度和方向。来自泵的压力油进入单杆液压缸的有杆腔，通过活塞上小孔 a 进入无杆腔，压力由 p_s 降为 p_1，再通过滑阀唯一的节流边流回油箱。

在液压缸不受外载作用的条件下，$p_1A_1 = p_sA_2$。当滑阀根据输入信号向左移动时，开口量 X_s 增大，无杆腔压力减小，于是 $p_1A_1 < p_sA_2$，缸体向左移动。

（2）双边滑阀见表 10.3 中相应的工作原理图。压力油一路直接进入液压缸的有杆腔，另一路经滑阀左控制边的开口 X_{s1} 和液压缸无杆腔相通，并经滑阀右控制边的开口 X_{s2} 流回油箱。当滑阀向左移动时，X_{s1} 减小，X_{s2} 增大，液压缸无杆腔压力 p_1 减小，两腔受力不平衡，缸体向左移动；反之，缸体向右移动。

（3）四边滑阀见表 10.3 中相应的工作原理图。四边滑阀有四个控制边，开口 X_{s1}、X_{s2} 分别控制进入液压缸两腔的压力油，开口 X_{s3}、X_{s4} 分别控制液压缸两腔的回油。当滑阀向左移动时，液压缸左腔进油口 X_{s1} 减小，回油口 X_{s3} 增大，使 p_1 迅速减小；与此同时，液压缸右腔的进油口 X_{s2} 增大，回油口 X_{s4} 减小，使 p_2 迅速增大。这样，就使活塞迅速左移；反之，活塞右移。

单边、双边和四边滑阀的工作原理图、特点及用途见表 10.3。

表 10.3

滑阀的类型名称	工作原理图	特点及应用	作　用
单边滑阀	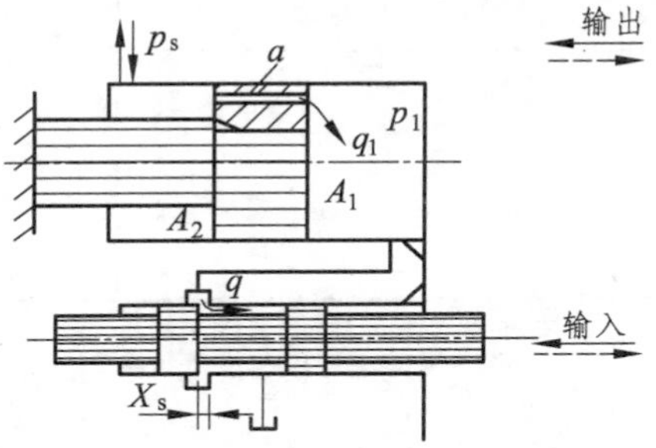 p_s　a　p_1　q_1　A_1　A_2　q　X_s　输出　输入	因为缸体和阀体连接成一个整体，故阀体左移又使开口量 X_s 减小（负反馈），直至平衡。单边滑阀常用于一般控制精度的系统。只用于控制单活塞杆液压缸	单边、双边和四边滑阀的控制作用是相同的，均起到换向和调节的作用。控制边数越多，控制质量越高；但其结构工艺复杂、成本高
双边滑阀	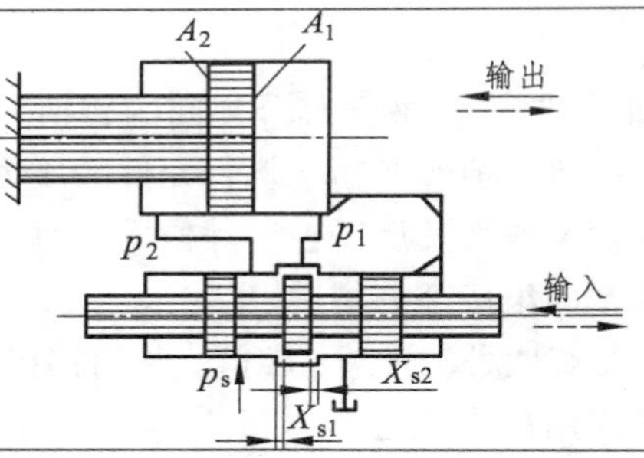 A_2　A_1　p_2　p_1　p_s　X_{s2}　X_{s1}　输出　输入	双边滑阀比单边滑阀的调节灵敏度高，工作精度高，也用于一般控制精度的系统。只用于控制单活塞杆液压缸	
四边滑阀	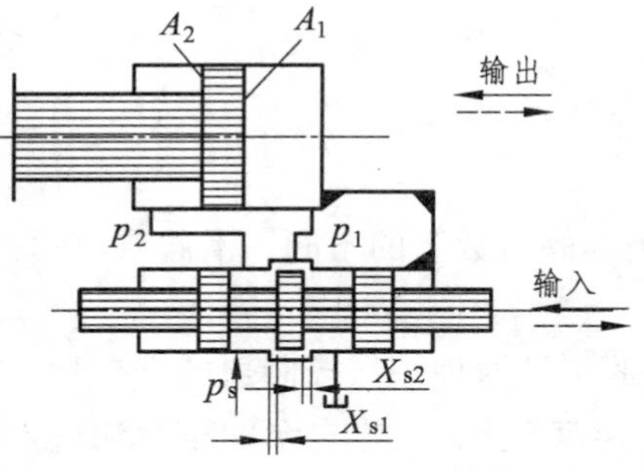 A_2　A_1　p_2　p_1　p_s　X_{s2}　X_{s1}　输出　输入	与双边滑阀相比，四边滑阀同时控制液压缸两腔的压力和流量，故调节灵敏度高，工作精度也较高，常用于精度和稳定性要求较高的系统。既可以控制单活塞杆液压缸，也可以控制双活塞杆液压缸	

2. 滑阀的三种开口形式

根据滑阀在中位时阀口开口量的不同，滑阀又分为负开口（$X_s<0$）、零开口（$X_s=0$）和正开口（$X_s>0$）三种开口形式。

（1）负开口（$X_s<0$）见表 10.4 中相应的结构图，滑阀台肩的宽度 b 大于阀体沉割槽的宽度 B，即 $b>B$，其开口量 $X_s<0$，故称为滑阀的负开口。阀芯处于中间位置时，可以断开液压泵与执行元件的通路，阀芯需移动一小段距离才能打开阀口。

（2）零开口（$X_s=0$）见表 10.4 中相应的结构图，$b=B$，其开口量 $X_s=0$，故称为滑阀的零开口。当阀芯处于中间位置时既无开口量，也无搭盖量，通往液压缸的油口被封闭，没有压力油泄漏回油箱；当液压缸载荷一定时，流向液压缸的流量和阀芯位移有近似的线性关系，不存在死区。

（3）正开口（$X_s>0$）见表 10.4 中相应的结构图，$b<B$，其开口量 $X_s>0$，故称为滑阀的正开口。当阀芯处于中间位置时，两个方向都有油流通过，有功率损耗，存在不灵敏区，稳定性差。

负开口、零开口和正开口滑阀的结构图及其特点见表 10.4。

表 10.4

滑阀中位阀口开口形式	滑阀中位结构图	特　点
负开口（$X_s<0$）	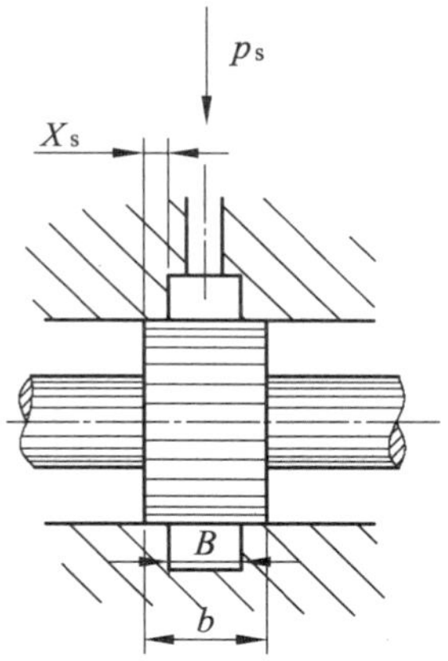 p_s　X_s　B　b	存在较大的不灵敏区（死区），但无中位泄漏损失。它应用较少，仅适用于执行元件定位的系统
零开口（$X_s=0$）	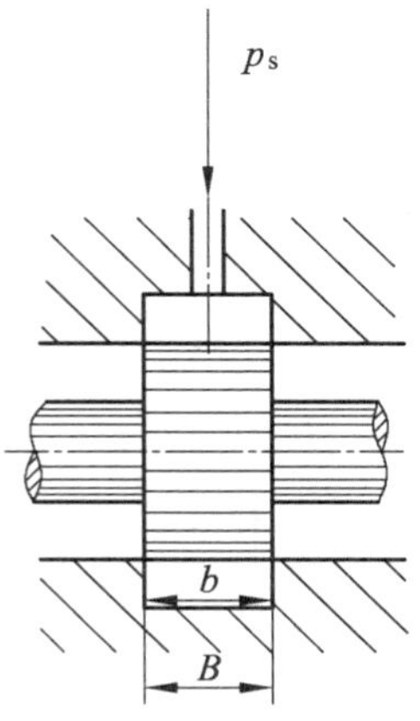 p_s　b　B	无功率损耗；当液压缸载荷一定时，流向液压缸的流量和阀芯位移有近似的线性关系，不存在死区，系统的灵敏度最高，应用也最多。但是，完全的零开口在工艺上难以达到，实际的零开口允许小于 ±0.025 mm 的微小开口量偏差

续表 10.4

滑阀中位阀口开口形式	滑阀中位结构图	特　点
正开口（$X_s>0$）		压力油有功率损耗，也存在不灵敏区，稳定性差，所以不适用于大功率控制的场合，但零位附近流量增益大，制造容易，工作精度也比负开口高。在工程机械中常用于液压转向系统

滑阀是作直线移动的，还有一种阀芯做旋转运动的，称为转阀，它的工作原理和滑阀类似，在此不再赘述。

二、喷嘴挡板阀

喷嘴挡板阀主要有单喷嘴式和双喷嘴式，两者的工作原理基本相同，如图 10.7、图 10.8 和图 10.9 所示。

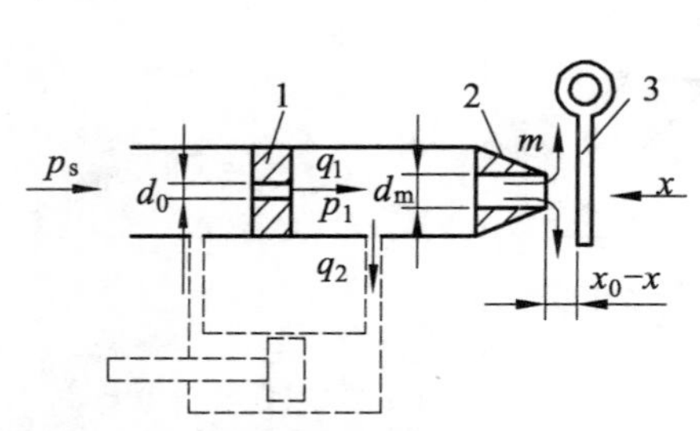

图 10.7　单喷嘴挡板阀液压伺服系统简图

1—固定节流小孔；2—喷嘴；3—挡板

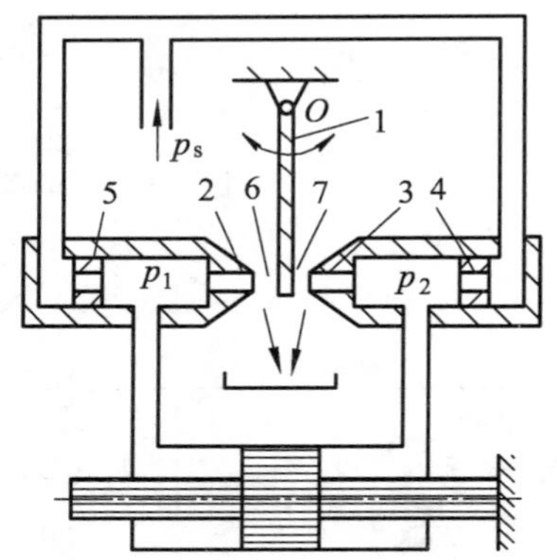

图 10.8　双喷嘴挡板阀液压伺服系统简图

1—挡板；2，3—喷嘴；4，5—固定节流小孔；6，7—节流缝隙

1. 双喷嘴式挡板阀组成和工作原理

双喷嘴式挡板阀主要由挡板 1、喷嘴 2 和 3 以及固定节流小孔 4 和 5 等组成，挡板和两个喷嘴共同组成两个可变截面的节流缝隙 6 和 7。当挡板处于中间位置时，两喷嘴腔内的压力相等，$p_1=p_2$，液压缸不动。压力为 p_s 的油液经过两个固定节流小孔 4 和 5，再经可变节流缝隙 6、7 流回油箱。挡板的位置由输入的机械或电信号控制。当挡板绕中心 O 顺时针摆

动一小角度时，可变节流缝隙 6 关小，节流缝隙 7 开大，使 p_1 上升，p_2 下降，在压力差的作用下，迫使液压缸向左移动。因负反馈作用，当喷嘴跟随缸体移动到挡板两边的对称位置时，液压缸停止运动。当挡板绕中心 O 逆时针摆动时，液压缸向右移动。从图 10.9 可以看到：喷嘴 2 和 3 直径很小（通常 $d = 0.3 \sim 1$ mm），缝隙在 $\delta < d/4$ 范围变化，压力油经小孔作用在挡板 1 上的压力很小，转动挡板所需的力很小，因此，双喷嘴挡板阀的控制精度和灵敏度较高，使用可靠。

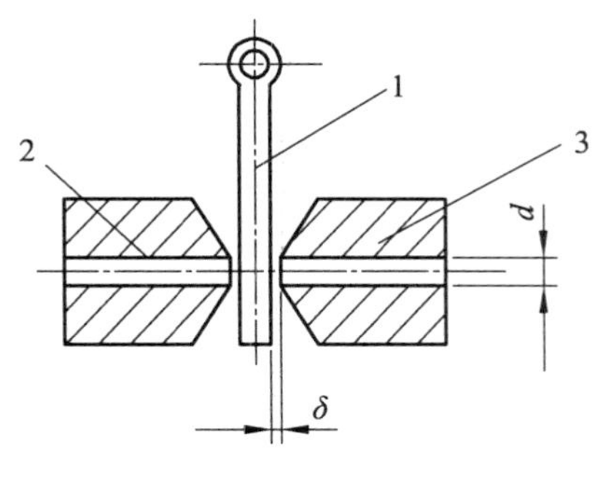

图 10.9　喷嘴挡板工作原理

1—挡板；2，3—喷嘴

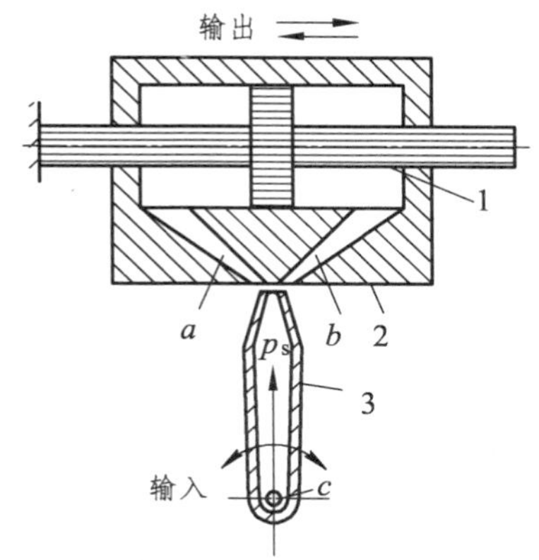

图 10.10　射流管阀液压伺服系统原理图

1—液压缸；2—接受板；3—射流管；
a，b—接受孔

2. 双喷嘴式挡板阀的特点及应用

该阀的控制精度和灵敏度较高，使用可靠。另外，它还具有结构简单，加工方便，没有径向不平衡力，不会发生“卡住”现象等优点。但它的流量增益小，功率损耗大，因此多用于多级放大的小功率液压伺服系统的第一级，也叫前置放大级。

三、射流管阀

1. 射流管阀的常用类型

射流管阀有湿式和干式两种，湿式射流管阀浸在油中，射流是淹没射流，能得到最好的特性，故应用比干式射流管阀多。

2. 射流管阀的工作原理

其工作原理如图 10.10 所示，它由射流管 3、接受板 2 和液压缸 1 等组成。射流管在输入信号的作用下可以绕中心 O 摆动一个不大的角度；接受板 2 上有两个并列的接受孔 a 和 b，分别与液压缸的两腔相通。压力油从通道 c 进入射流管，并从端部的锥形喷嘴射出，经接受孔 a 和 b 进入液压缸。油液在经过锥形喷口时，因通流面积减小，流速增加，压力能转变为动能；当油液进入接受孔 a 和 b 的孔道后，由于通流面积扩大，流速降低，油液的动能又转变为压力能，推动液压缸工作。

如果射流管处在两个接受孔 a 和 b 的中间对称位置，则两接受孔孔道内的油压相等，液压缸不动。当有输入信号使射流管绕中心 O 顺时针摆动一个小角度时，进入接受孔 b 的油液的油压升高，接受孔道 a 内的油压降低，在液压缸两端压力差的作用下，液压缸向右移动。由于液压缸和接受板刚性连接在一起，形成了负反馈，当射流管恢复到中间位置时，活塞两腔压力平衡，液压缸停止运动；当射流管逆时针摆动一个小角度时，液压缸向左运动。

3. 射流管阀的特点

射流管阀的优点是结构简单，动作灵敏，抗污染能力强，工作可靠。它的缺点是功率损耗较大，供油压力高时容易引起振动。因此，射流管阀只适用于低压小功率的场合，如某些液压仿形机床的伺服系统。

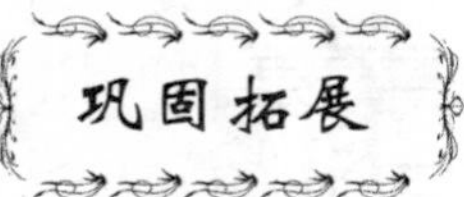

归纳射流管阀的类型及其特点。

学习评价

检查自己所取得的成绩，在下表中的☆中画√，看看你能得多少个☆。

项　目	任务完成	交流效果	阅读效率	行为养成
个人评价	☆☆☆☆☆	☆☆☆☆☆	☆☆☆☆☆	☆☆☆☆☆
小组评价	☆☆☆☆☆	☆☆☆☆☆	☆☆☆☆☆	☆☆☆☆☆
老师评价	☆☆☆☆☆	☆☆☆☆☆	☆☆☆☆☆	☆☆☆☆☆
存在问题				
改进措施				

任务 3　分析液压伺服系统运用的实例

任务案例

以学生学习小组为单位，针对在分析液压伺服系统运用过程中的分析车刀液压仿形刀架伺服系统、分析变量泵手动伺服结构这两个基本环节制定成两个任务，分别以任务书的方式下达到学习小组，经过讨论形成成果并展示。在展示过程中，将点评、讲评和互评结合形成评定成绩。

任务分析

本任务涉及分析液压伺服系统运用实例过程中的分析车刀液压仿形刀架伺服系统、分析

变量泵手动伺服结构等基本知识，在此基础上要学会分析液压伺服系统。

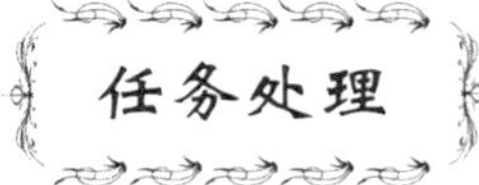

（1）归纳车刀液压仿形刀架伺服系统、变量泵手动伺服结构的功能。

（2）分析液压伺服系统运用实例过程中的分析车刀液压仿形刀架伺服系统、分析变量泵手动伺服结构的结构、工作原理。

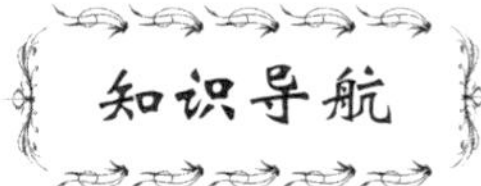

一、车床液压仿形刀架

车床液压仿形刀架采用的是一种闭环机液伺服系统，它利用液压仿形刀架由位置控制机构——液压伺服系统驱动——按照样件（或样板）的形状进行仿形自动加工，加工对象包括多台阶的轴类零件或具有曲线轮廓的旋转表面的零件，可以大大提高劳动生产率并减轻劳动强度。

车床液压仿形刀架的工作原理图如图 10.11 所示。液压仿形刀架倾斜安装在车床中滑板的后方，整个仿形刀架可与中滑板一起作纵向进给；活塞杆 2 固定在刀架 1 的底座上，液压缸体连同刀架可在刀架底座的导轨上沿液压缸轴向移动。液压泵站置于车床附近的地面上，样件 7 支持在床身的后侧面。伺服滑阀 11 的一端有弹簧 5，经杆 4 使触头 6 经常压紧在样件上。

工作时，进入液压缸的油路分别为：压力油从液压泵 9→过滤器 10→通道 f→伺服滑阀 11→油路 a→液压缸前腔 I。所以前腔 I 的压力始终等于液压泵的供油压力 p_1。

另一路：压力油从通道 f→伺服滑阀 11→开口 X_{s1}→环槽 b→
- →油路 c→油缸后腔Ⅱ
- →开口 X_{s2}→通道 e→油箱

可以看出，液压缸后腔Ⅱ一方面通过开口 X_{s1} 和孔道 f 相通，另一方面又通过开口 X_{s2} 和油箱相通。所以，液压缸后腔Ⅱ中的压力 p_2 就由开口 X_{s1} 和 X_{s2} 的比例关系来决定。如果液压缸面积之比为 $\frac{A_2}{A_1}=2$，$\frac{p_2}{p_1}=\frac{1}{2}$，则液压缸平衡。工作开始，触头还没有和样件 7 相接触时，滑阀在其尾部弹簧作用下处于最前端，使开口 X_{s1} 减小，开口 X_{s2} 增大，其结果是：压力 p_1 不变，压力 p_2 减小，所以 $p_2<\frac{1}{2}p_1$，仿形刀架快速向前移动，接近工件。当杠杆的触头接触到样件不再移动时，滑阀也不能再移动，而刀架在液压缸作用下继续向前运动，直到 $X_{s1}=X_{s2}$，$p_2=\frac{p_1}{2}$，刀架停止运动为止，这样就完成了车刀 13 的快速趋近运动。之后，仿形刀架将跟随伺服滑阀运动，伺服系统处于正常工作状态。

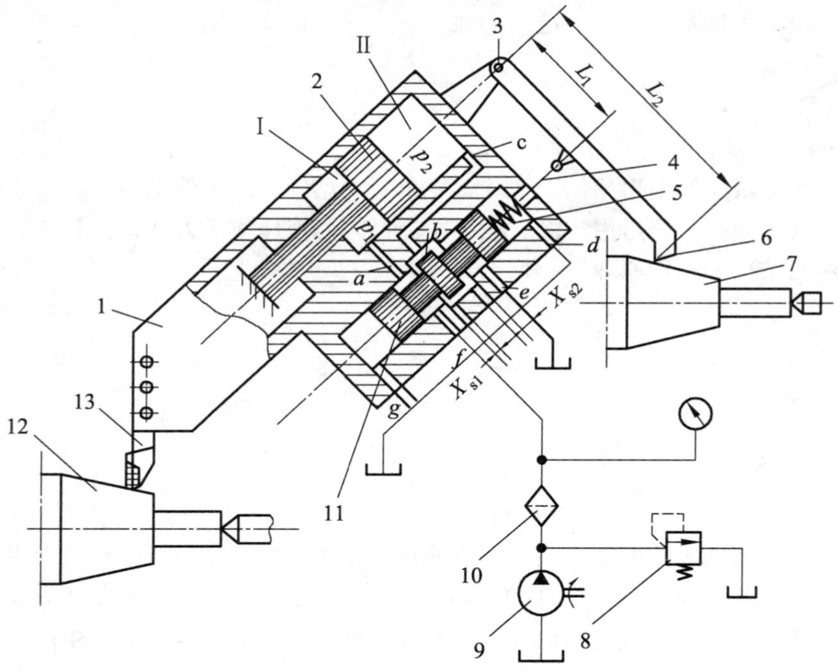

图 10.11 液压仿形刀架工作原理图

1—仿形刀架；2—活塞杆；3—支点；4—杆；5—弹簧；6—触头；7—样件；
8—溢流阀；9—液压泵；10—过滤器；11—伺服滑阀；
12—工件；13—车刀

车削圆柱面时，床鞍沿机床导轨纵向进给，使杠杆的触头沿样件的圆柱表面滑动，由于滑阀不动，即 $X_{s1} = X_{s2}$，仿形刀架处于相对平衡状态，因此，车刀不产生前后方向移动，仅随床鞍运动，在工件 12 上车出圆柱面来，如图 10.12 中的 a 点所示。

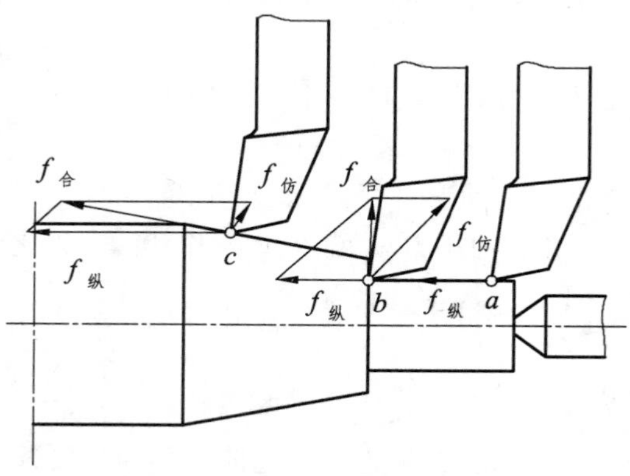

图 10.12 进给运动合成示意图

车削阶台时，触头碰到样件的凸肩，触头就绕本身的支点 3 抬起，并经杆 4 向右上方拉动滑阀，开口 X_{s1} 增大，X_{s2} 减小，于是液压缸后腔Ⅱ中的压力 p_2 增大，$p_2A_2 > p_1A_1$，液压缸体带动车刀后退，这时床鞍的纵向进给运动，$f_{纵}$和仿形刀架液压缸体的仿形运动 $f_{仿}$所形成的合成运动 $f_{合}$，就使车刀车出工件的阶台部分，如图 10.12 中的 b 点所示。因此，仿形刀架的液压缸轴线多与主轴轴线安装成 45°～60°的斜角，目的就是为了可以车削直角的阶台。

车削外圆锥面时，床鞍的纵向进给 $f_{纵}$ 继续前进，使滑阀不断地后退，这时刀架也保持一定速度后退，床鞍的 $f_{纵}$ 和刀架液压缸体的后退运动 $f_{仿}$ 合成 $f_{合}$，就使车刀车出工件的锥面部分，如图 10.12 中的 c 点所示。

从仿形刀架的工作过程可以看出，刀架液压缸（执行元件）是以一定的仿形精度按着触头输入位移信号的变化规律而动作的。使用液压仿形刀架适用于中、小批生产的自动化。

二、变量泵手动伺服机构

变量轴向柱塞泵的原理图如图 10.13 所示。当变量轴向柱塞泵在高压下工作时，转动变量头所需要的力很大，若用手动调节来实现变量比较困难，所以常采用手动方式、机械方式及其他方式操纵伺服机构（滑阀）动作，而使变量机构跟随伺服机构运动而运动，从而达到变量的目的。

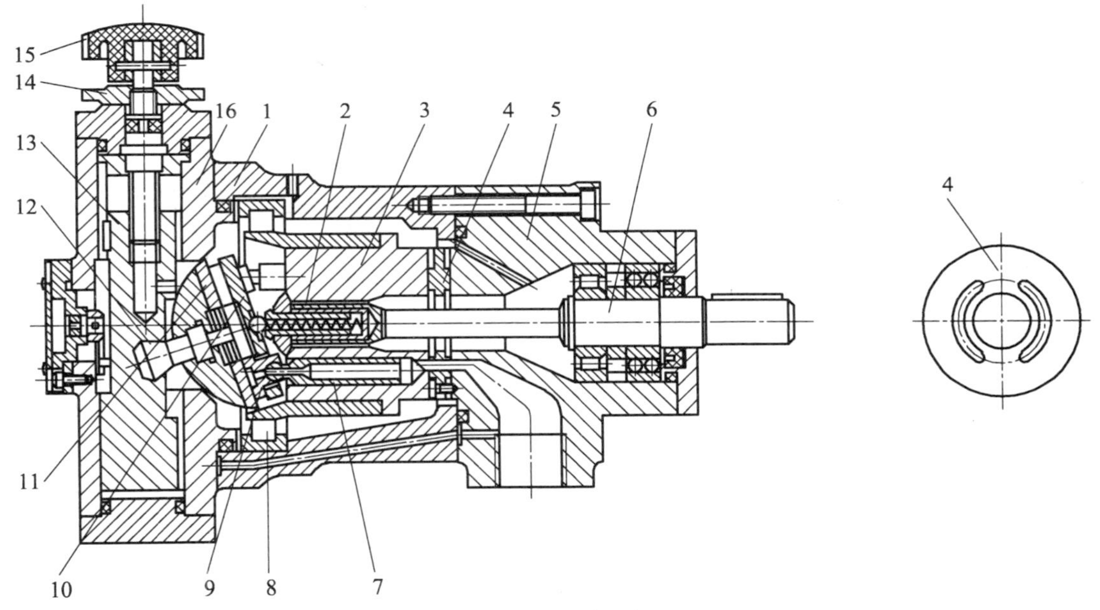

图 10.13　变量轴向柱塞泵

图 10.14 所示为变量泵手动伺服机构结构图，它主要由伺服滑阀阀芯 1、伺服阀阀套 2、斜盘 4 和变量活塞 5 组成。阀套和活塞刚性地连成一体，伺服滑阀阀芯上端嵌装在拉杆 8 下端的 T 形槽内，伺服滑阀阀芯的移动通过拉杆来实现。伺服阀为双边控制形式，泵的出口压力油经泵体上的通道 h 及单向阀 7 进入活塞的下腔 d，然后经活塞上的通道 b 引到伺服阀的阀口 a。图示伺服阀阀芯处于中间位置，伺服阀的两个阀口 a 和 e 都封闭，通道 b 和上腔 g 被切断，同时通道 f 的回油路也不通，活塞上腔 g 为密封容积。在活塞下腔 d 的压力油的作用下，上腔油液形成相应的压力使活塞受力平衡（如果活塞上、下两腔面积比为 2∶1，压力比为 1∶2）。此时泵的斜盘倾角 α 和排量 V 都等于零。

当拉杆使阀芯向上移动时，则阀口 e 开启，活塞上腔 g 的油液经活塞上的通道 f、阀口 e 流到泵的内腔（内腔压力为零）。于是，上腔 g 的压力下降，经单向阀进入下腔 d 中的高压油作用在活塞的下端，使活塞跟随拉杆向上移动，通过球形销 3 带动斜盘 4 摆动，使斜盘 4 的倾角 α 增大。由于伺服阀阀套与活塞刚性地连成一体，因此在活塞上移的同时，反馈作用给阀套，直到活塞和拉杆的位移量相等时，阀口 e 关闭，活塞在新的平衡位置上停止上移，泵在要求的排量下工作。当拉杆使阀芯向下移动时，阀口 a 开启，活塞下腔 d 的压力油经阀口 a 通到上腔 g。于是上腔 g 压力增大，使活塞向下移动，直到活塞的位移量等于拉杆的位移量时，阀口 a 关闭，活塞的下移因油路切断而停止，活塞重新受力平衡。

由上述可知，输入给拉杆一个移动信号，变量活塞将跟随产生一个同方向的位移，泵的斜盘摆动为某一角度，泵输出一定的排量，排量的大小与拉杆的位移信号成比例。

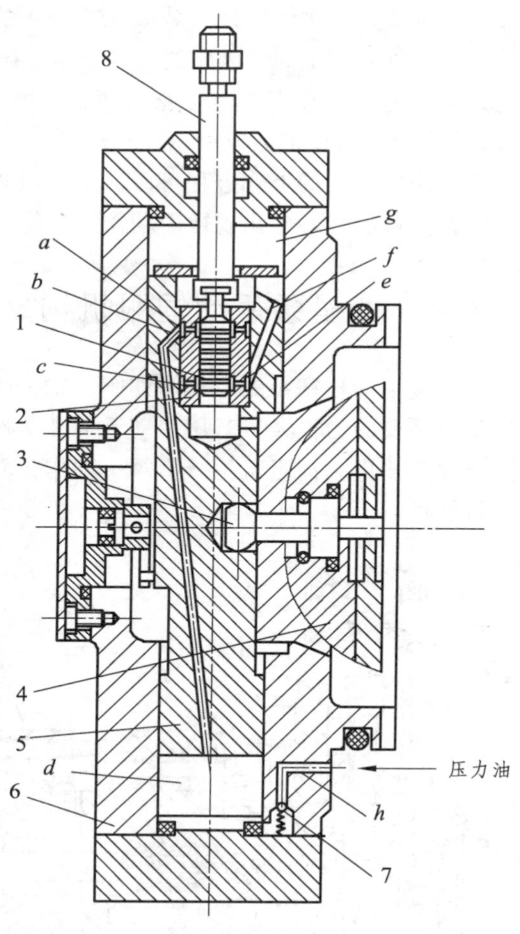

图 10.14　变量泵手动伺服机构结构图

1—伺服滑阀阀芯；2—伺服阀阀套；3—球形销；4—斜盘；5—变量活塞；6—壳体；7—单向阀；8—拉杆

巩固拓展

变量泵手动伺服机构中，泵输出的排量为什么是变化的？

问题探究

若将液压仿形刀架（见图 10.11）上的伺服滑阀 11 与液压缸分开，成为一个系统中的两个独立的部分，则仿形刀架能工作吗？其常用类型是什么 ？

学习评价

检查自己所取得的成绩，在下表中的☆中画√，看看你能得多少个☆。

项　目	任务完成	交流效果	阅读效率	行为养成
个人评价	☆☆☆☆☆	☆☆☆☆☆	☆☆☆☆☆	☆☆☆☆☆
小组评价	☆☆☆☆☆	☆☆☆☆☆	☆☆☆☆☆	☆☆☆☆☆
老师评价	☆☆☆☆☆	☆☆☆☆☆	☆☆☆☆☆	☆☆☆☆☆
存在问题				
改进措施				

学习领域 10 知识归纳

一、分析液压伺服系统

（1）液压伺服系统的基本形态及其特点；
（2）液压伺服系统的工作原理；
（3）液压伺服系统的特点及其基本组成与分类。

二、探究液压伺服阀及其功能

（1）液压伺服阀的类型及其功能；
（2）滑阀控制伺服阀的结构、工作原理及其特点；
（3）喷嘴挡板阀的结构、工作原理及其特点；
（4）射流管阀的结构、工作原理及其特点。

三、分析液压伺服系统运用实例

（1）分析车刀液压仿形刀架伺服系统的结构、功能、工作原理等；
（2）分析变量泵手动伺服结构的结构、功能、工作原理等。

学习领域 10 达标检测

1. 什么叫液压伺服系统？举例说明伺服系统是如何构成反馈控制的？并画出其职能方块图。
2. 液压伺服系统有何特点？
3. 液压伺服系统分为哪几类？它是由哪几部分组成的？
4. 什么是滑阀式液压伺服阀的正开口、零开口和负开口？各有何特点？
5. 液压伺服阀的功用是什么？常用的伺服阀有哪些？
6. 滑阀式伺服阀按控制边数可分为几类？哪种控制机能最好？
7. 如果双喷嘴挡板式伺服阀（见图 10.8）有一喷嘴被堵塞，会出现什么现象？
8. 简述图 10.10 所示射流管阀的工作原理及特点。
9. 为什么液压仿形刀架液压缸轴线与车床主轴轴线之间要安装成一定的斜角？
10. 变量泵手动伺服机构（见图 10.14）中，泵输出的排量为什么是变化的？

学习领域11　液压新技术简介

液压技术从 1795 年英国制成第一台水压机算起，已有二百多年的历史，在工业上真正的推广使用是近五六十年的事。随着科技的发展，液压技术在工业上得到了迅速的发展，特别是近十几年来，液压技术更是突飞猛进，使其成为对现代机械装备的技术进步有重大影响的基础技术（包括传动、控制和检测等方面），并在国民经济的各部门得到了更广泛的应用，促使液压技术的新结构、新工艺、新性能和新应用层出不穷。本学习领域通过展望、归纳、探究等活动，探究液压新技术的发展趋势等有关问题，为学生今后在生产和工作中拓展自己奠定基础。本学习领域包括以下学习任务：

（1）展望液压技术的发展方向及趋势。

（2）归纳液压系统的减污、降噪和节能技术的研究。

（3）探究新型液压元件及装置。

任务1　展望液压技术的发展方向及趋势

以小组为单位，通过网络搜索，查阅有关书籍，并结合本任务知识导航的有关内容，对资料进行讨论、遴选与整理，可以写一篇以“展望液压技术的发展方向及趋势”为题的报告或文章进行展示、交流，也可以以关键词或思维导图为线索进行展示、交流。

任务分析

本任务涉及以下内容：

（1）对液压技术的发展方向及趋势的有关资料进行收集、整理。

（2）小组讨论、遴选资料。

（3）确定展示内容及方式，形成成果并展示。

任务处理

（1）对液压技术的发展方向及趋势的有关资料进行收集、整理。

（2）小组讨论、遴选资料。

（3）确定展示内容及方式。

（4）形成成果。

（5）成果展示。

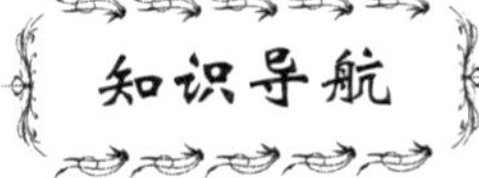

知识导航

1. 液压技术的发展方向及趋势之一——高压化、高速化、小型化和集成化

（1）在压力方面，以前，液压元件的额定压力为 7 MPa，而现在一般地已发展到 35 ~ 63 MPa，其中超高压泵可达 70 ~ 100 MPa，甚至更高。虽然压力的增大，对装置的密封和元件的质量要求更高，但在输出功率相同时，可以减小所需的流量，因而能减小整个系统的尺寸和质量，使其结构紧凑、惯性小，提高了系统反应的快速性。如工作压力由 21 MPa 提高到 28 MPa，再由 28 MPa 提高到 35 MPa，而整个系统由减重 5%变为减重 10%。可以看出：压力级的提高对减小液压系统质量的作用是非常大的。目前，国外生产的几种专用液压泵的压力已达 600 ~ 700 MPa，我国宁波生产的比例溢流阀最高压力达 120 MPa。

（2）在速度方面，流量从过去的 219 ~ 258.6 L/min，发展到 657.6 ~ 876.6 L/min；功率已增加到 73.5 ~ 367.5 kW，其中，轴向柱塞泵的最大功率甚至达到 730 ~ 26 660 kW，而提高流量的有效措施就是提高泵的转速。目前国产的柱塞泵最高转速为 3 500 r/min，国际上航空用的柱塞泵转速已达 7 500 r/min，内啮合齿轮泵的转速为 36 000 r/min，叶片泵的转速为 5 000 r/min。

（3）在构成及规模方面，随着液压机械系统复杂化程度的提高，为了能在尽可能小的空间内传输尽可能大的功率，液压元件小型轻量化、系统集成化成了液压技术发展中的一个主要方向。由管式配置、板式配置、箱式配置、集成块式配置到叠加式配置、插装式配置，体积越来越小，结构越来越紧凑，中间通道越来越短。现在有一些液压泵已和压力阀做成一体（把压力阀插装在泵的壳体内）；也有一些液压缸已和换向阀做成一体，只需接上一条高压油管与泵相连，一条回油管与油箱相连，就可以构成一个一体化的复合式液压装置。

2. 液压技术的发展方向及趋势之二——伺服控制、比例控制和数字控制

（1）伺服控制。液压伺服控制技术在自动控制领域的迅速崛起，源于第二次世界大战的刺激，因其响应快、精度高，受到特别重视。1940 年，首先在飞机上出现了电液伺服系统；20 世纪 50 年代末，又出现了以喷嘴挡板阀作为第一级的电液伺服阀，从而使响应速度快、控制精度高的电液伺服系统日趋完善，并开始在民用工业中推广。它除用于飞机的操纵系统、导弹的自动控制系统、雷达跟踪系统、火炮操纵装置、舰艇操舵系统等军事领域外，近几年已在工业机器人、数控机床、轧钢机跑偏控制、张力控制以及燃气轮机、水轮机转速自调系统等方面获得广泛应用。目前，电液伺服控制的发展动向是改善高频特性，提高可靠性和抗污染能力，简化系统组成，优化设计参数和降低成本。

（2）比例控制。传统的电液伺服控制系统能耗大、价格高、流体介质的清洁度要求苛刻，

因此难以被各工业用户接受，而传统的电液开关控制又不能满足高质量控制系统的要求，所以，可靠、价廉、控制精度和响应特性均能满足工业控制系统实际需要的电液比例控制技术在 20 世纪 60 年代末应运而生，并迅猛发展。比例控制是一种按输入电信号，连续地、按比例地控制液压系统流量、压力和方向的控制方式。由于它具有压力补偿的性能，所以其输出压力和流量可不受负载变化的影响。

20 世纪 80 年代液压技术的新突破，就是既可以用于泵控，也可以用于阀控的比例流量控制技术，造就了液压元件的新一代家族。国外有德国力士乐、美国威格士的比例元件，中国科学院院长路甬祥教授在比例控制技术上获得了五项国际发明专利，其中的新原理比例调速阀成功地应用在北京西客站 102 m 高亭楼、上海大剧院 6 000 t 球形屋架等特大跨度结构工程的同步举升项目上。

比例控制作为电脑自动控制，机、电、液一体化的重要组成部分，必将在我国的国防工业、冶金、塑料机械、工程机械和机床等领域得到空前迅速的推广应用，会比开关控制和伺服控制的应用领域更为广泛，并促进我国机电设备自动化水平的整体提高。

（3）数字控制。液压技术从 20 世纪 70 年代中期就开始和微电子工业接触，并相互结合。在这二十五年左右的时间内，结合层次不断提高，由简单拼装、分散混合到总体整合，出现了多种形式的独立产品，如数字泵、数字阀和数字缸等。其中的高级形式已发展到把编程的芯片和液压控制件、执行件或能源件、检测反馈装置、数模转换装置和集成电路等汇成一体，这种汇在一起的连结体只要一收到微处理机或计算机送来的信息，就能实现预先规定的任务，它实际上已成为一种独立完整的智能单元。

数字控制就是用数字信息直接控制的一种控制方式。数字控制的方法有脉宽调制（PWM）、脉频调制（PFM）、脉数调制（PNM）、脉码调制（PCM）和脉幅调制（PAM）等。其中，用得最多的是脉宽调制和由脉数调制演变而来的增量控制法。数字控制系统的给定量、反馈量和偏差量都是数字量，数值上不连续，时间上也是离散的。一般来说，数字测量、放大、比较和给定等部件均由微处理机实现，计算机的输出经 D/A（数/模）转换后加给伺服放大器。

用计算机对电液系统进行控制是今后液压技术发展的必然趋势，但比例阀和伺服阀能接受的信号是连续变化的电压或电流，而数字阀则可与计算机直接接口，不需要 D/A 转换，其结构简单，工艺性好，抗污染强，价格低，功耗小，工作稳定可靠。它可用于利用计算机实现实时控制的电液系统中，为计算机在液压领域的应用开辟了一条新途径。

3. 液压技术的发展方向及趋势之三——液压技术计算机化

20 世纪 80 年代初逐步完善和普及的计算机控制技术为电子技术和液压技术的结合奠定了基础，大大地提高了液压控制系统的功能和完成复杂控制的能力。近几年来，机、电、液一体化技术已逐渐扩展到各个工业领域，计算机与液压技术日益密切地结合，不断提高液压工业水平。其中，液压计算机辅助设计（液压 CAD）、液压计算机辅助试验（液压 CAT）和液压计算机实时控制等技术是对液压工业有重大带动作用的关键技术。

（1）液压计算机辅助设计（液压 CAD）。

在计算机上模拟液压元件和回路的设计，可使一个液压装置获得最优化的设计，从而消除动态误差，保持控制精度。

采用这种模拟手段，必须把表达每一元件性能的微分方程式和代数方程式输入模拟它的方框内。用计算机解出后再调整某些参数，反复几次，直到使计算出来的稳定性、精度和响应速度等性能满足要求为止。这样就明确知道模型的系数与结构参数之间的关系，从而解决以下三个问题：

① 明确对一个元件性能有影响的物理现象的性质；

② 改变某一个元件的结构参数以改进其系统特性；

③ 为一个液压系统选择能满足给定要求的各种元件，也可以用计算机对液压基本回路进行设计，如液压系统的数字模拟程序，它既可以实现元件的逻辑连接动态特性的分析，也可以进行计算或优化设计。

（2）液压计算机辅助试验（液压 CAT）。

在液压实验室中，利用计算机控制液压系统或液压元件的试验过程，改变其工作情况，同时对许多参数进行记录、储存和数据处理。如驾驶舱模拟器能通过微计算机控制 6 个液压缸，实现快速的（每秒钟 20 次）协调动作，以使受训练的波音民航喷气客机驾驶员不用上天就可以经历 6 个自由度的颠簸摇摆、座椅振动和着陆弹跳等项的运动感觉，并能对驾驶员的操作做出拟真的响应。

（3）液压计算机实时控制。

液压控制已从模拟控制转为以计算机控制为主的数字控制，尤其是将计算机放入液压控制回路之内进行实时控制，即计算机将控制信号给定并综合处理后，发出信息，输给液压控制阀，以控制执行元件的动作。为控制目的编写的应用程序，所用的语言种类取决于系统的软件配置和控制要求，计算机实时控制中一般使用汇编语言。图 11.1 所示为用计算机和电液比例阀控制的液压系统的方块图。

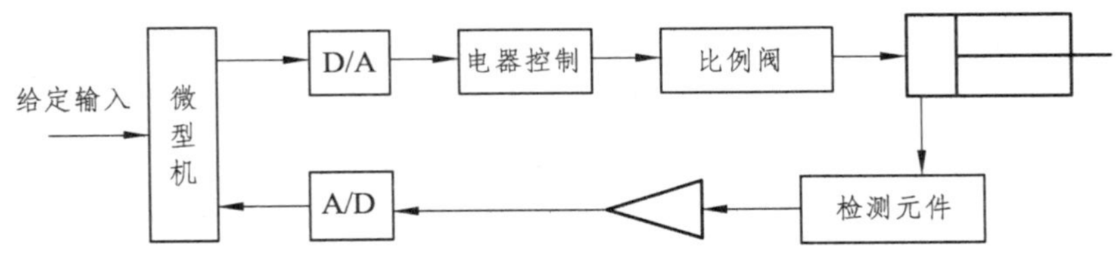

图 11.1　微型机控制的液压系统方块图

数字控制使计算机成为控制器，完成液压系统的实时控制，完成系统的某些管理和显示功能。近年来，计算机与电液伺服控制的结合，提供了计算机创造的全部奇迹与大功率液压伺服控制之间的牢固的、精确的、高性能的联系，产生了各种“智能化”的电气液压伺服控制和系统。虽然才刚刚开始，但其成果已非常诱人。例如，折叠式小汽车装卸器能把小汽车吊起来，拖入集装箱内，按最紧凑的排列位置堆放好，最多时能装入 8 辆。装卸器内装有微型计算机，它能按预定程序操纵 8 个液压缸，在传感器的配合下协调连杆机构的动作，完成堆装任务；卸车时的操作按相反的顺序进行。

现在国外已着手开发各种行业通用的智能组合硬件，它们只需配上适当的软件就可以在不同的行业完成不同的任务。这样，液压件用户的主要技术工作将只是挑选、改编或自编计算程序了。

4. 液压技术的发展方向及趋势之四——交流液压

交流液压是通过液体在管路中的振荡和波动来传递能量的方式。它是相对于作定向连续流动的直流液压而言的，如果把直流液压比作直流电，则交流液压则可理解为交流电。交流液压的工作原理如图 11.2 所示。

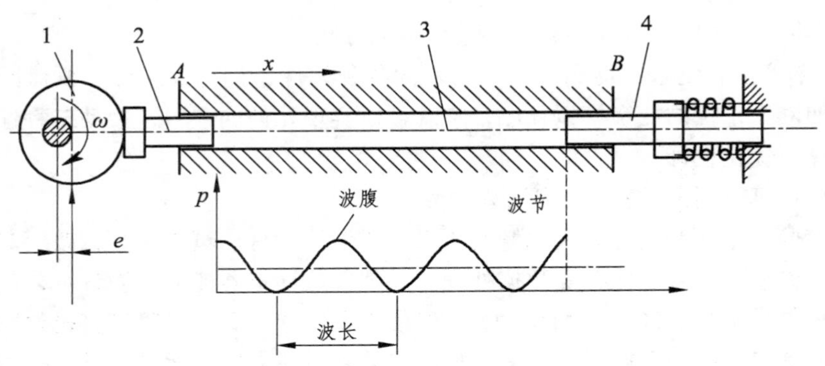

图 11.2　交流液压原理图

1—偏心轮；2、4—活塞；3—液压油

在图 11.2 中，随着偏心轮 1 的转动，活塞 2 作低频率大振幅的往复运动。当活塞 2 向右移动时，管中的液压油作为一个整体被推向右方，并压缩活塞，推动负载；当活塞 2 向左移动时，液压油又被右端弹簧推向左方，这样随活塞的往复运动，液压油形成单相脉动。换用 2～3 条管路即可构成两相或三相脉动线路，这与交流电的情况十分相似。

虽然交流液压尚处于萌芽状态，有许多亟待研究、解决的问题，但它的用途肯定会相当广泛。其输出端直接获得的是具有自激振动的液体能量，从而使执行元件工作，如交流液压镐，它的动力为二相交流脉动液流，相位差为 180°，工作油压可达 21 MPa，冲击次数为 1 500 次/min，比普通风镐质量轻、功率大、效率高、寿命长和噪声低。另外，细小零件的传送、飞机等飞行器交变载荷的模拟、液压振动器及需要附加振源的各种机械，均是利用了交流液压的脉动特性实现的。

巩固拓展

要使液压技术计算机化，未来会在哪些方面进一步发展？

问题探究

根据你自己的理解和愿望，设想未来液压技术在生产、生活中的具体应用。

学习评价

检查自己所取得的成绩，在下表中的☆中画√，看看你能得多少个☆。

项　目	任务完成	巩固拓展	问题探究	行为养成
个人评价	☆☆☆☆☆	☆☆☆☆☆	☆☆☆☆☆	☆☆☆☆☆
小组评价	☆☆☆☆☆	☆☆☆☆☆	☆☆☆☆☆	☆☆☆☆☆
老师评价	☆☆☆☆☆	☆☆☆☆☆	☆☆☆☆☆	☆☆☆☆☆
存在问题				
改进措施				

任务 2　归纳液压系统的减污、降噪和节能技术的研究

任务案例

以小组为单位，通过网络搜索，查阅有关书籍，并结合本任务知识导航的有关内容，对资料进行讨论、遴选与整理，可以写一篇以“探讨液压系统的减污、防漏、降噪和节能技术”为题的报告或文章进行展示、交流，也可以以关键词或思维导图为线索进行展示、交流。

任务分析

本任务涉及以下内容：

（1）对液压系统的减污、防漏、降噪和节能技术的有关资料进行收集、整理；

（2）小组讨论、遴选资料；

（3）确定展示内容及方式，形成成果并展示。

任务处理

（1）对液压系统的减污、防漏、降噪和节能技术的有关资料进行收集、整理；

（2）讨论、遴选资料；

（3）确定展示内容及方式；

（4）形成成果；

（5）成果展示。

知识导航

近四十年来，减污、防漏、降噪和节能技术等改进液压元件和液压系统使用质量的研究

工作和实践验证从未间断，一直和液压传动的高压化、高速化和大功率化相始终，是液压技术走向优质化进程中的具体研究内容和重要课题。

一、污染控制技术的研究

液压油作为液压传动的工作介质，除传递能量外，还有润滑和防锈等作用。根据资料统计，系统中至少有75%的故障是因油液的污染造成的。特别是当前液压技术向高压大功率方向发展及微电子技术的应用，对系统工作的可靠性、灵敏度、稳定性和寿命提出了越来越高的要求，如20世纪90年代初期，液压元件的寿命目标为20 000 h，液压油污染控制技术的研究尤为重要，因此，应加大在降低液压元件的污染敏感度、寻求新的污染控制方法、最佳过滤和分离措施等方面的研究攻关。目前，通过正确选用过滤材质及滤芯结构、正确安排过滤器位置，已使液压油达到了医疗级的纯净程度，使液压件的可靠工作寿命提高数倍到数十倍。

二、噪声、振动控制技术的研究

噪声、振动是液压技术向高压、高速发展的主要障碍。目前，降低噪声的研究有：

（1）减振；

（2）控制液压泵的脉动；

（3）减少控制阀的非线性特性。

空穴现象的危害与液压冲击相同，会引起强烈的振动和噪声，因此解开液压设备中产生空穴的机理，也是从根本上控制噪声的科研课题之一。

目前，通过设计制造选用低噪声元件，在降低液体、空气和结构传播噪声等方面，已取得显著成果。国外在20世纪70年代就有使液压泵噪声声级平均下降15 dB（A）以上的记录，并寻找出噪声声级与泵功率之间的相互关系。

三、液压节能技术的研究

据统计，世界各国技术领域所使用的总能量几乎有1/3 ~ 1/2是损失在能量的转换过程中，所以“节能”将是未来的一个大能源，并且减少污染，有利于环保。从20世纪中期一直到现在，电子技术的发展，计算机、传感器和液压技术的结合。使节约能源、发现能源、降低能耗、提高效率和功率回收等实践性探索工作都取得了很大的进展。

1. 发展新型的液压传动介质

（1）高水基液（HWBF）。它是一种以水为主要成分的抗燃性传动介质，是随着能源危机而发展起来的，现在已演变到第三代——微型乳化液，但它既不是乳化液，也不是溶液，而是一种在95%水相中均匀扩散着的水溶性抗磨添加剂的胶状悬浮液，已广泛应用于采煤坑道等对防火有较高要求的中低液压系统中，是一种很有前途的液压传动介质，今后推广使用它的关键是要设计出适应它的液压元件。

（2）以海水作为传动介质。近几年在海洋开发的潜海工具的液压装置上，以海水作为传动介质，不仅节省了能源，避免了液压油的污染，而且不需要回油管及油箱等辅件。充分利用了海水资源，同时发展了相应的高强度耐腐蚀的液压元件。

2. 发展低能耗元件，提高元件效率

（1）提高泵和马达的效率。要提高液压系统的总效率，必须提高每个元件的效率，首先是泵和马达的效率。前几年国外研制了一些直接驱动的低速液压马达，改进了结构，从而提高了机械效率和容积效率；还有已开发的功率匹配控制的轻型变量柱塞泵，可以根据负载的需要改变流量和压力，大大降低了能源的损耗。我国除重点改造高压柱塞泵和长大型液压缸外，一些泵体和阀体等主要零件采用先进的数控车床、加工中心、柔性制造单元和高效精密珩磨设备进行加工，阀芯的圆柱度达 0.001 mm，表面粗糙度 *Ra* 值达 0.1 ~ 0.2 μm，从而大大提高了元件的效率。

（2）减小控制阀的压力降。这是近年来发展的特点之一，例如，在满足工作性能要求的前提下，从降低能耗的角度，应选择可以连续控制的比例阀，其阀口压降通常采用 1 MPa，而伺服阀阀口压降为 7MPa。

（3）发展低能耗元件。由原来的继电器控制过渡到晶体管和集成电路，可以降低控制元件的控制功率，从而降低能耗。结合微电子技术的发展，德国 Herion 公司已研制成仅有 0.3W 的电磁先导阀，比目前 Vickers 公司的 2 W 电磁阀功率还小，降低了能耗，又可用于计算机控制系统。

3. 提高液压系统的效率

一般液压系统的能量有 60%的输入功率转化为热能消耗掉，故现代液压系统的设计，是把降低能耗、提高系统效率作为重要的质量指标，如压力补偿控制、负载传感调节和功率协调系统等。采用定量泵+比例阀压力匹配系统，系统效率提高 30%；采用变量泵+比例节流阀、变量泵+比例换向阀、多联泵（定量泵）+比例节流溢流阀，其效率可提高 28% ~ 45%，但结构复杂，价格较贵。

4. 功率回收

功率回收是液压系统节能的又一重要新途径，其关键环节是功率转换器（如飞轮、蓄能器等）的效率要高，造价要低，便于控制。例如，在城市公共汽车上装上飞轮或蓄能器，刹车时功率回收储存能量，启动时释放能量，不仅可以节省油耗 28% ~ 30%，同时可以降低启动噪声和减少废气的排放。图 11.3 所示为功率回收系统方块图。

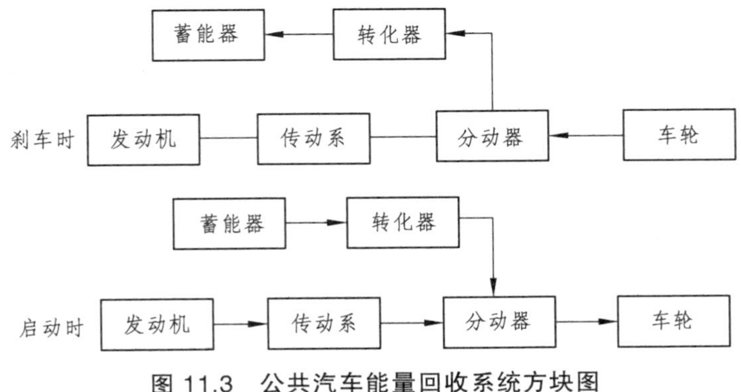

图 11.3　公共汽车能量回收系统方块图

除以上措施外，还通过静液传动、二次调节、以水代油、负载压力、流量和功率匹配及用微型计算机对液压系统进行自适应控制等来降低液压系统能耗。

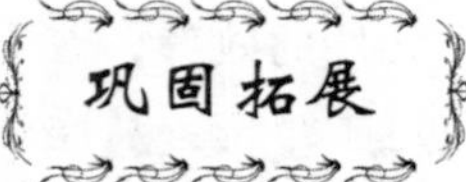

巩固拓展

归纳液压节能技术的研究方向。

问题探究

充分发挥想象力，设想液压技术在减污、降噪、节能等方面最有希望的突破性进展或应用。

学习评价

检查自己所取得的成绩，在下表中的☆中画√，看看你能得多少个☆。

项　目	任务完成	交流效果	阅读效率	行为养成
个人评价	☆☆☆☆☆	☆☆☆☆☆	☆☆☆☆☆	☆☆☆☆☆
小组评价	☆☆☆☆☆	☆☆☆☆☆	☆☆☆☆☆	☆☆☆☆☆
老师评价	☆☆☆☆☆	☆☆☆☆☆	☆☆☆☆☆	☆☆☆☆☆
存在问题				
改进措施				

任务3　探究新型液压元件及装置

任务案例

以学生学习小组为单位，针对探究新型的液压元件及装置的过程中的二通插装阀的功能、特点及其工作原理，叠加阀的功能、特点与发展、电液比例控制阀的功能、类型、结构原理及应用，电液数字控制阀的功能与其系统工作原理框图，液压泵站的功能、组成、类型这五个基本环节制定成五个任务，分别以任务书的方式下达到学习小组，经过讨论形成成果并展示。在展示过程中，将点评、讲评和互评结合，形成评定成绩。

任务分析

本任务涉及新型的液压元件及装置中的二通插装阀的功能、特点及其工作原理，叠加阀

的功能、特点与发展，电液比例控制阀的功能、类型、结构原理及应用，电液数字控制阀的功能与其系统工作原理框图，液压泵站的功能、组成、类型等基本知识。在此基础上要学会分析新型的液压元件及装置的原理和功能。

任务处理

（1）归纳二通插装阀的功能及其特点，叠加阀的功能、特点与发展，电液比例控制阀的功能、类型及应用，电液数字控制阀的功能与其系统工作原理框图，液压泵站的功能、组成、类型。

（2）分析二通插装阀的工作原理和电液比例控制阀的结构原理。

新型液压元件及装置

一、二通插装阀（逻辑阀）

二通插装阀是一种以二通型单向元件为主体、采用先导控制和插装式连接的新型液压控制元件。它是用逻辑信号控制的，故也称为逻辑阀；又根据阀芯的形状称其为插装式筒形阀或锥阀；国外现多称它为插装阀，简称 CV 阀。它的研制及发展，在国外是从 20 世纪 60 年代开始的，我国于 20 世纪 80 年代初也完成了全系列的定型工作。由于其阀口是锥阀，密封性好，泄漏少，通流阻力小，故通流能力较大，可达 15 000 L/min 以上，适用于 63 MPa 以上的高压和公称通径 25 mm 以上的大流量或特大流量的液压系统中。二通插装阀作为不同于常规阀的另一液压阀类，正在开拓着它的使用范围。

二通插装阀的主阀芯质量小、升程短、动作迅速、响应灵敏、换向快且冲击性甚小。插式安装适于实现无管化连接和集成化控制。集成块采用叠加形式，使主阀易于接受所需的先导控制，可以很方便地组成各种功能与用途的生产单元，从而大大提高插装阀系统的调压、调速性能。因此在调速性能要求较高的工程机械、船舶设备中也已逐步推广使用。

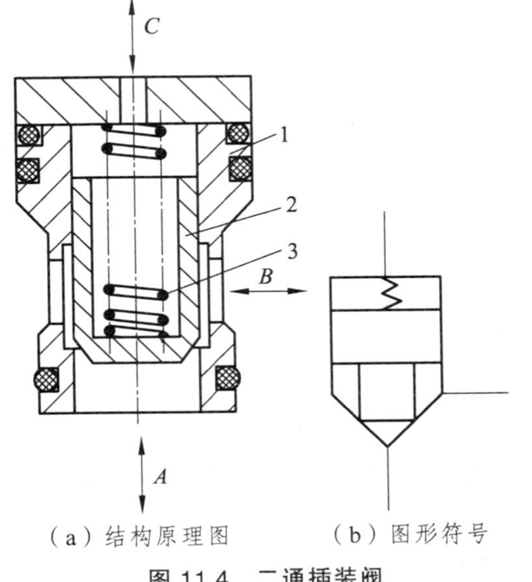

（a）结构原理图　　（b）图形符号

图 11.4　二通插装阀

1—阀套；2—阀芯；3—弹簧

就工作原理而言，二通插装阀是一个液控单向阀，图 11.4（a）和图 11.4（b）分别是插装元件的结构图和图形符号。它是由阀套 1、阀芯 2 和弹簧 3 组成。A、B 为主油路通口，C 为控制油路通口。设 A、B、C 油口的压力及作用面积分别为 P_A、P_B、P_C 和 A_1、A_2、A_3，$A_3 = A_1+A_2$，F_s 为弹簧作用力。如不考虑阀芯的质量和液流的液动力，则当 $P_AA_1+P_BA_2>P_CA_3+F_s$ 时，阀芯开启，油路 A、B 接通。如阀的 A 口通压力油，B 口为输出口，则改变控制口 C 的压力便可控制 B 口的输出。

当控制口 C 接油箱时，则 A、B 接通；当控制口 C 通控制压力 P_C，且 $P_CA_3+F_s>P_AA_1+P_BA_2$ 时，阀芯关闭，A、B 不通。

二通插装阀通过不同的盖板和各种先导阀组合，便可构成二通插装压力控制阀、二通插装流量控制阀和二通插装方向控制阀。

二、叠加阀

叠加阀是在板式插装阀（见图 11.5）集成化的基础上发展起来的新型液压元件。每个叠加阀既起到控制元件的功能，又起到连接块和通道的作用，从而能实现对液压系统叠加无管式连接集成化的控制，如图 11.6、图 11.7 所示。叠加阀自成体系，每一种通径系列的叠加阀，其主油路通道和螺钉孔的大小、位置和数量都与相应通径主换向阀相同。因此，同一通径系统的叠加阀都可叠加起来组成不同系统。通常一个系统（指控制一个执行部件）可以叠加一叠。在一叠中，系统中的主换向阀（它不属于叠加阀，而是常规板式阀）安装在最上面；与执行部件连接用的底板块放在最下面；有关压力、流量和单向控制的叠加阀安装在主换向阀与底板之间，其顺序按系统动作要求予以安排即成。上述叠加方式常称为纵向叠加，也称为一个系统。系统与系统之间，通过底板将各部分油路连接起来的叠加方式称为横向叠加。

图 11.5　板式插装阀

图 11.6　叠加阀（一）

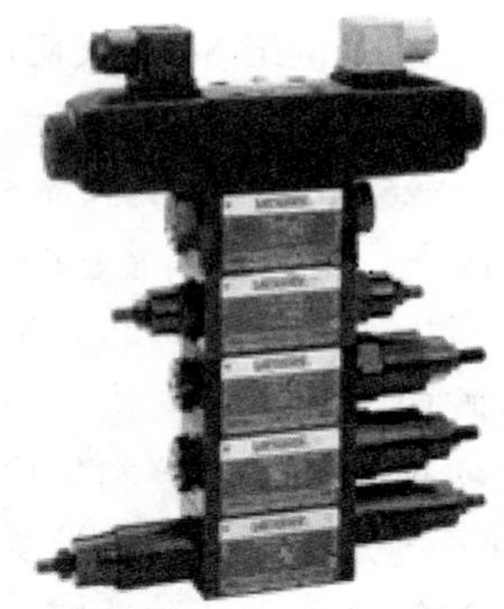

图 11.7　叠加阀（二）

叠加阀具有以下优点：标准化、通用化和集成化程度高；配置灵活，元件之间无管式连接，动作可靠；组成的系统结构紧凑，体积小，质量轻，易于安排。系统变化时重新叠加安装便捷。

叠加阀的研制，始于 20 世纪 60 年代的美国，除了单机能叠加阀外，还出现了多机能叠加阀。我国自 1975 年开始以大连组合机床研究所为核心研制叠加阀，现有五个通径系列 195 个规格，其连接尺寸符合 ISO4401 国际标准，尤其是研制开发了新型阀——顺序节流阀、新结构的电动单向调速阀和复合机能的顺序背压阀，走在了世界前沿。

单功能（机能）叠加阀的分类和工作原理与一般液压阀相同。早期用来作插装阀的先导阀，后发展成为一种全新的阀类，在组合机床及工程机械中应用较多。根据 1990 年底的统计资料，叠加阀和插装阀的产量已经占到全部液压阀总产数量的 16.6%以上，是很有前途的液压控制阀类。

三、电液比例控制阀（简称比例阀）

通俗地说，比例阀是一种性能介于普通液压控制阀和电液伺服阀之间的新阀种，它可以接受电信号的指令，连续地控制液压系统的压力、流量等参数，使之与输入电信号成比例地变化。作为电液比例控制系统主体的比例控制元件，它对介质清洁度无特殊要求，成本低廉，能量损失小，稳态和动态控制特性满足大部分工程控制的要求，因此应用最广泛，具有不可动摇的主导作用。

比例阀的构成，相当于在普通压力阀、流量阀和方向阀上，装上一个比例电磁铁以代替原有的控制部分。下面是比例阀的分类、结构原理及应用。

1. 电液比例压力阀

图 11.8 所示为电液比例压力先导阀，与普通压力先导阀不同，与阀芯 4 上的液压力进行比较的是比例电磁铁 1 的电磁吸力，不是弹簧力，因为传力弹簧 3 无压缩量，只起传递电磁吸力的作用。改变输入比例电磁铁的电流大小，即可改变电磁吸力，从而改变先导阀的前腔压力，即主阀上腔压力，对主阀的进口或出口压力实现比例控制。它与普通溢流阀、减压阀和顺序阀的主阀组合可构成电液比例溢流阀、电液比例减压阀和电液比例顺序阀。其中，电液比例减压阀有两通式和三通式。

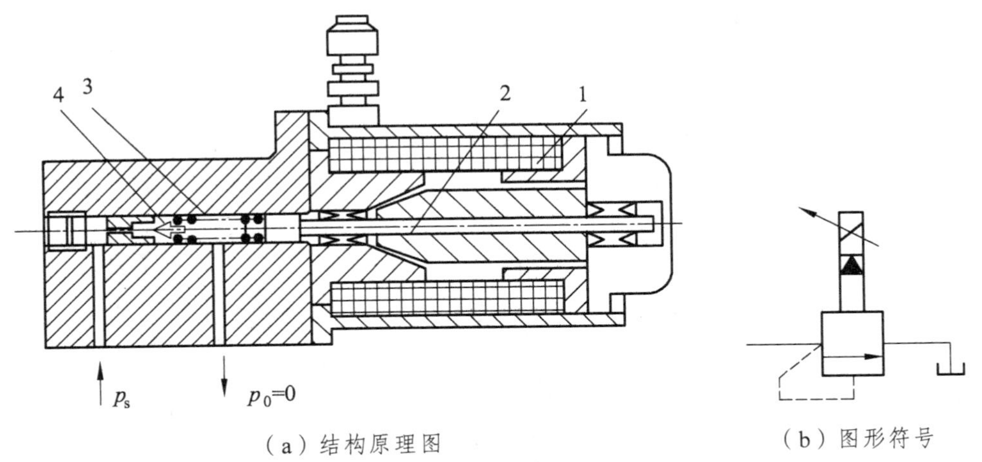

（a）结构原理图　　（b）图形符号

图 11.8　电液比例压力先导阀

1—比例电磁铁；2—推杆；3—传力弹簧；4—阀芯

图 11.9（a）所示为利用比例溢流阀实现多级压力控制的回路，可控制五种工作压力。图 11.9（b）是在普通先导溢流阀的遥控口上外接一只直动式比例溢流阀作远程无级比例调压，普通溢流阀本身的先导级调压值作为系统的过载保护，即起安全限压阀的作用。该方案适用于大流量工况。

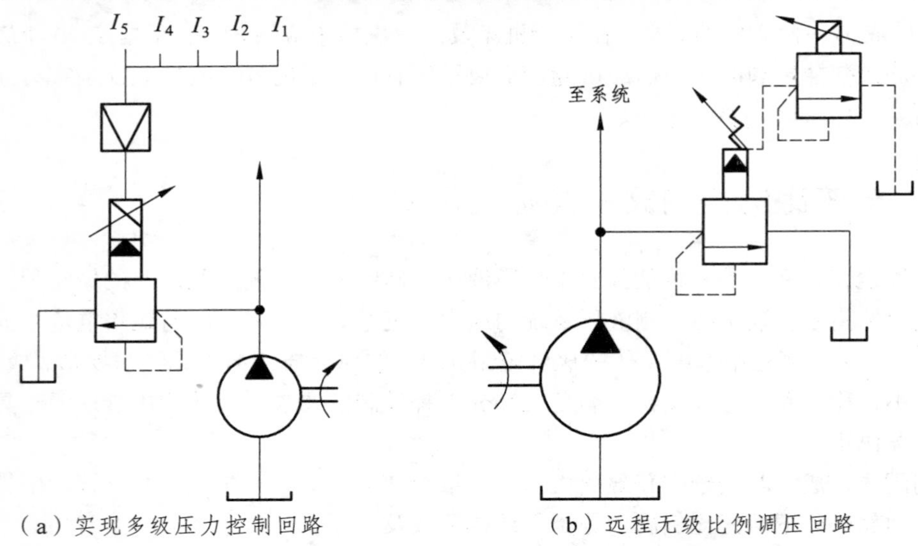

（a）实现多级压力控制回路　　（b）远程无级比例调压回路

图 11.9　电液比例压力阀的应用

2. 电液比例流量阀

普通电液比例流量阀是将流量控制阀（见学习领域 6 的任务 3）的手调部分改换为比例电磁铁而成。现已发展了带内反馈的新型比例流量阀，如电液比例二通节流阀、电液比例二通流量阀和电液比例三通流量阀。图 11.10 所示为电液比例二通流量阀，它主要由比例电磁铁、先导阀 1、流量传感器 2、调节器 3 及阻尼 R_1、R_2、R_3 等组成。

当比例电磁铁无电流信号输入时，先导阀 1 由下端反馈弹簧（内弹簧）支撑在最上位置，此时弹簧无压缩量，先导阀 1 阀口关闭，调节器 3 的右腔油液无法泄压，此时无论进口压力 p_1 有多高，调节器 3 的阀芯处于关闭状态，两端压力相等，无流量通过。这就是无输入信号时该阀可靠的自锁功能。

当比例电磁铁输入一定电流信号产生一定的电磁吸力时，先导阀阀芯向下位移，阀口开启，先导液流经阻尼 R_1、R_2、先导阀的阀口和流量传感器的进油口至负载，流经 R_1 的液流产生压降使 p_2 下降。当压力差（$p_1 - p_2$）达到一定值时，调节器阀芯移动，阀口开启，油泵来油经调节器阀口到流量传感器进口，顶开阀芯，使流量传感器阀口开启，也流向负载。在流量传感器阀芯上移的同时，阀芯的位移转换为反馈弹簧的弹簧力通过先导阀阀芯与电磁吸力相比较，当弹簧力与电磁吸力相等时，先导阀阀芯受力平衡。与此同时，调节器阀芯、流量传感器阀芯亦受力平衡，所有阀口满足压力流量方程，油泵压力油 p_1 经调节器

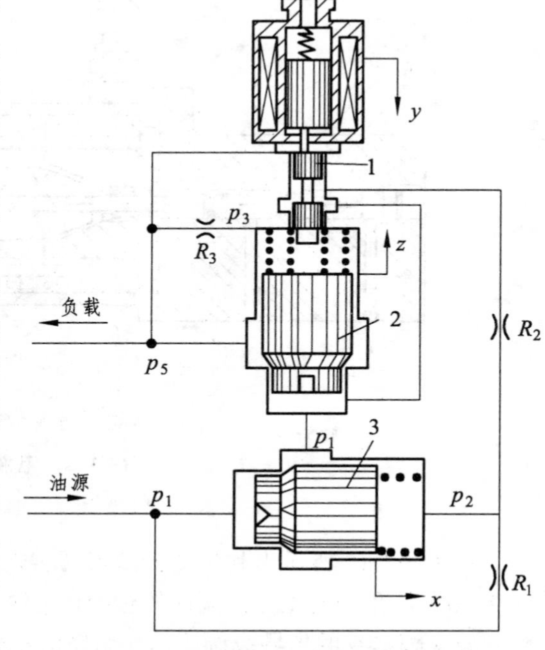

图 11.10　电液比例二通流量阀

1—先导阀；2—流量传感器；3—调节器

3 阀口后降为 p_4，并为流量传感器的进口压力，流量传感器的出口压力 p_5 由负载决定。由于流量传感器的出口压力 p_5 经阻尼 R_3 引到流量传感器阀芯上腔，因此在流量传感器阀芯受力平衡时，流量传感器的进出口压力差（p_4-p_5）由弹簧确定为定值，阀的开口一定。因此，二通流量阀又称为流量-位移-力反馈型比例流量阀。

如上所述，由于负载的变化引起流量的变化不是依靠压力差来补偿的，而是依靠调节器的通流面积变化来补偿。这正是电液比例二通流量阀与传统的压力补偿型流量阀的不同之处。

图 11.11 所示为转塔车床的转塔进给系统图，利用电液比例调速阀，进行多种速度的控制，只要向电液比例调速阀输入对应于各种速度的电流信号，就可实现各种进给速度的要求。电液比例流量阀可用于切断油路。

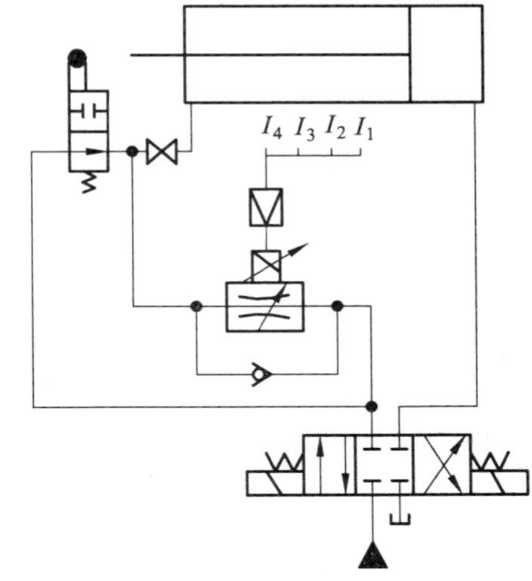

图 11.11　转塔车床的转塔进给系统图

3. 电液比例方向阀

图 11.12 所示为电液比例换向阀的结构。它由电磁力马达、比例减压阀和液动换向阀组成。比例减压阀作为先导级使用，以其出口压力来控制液动换向阀的正反向开口量的大小，从而控制液流的方向和流量的大小。当电磁力马达 2 通入电流信号时，减压阀阀芯 3 右移，压力油经右边阀口减压后。经孔道 *a*、*b* 反馈到减压阀阀芯的右端，和电磁力马达 2 的电磁力相平衡。因而减压后的压力和输入电流信号大小成比例。减压后的压力油经孔道 *a*、*c* 作用在液动换向阀 5 的右端，使换向阀阀芯左移，打开 *P* 到 *B* 的阀口，同时压缩左端弹簧。换向阀阀芯的移动量和控制油压力大小成比例，亦即使通过阀的流量和输入电流成比例。同理，当电磁力马达 4 通电时，压力油由 *P* 经 *A* 输出。

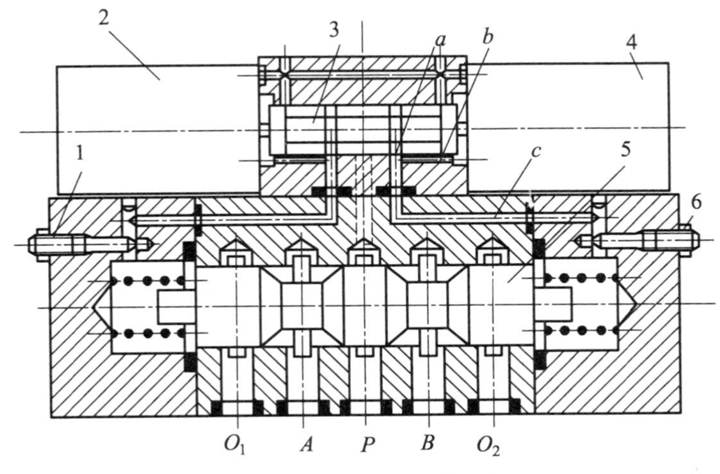

图 11.12　电液比例换向阀

1—节流阀；2—电磁力马达；3—减压阀阀芯；4—电磁力马达；5—阀芯；6—节流阀

液动换向阀的端盖上装有节流阀 1、6，可根据需要分别调节换向阀的换向时间。此外，这种换向阀和普通换向阀一样，可以具有不同的中位机能。

电液比例换向阀还能用来改变液流的方向速度，适用于对一般机械执行机构进行速度、力和位置的控制，所以是一种用途广泛的比例控制元件。

四、电液数字控制阀（简称数字阀）

数字阀是用数字信息直接控制阀口的开启和关闭，从而实现液流压力、流量和方向控制的阀，可直接与计算机接口。

对计算机而言，最普通的信号是量化为二个量级的信号，即“开”和“关”。用数字信息量进行控制的方法常用的是由脉数调制（PNM）演变而来的增量控制法和脉宽调制控制法以及分别形成的增量式和高速开关型数字阀。

增量式数字阀采用步进电动机→机械转换器的方式，通过步进电动机，在脉数（PNM）信号的基础上，使每个采样周期的步数在前一个采样周期步数上增加或减少步数，以达到需要的幅值，又通过凸轮或丝杠等机械转换器转换成直线位移量，从而推动阀芯控制液压阀阀口的开启和关闭，实现对方向、流量和压力的控制。图 11.13 所示为增量式数字阀用于液压系统的工作原理框图。

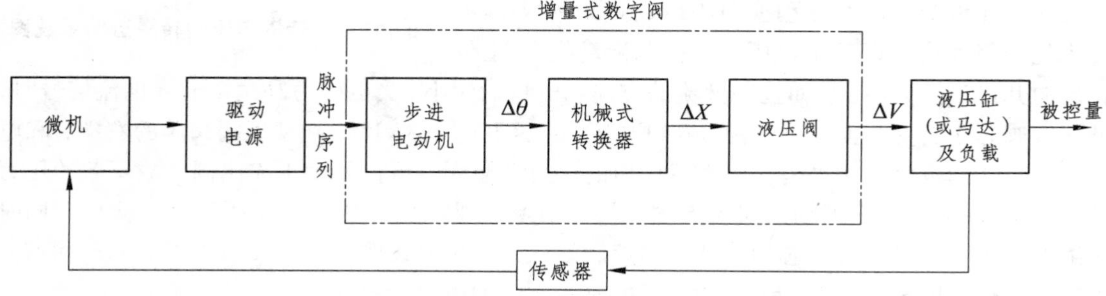

图 11.13　增量式数字阀控制系统工作原理框图

高速开关型数字阀通过脉宽调制放大器将连续信号调制为脉冲信号并放大，然后输送给高速开关型数字阀，以开启时间的长短来控制阀的开口大小。分别控制不同方向运动的两个数字阀用在需要作两个方向运动的系统中。这种数字阀控制系统的原理框图如图 11.14 所示。高速开关型数字阀已相继研制出如螺管电磁铁式、力矩马达-球阀式等结构的高速开关型数字阀。

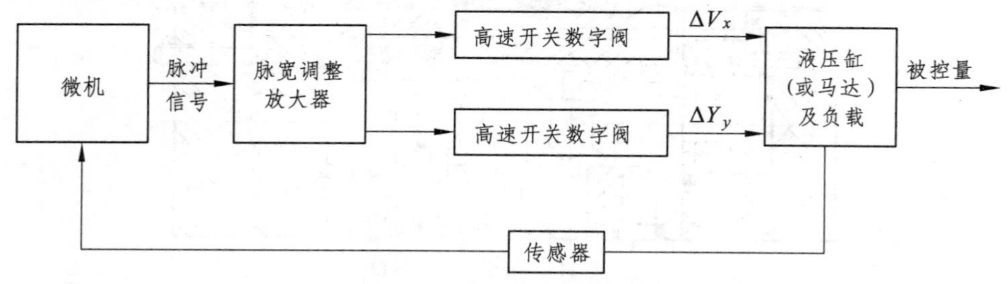

图 11.14　脉宽调制式数字控制系统框图

五、液压泵站

液压泵站一般是指各类液压设备中对其所使用的液压泵组件（含液压泵、驱动电动机、传动底座及管路附件等）、油箱组件、滤清组件、蓄能器组件和油温控制（加热或冷却）组件进行集合、固定的组合装置，又称作“系统站”或“动力站”。

液压泵站广泛适用于主机（或执行机构）与液压装置可分离的各种液压机械中，其基本功能是向系统提供一定压力、流量和清洁度的工作介质。随着液压技术在工业、农林、交通、建筑和国防等各个领域中的广泛应用，液压泵站的形式、结构、品种及功能也变得越来越多样化。除对五类组件进行增删取舍，设计、制造出适应工况条件件的各种结构的泵站外，在实际使用中，人们还发现，由于对系统进行控制的液压阀技术的迅速发展，新型的插装阀、叠加阀以及集成控制块均已标准化、通用化和系列化，在液压泵站中必然不可阻挡地又将控制阀组件一并组合进来，跨步式地发展为完整的、具有控制功能的液压系统的动力控制泵站。液压泵站的分类如下：

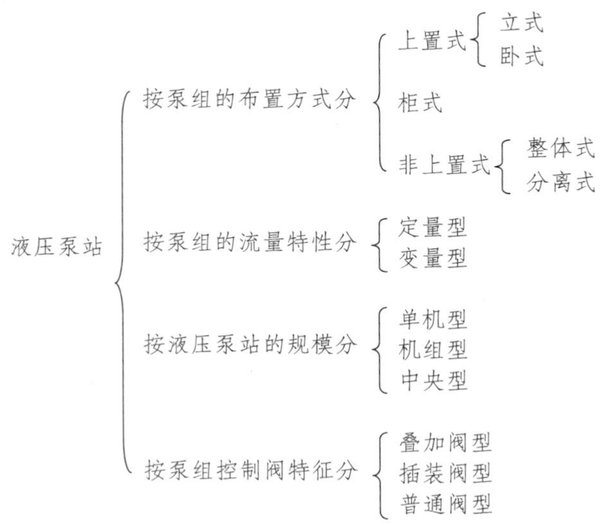

液压泵站将泵组安装在油箱之上的上置式中，当电动机采用立式安装，液压泵置于油箱之内时，称为立式液压泵站，其结构模式如图 11.15 所示；当电动机采用卧式安装，液压泵置于油箱之上时，称为卧式液压泵站，其结构模式如图 11.16 所示。

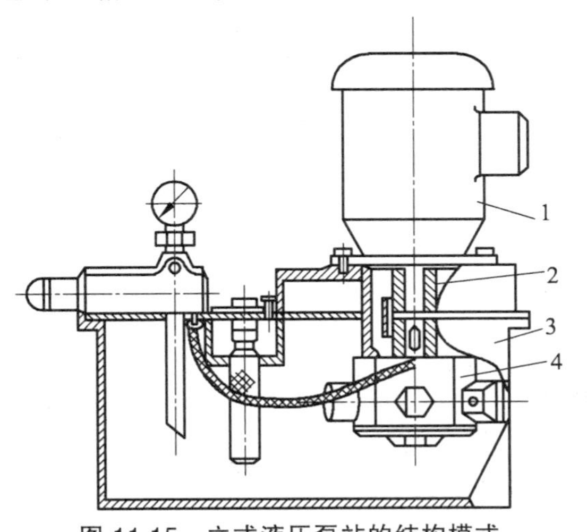

图 11.15　立式液压泵站的结构模式

1—电动机；2—联轴节；3—油箱；4—液压泵

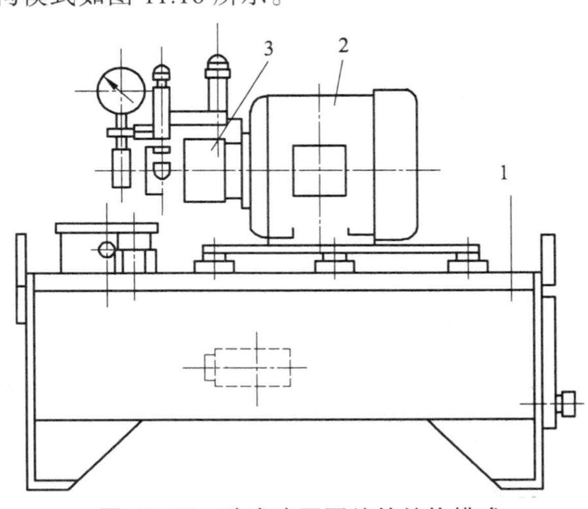

图 11.16　卧式液压泵站的结构模式

1—油箱；2—电动机；3—液压泵

液压泵站按泵组所附加控制阀的特征，分为普通阀型、插装阀型和叠加阀型液压泵站，其中，插装阀型液压泵站良好地实现了压力损失较小条件下的高压、大流量、快速和无冲击的换向，节能效果显著，广泛应用到炼钢、注塑机和锻压等行业中。

电液比例控制阀的分类有哪些？举例说明它的应用。

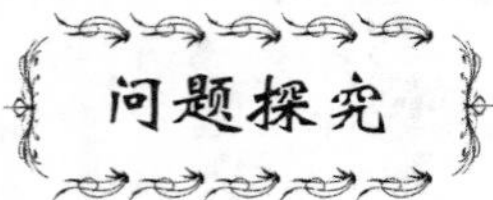

画出增量式数字阀控制系统的工作原理框图，并与脉宽调制式数字阀进行比较，分析所用数字阀有何不同。

学习评价

检查自己所取得的成绩，在下表中的☆中画√，看看你能得多少个☆。

项　目	任务完成	交流效果	阅读效率	行为养成
个人评价	☆☆☆☆☆	☆☆☆☆☆	☆☆☆☆☆	☆☆☆☆☆
小组评价	☆☆☆☆☆	☆☆☆☆☆	☆☆☆☆☆	☆☆☆☆☆
老师评价	☆☆☆☆☆	☆☆☆☆☆	☆☆☆☆☆	☆☆☆☆☆
存在问题				
改进措施				

学习领域 11 知识归纳

一、液压技术的发展方向及趋势

（1）高压化、高速化、小型化和集成化的表现；
（2）伺服控制、比例控制和数字控制的发展与应用；
（3）液压技术的计算机化的辅助设计、辅助试验、实时控制等；
（4）交流液压原理与应用。

二、液压系统的减污、降噪和节能技术的研究

（1）污染控制技术的研究；
（2）噪声、振动控制技术的研究；
（3）液压节能技术的研究。

三、新型的液压元件及装置

（1）二通插装阀的功能、特点及其工作原理；
（2）叠加阀的功能、特点与发展；
（3）电液比例控制阀的功能、类型、结构原理及应用；
（4）电液数字控制阀的功能与其系统工作原理框图；
（5）液压泵站的功能、组成、类型。

学习领域 11 达标检测

1. 简述液压技术的发展方向及趋势。
2. 比较伺服控制、比例控制和数字控制三种控制方式的优缺点。
3. 液压技术计算机化包括哪些关键技术？
4. 参观液压技术的最新成果，展望我国液压工业发展的前景。
5. 交流液压（见图 11.2）的工作原理是什么？
6. 目前，液压节能技术进行了哪几方面的实践性探索工作？
7. 试比较逻辑阀、叠加阀和比例阀的工作原理及特点。
8. 液压泵站的分类有哪些？常用哪两种结构模式？

参考文献

[1] 王正宾. 液力传动[M]. 北京：中国铁道出版社，1986.

[2] 兰建设. 液压与气压传动[M]. 北京：高等教育出版社，2002.

[3] 邱国庆. 液压技术与应用[M]. 北京：人民邮电出版社，2006.

[4] 范存德. 液压技术手册[M]. 沈阳：辽宁科学技术出版社，2004.

[5] 李异河. 液压与气动技术[M]. 北京：国防工业出版社，2006.

[6] 乔元信. 液压技术[M]. 北京：中国劳动社会保障出版社，2001.

[7] 陈嘉上. 2006 版实用液压气动技术手册[M]. 北京：中国知识出版社，2006.

[8] 王宝敏. 液压与气动技术[M]. 北京：清华大学出版社，2011.

[9] 张春阳. 液压与气压传动技术[M]. 北京：中国人民大学出版社，2012.